개념과 원리를 다지고
계산력을 키우는

왕수학

개념+연산

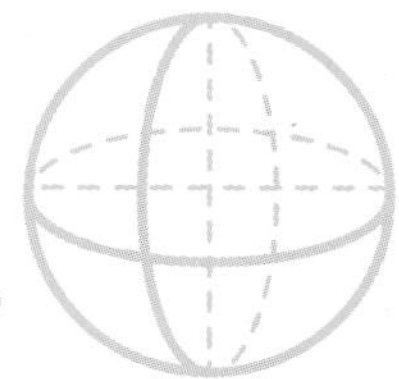

개념과 원리를 다지고
계산력을 키우는

왕수학

개념+연산

1-2

구성과 특징

왕수학의 특징

1. 왕수학 개념+연산 → 왕수학 기본 → 왕수학 실력 → 점프 왕수학 최상위 순으로 단계별 · 난이도별 학습이 가능합니다.
2. 개정교육과정 100% 반영하였습니다.
3. 기본 개념 정리와 개념을 익히는 기본문제를 수록하였습니다.
4. 문제 해결력을 키우는 다양한 창의사고력 문제를 수록하였습니다.
5. 논리력 향상을 위한 서술형 문제를 강화하였습니다.

STEP 1

원리꼼꼼

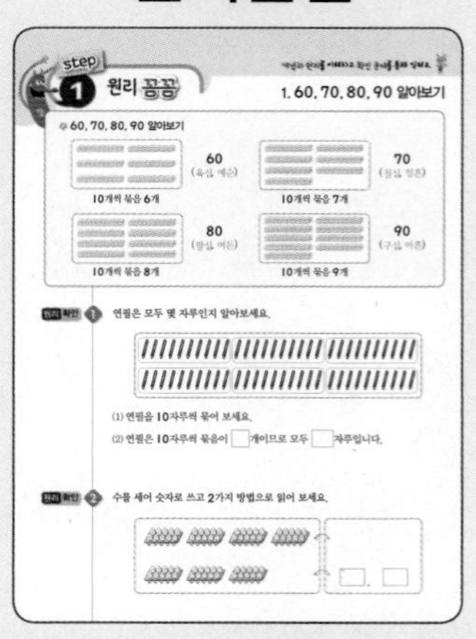

교과서 개념과 원리를 각 주제별로 익히고 원리 확인 문제를 풀어보면서 개념을 이해합니다.

STEP 2

원리탄탄

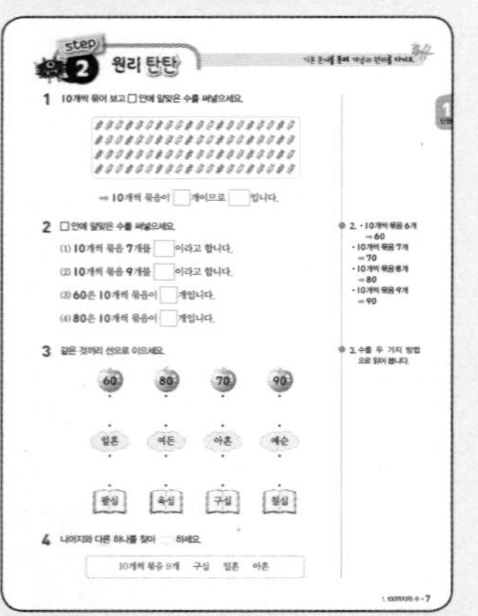

기본 문제를 풀어 보면서 개념과 원리를 튼튼히 다집니다.

STEP 3

원리척척

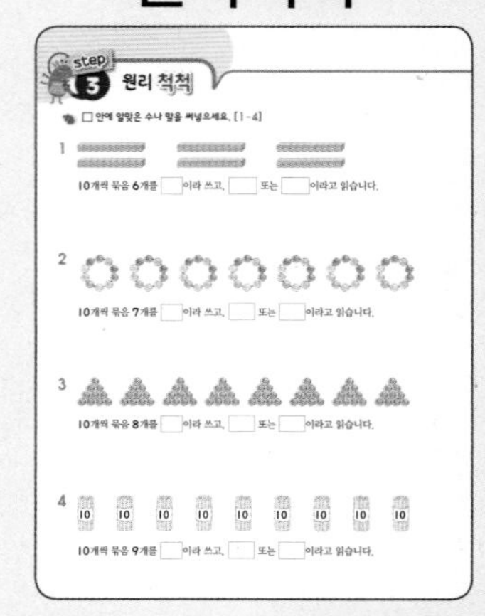

계산력 위주의 문제를 반복 연습하여 계산 능력을 향상시킵니다.

다음 단계로 고고!

왕수학 기본

STEP 4

유형콕콕

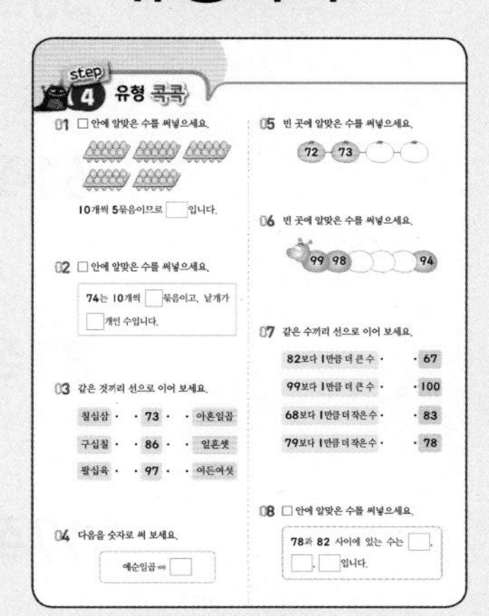

다양한 문제를 유형별로 풀어
보면서 실력을 키웁니다.

STEP 5

단원평가

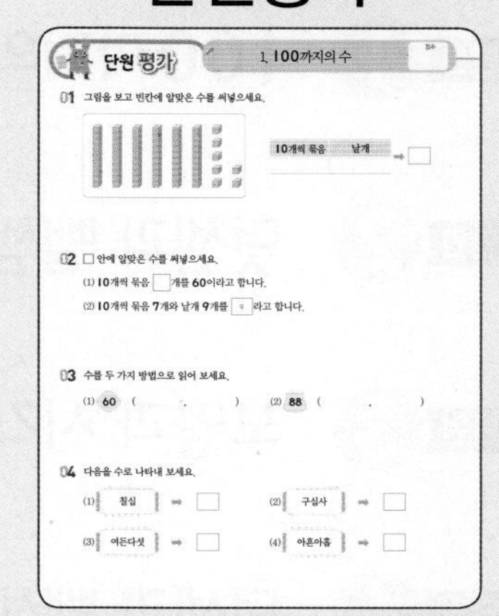

단원별 대표 문제를 풀어서
자신의 실력을 확인해 보고
학교 시험에 대비합니다.

차례 | Contents

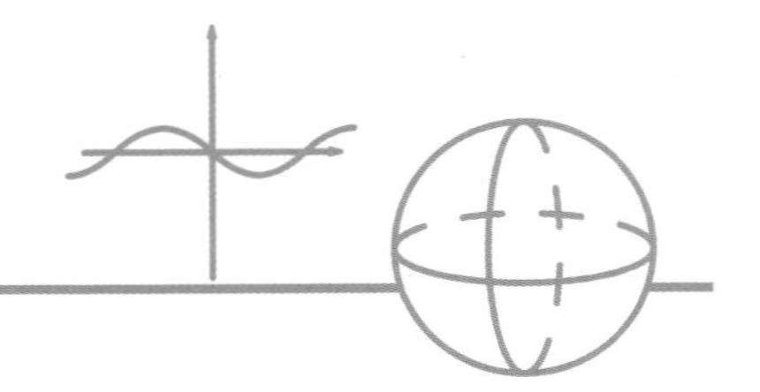

100까지의 수

이번에 배울 내용

1. 60, 70, 80, 90 알아보기
2. 99까지의 수 알아보기
3. 수를 넣어 이야기 하기
4. 수의 순서 알아보기
5. 수의 크기 비교하기
6. 짝수와 홀수 알아보기

이전에 배운 내용

- 50까지의 수 읽고 쓰기
- 50까지의 수의 순서
- 50까지의 수의 크기 비교하기

다음에 배울 내용

- 세 자리 수 읽고 쓰기
- 세 자리 수의 크기 비교하기

1. 60, 70, 80, 90 알아보기

60, 70, 80, 90 알아보기

60 (육십, 예순)

10개씩 묶음 **6**개

70 (칠십, 일흔)

10개씩 묶음 **7**개

80 (팔십, 여든)

10개씩 묶음 **8**개

90 (구십, 아흔)

10개씩 묶음 **9**개

원리 확인 **1** 연필은 모두 몇 자루인지 알아보세요.

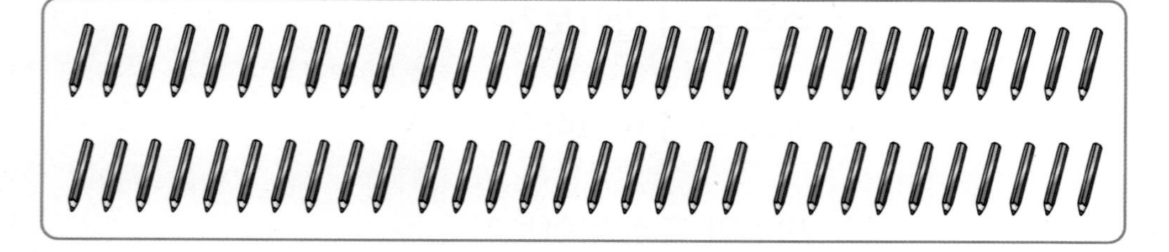

(1) 연필을 **10**자루씩 묶어 보세요.

(2) 연필은 **10**자루씩 묶음이 ☐개이므로 모두 ☐자루입니다.

원리 확인 **2** 수를 세어 숫자로 쓰고 **2**가지 방법으로 읽어 보세요.

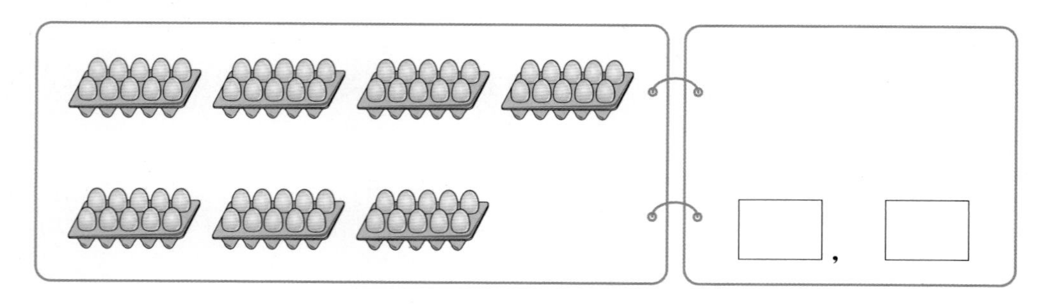

☐, ☐

기본 문제를 통해 개념과 원리를 다져요.

1단원

1 10개씩 묶어 보고 □ 안에 알맞은 수를 써넣으세요.

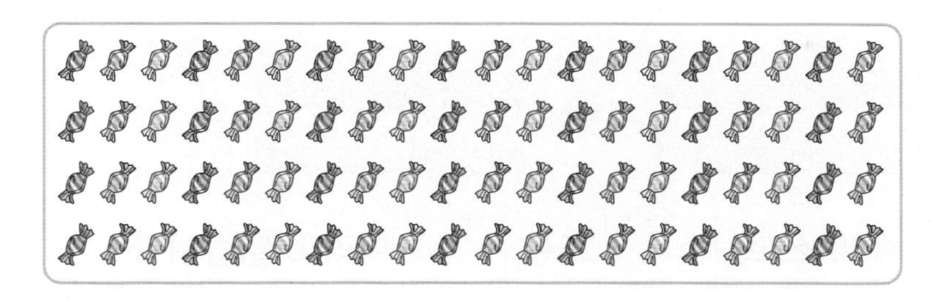

➡ 10개씩 묶음이 □개이므로 □입니다.

2 □ 안에 알맞은 수를 써넣으세요.

(1) 10개씩 묶음 7개를 □이라고 합니다.

(2) 10개씩 묶음 9개를 □이라고 합니다.

(3) 60은 10개씩 묶음이 □개입니다.

(4) 80은 10개씩 묶음이 □개입니다.

3 같은 것끼리 선으로 이으세요.

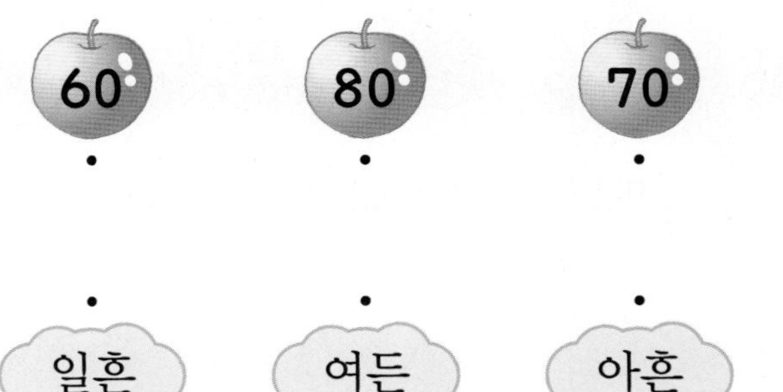

4 나머지와 다른 하나를 찾아 ◯ 하세요.

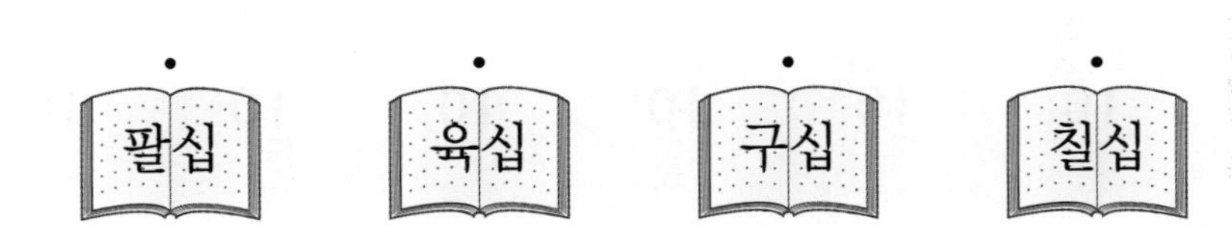

2. • 10개씩 묶음 6개 ➡ 60
• 10개씩 묶음 7개 ➡ 70
• 10개씩 묶음 8개 ➡ 80
• 10개씩 묶음 9개 ➡ 90

3. 수를 두 가지 방법으로 읽어 봅니다.

step 3 원리 척척

□ 안에 알맞은 수나 말을 써넣으세요. [1~4]

1

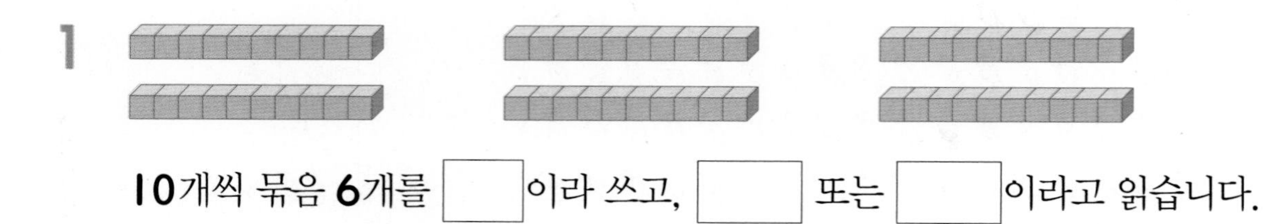

10개씩 묶음 6개를 □이라 쓰고, □ 또는 □이라고 읽습니다.

2

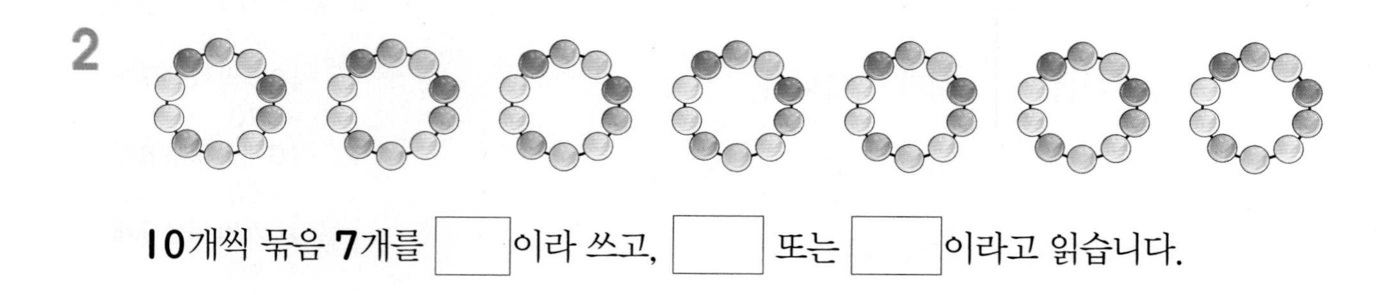

10개씩 묶음 7개를 □이라 쓰고, □ 또는 □이라고 읽습니다.

3

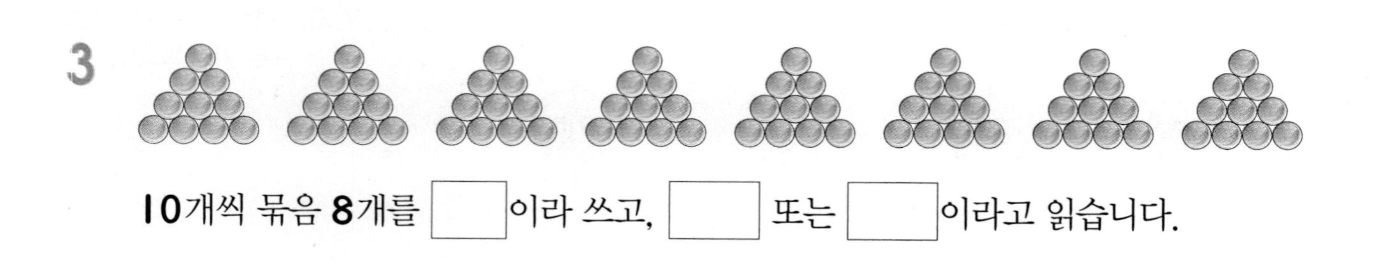

10개씩 묶음 8개를 □이라 쓰고, □ 또는 □이라고 읽습니다.

4

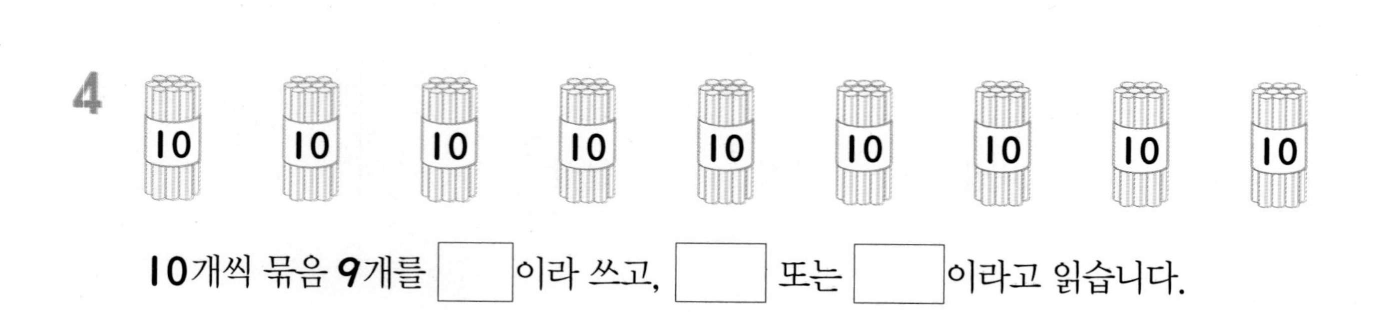

10개씩 묶음 9개를 □이라 쓰고, □ 또는 □이라고 읽습니다.

1 단원

□ 안에 알맞은 수나 말을 써넣으세요. [5~8]

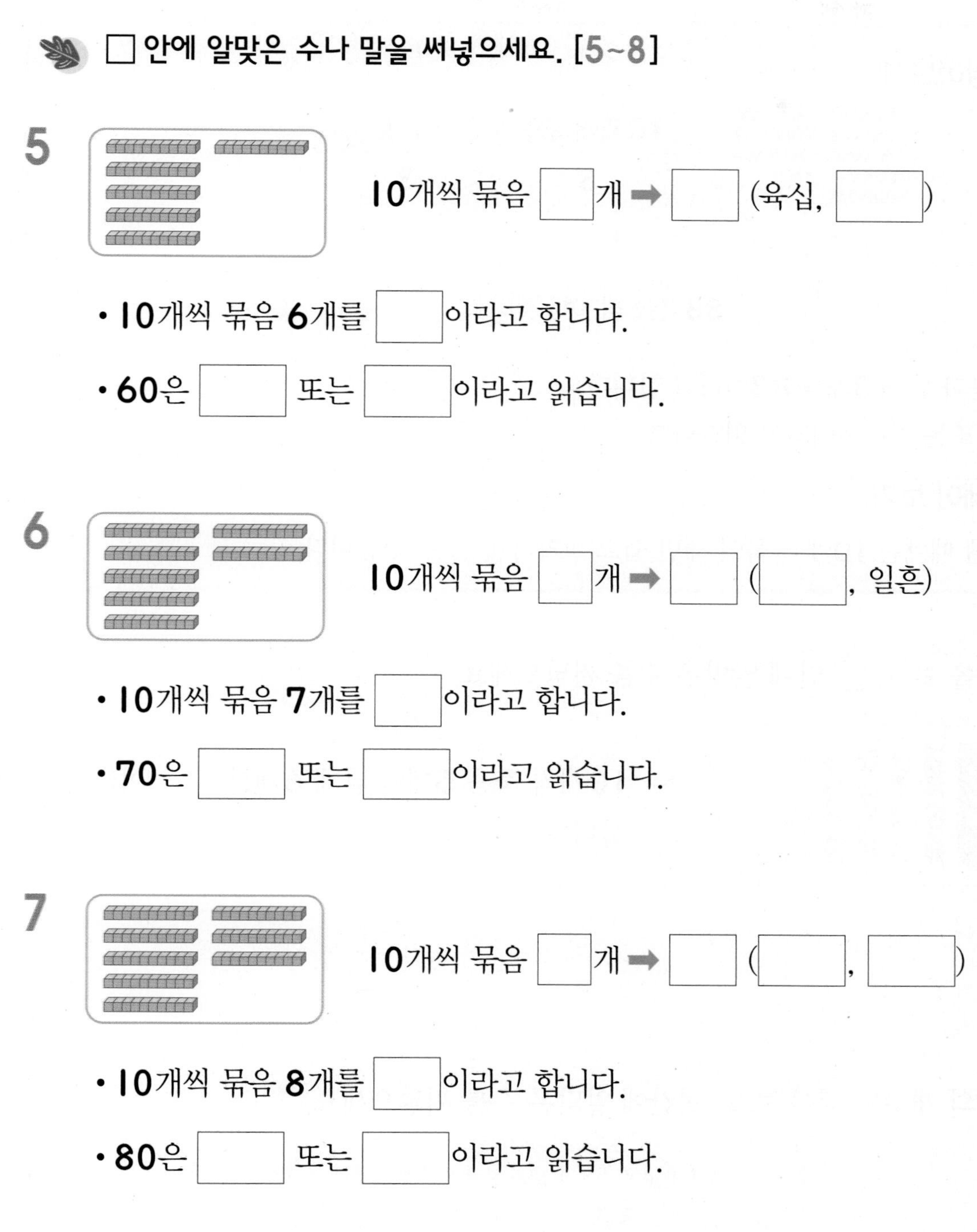

5

10개씩 묶음 □개 ➡ □ (육십, □)

• 10개씩 묶음 6개를 □이라고 합니다.

• 60은 □ 또는 □이라고 읽습니다.

6

10개씩 묶음 □개 ➡ □ (□, 일흔)

• 10개씩 묶음 7개를 □이라고 합니다.

• 70은 □ 또는 □이라고 읽습니다.

7

10개씩 묶음 □개 ➡ □ (□, □)

• 10개씩 묶음 8개를 □이라고 합니다.

• 80은 □ 또는 □이라고 읽습니다.

8

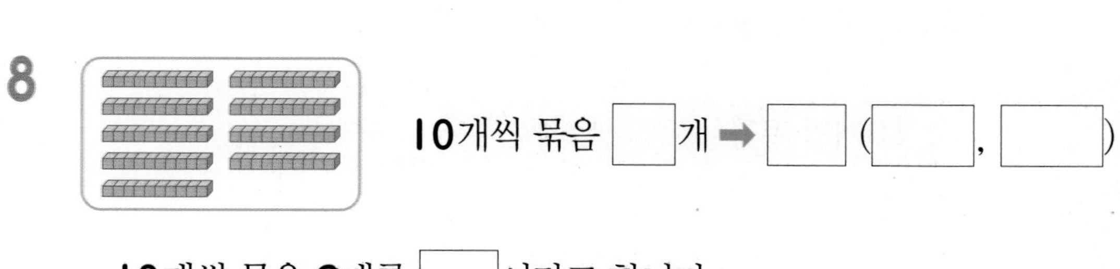

10개씩 묶음 □개 ➡ □ (□, □)

• 10개씩 묶음 9개를 □이라고 합니다.

• 90은 □ 또는 □이라고 읽습니다.

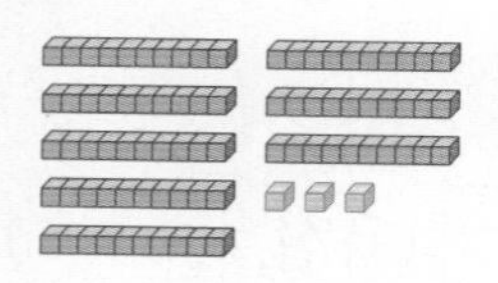

2. 99까지의 수 알아보기

99까지의 수 알아보기

10개씩 묶음	낱개
8	3

83 (팔십삼, 여든셋)

- 10개씩 8묶음과 낱개 3개를 83이라고 합니다.
- 83은 팔십삼 또는 여든셋이라고 읽습니다.

99까지의 수 세어 보기

물건의 개수를 셀 때에는 10개씩 묶어 세면 쉽고 정확하게 셀 수 있습니다.

원리 확인 1 그림을 보고, □ 안에 알맞은 수를 써넣으세요.

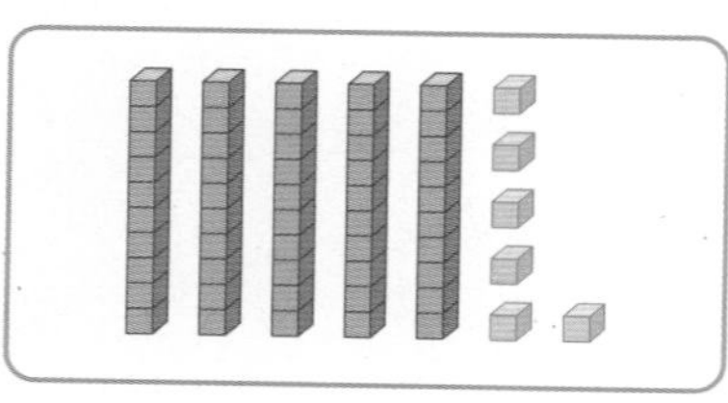

➡ 10개씩 묶음 5개와 낱개 6개를 □이라고 합니다.

원리 확인 2 사탕의 개수를 세어 보고, 빈칸에 알맞은 수를 써넣으세요.

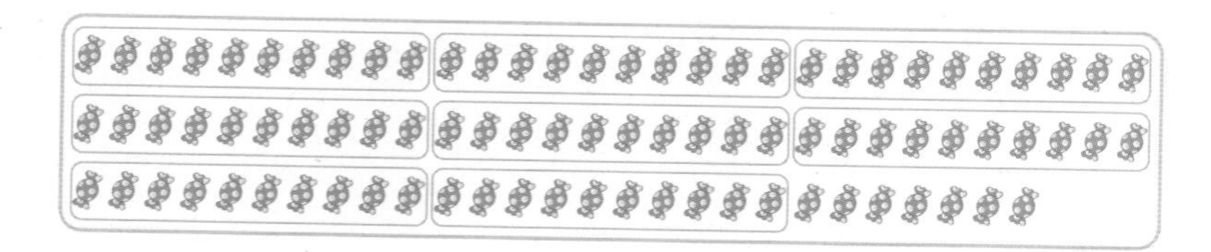

10개씩 묶음	낱개

➡ □개

기본 문제를 통해 개념과 원리를 다져요.

1 관계있는 것끼리 이어 보세요.

10개씩 묶음 6개와 낱개 2개	•	•	94
10개씩 묶음 9개와 낱개 4개	•	•	62

2 보기와 같이 수를 읽어 보세요.

보기
69 ➡ (육십구, 예순아홉)

(1) 85 ➡ (,)

(2) 99 ➡ (,)

3 다음을 수로 나타내 보세요.

(1) 여든여덟 ➡ ( )

(2) 일흔둘 ➡ ( )

4 고구마를 10개씩 묶어 가며 모두 몇 개인지 세어 보세요.

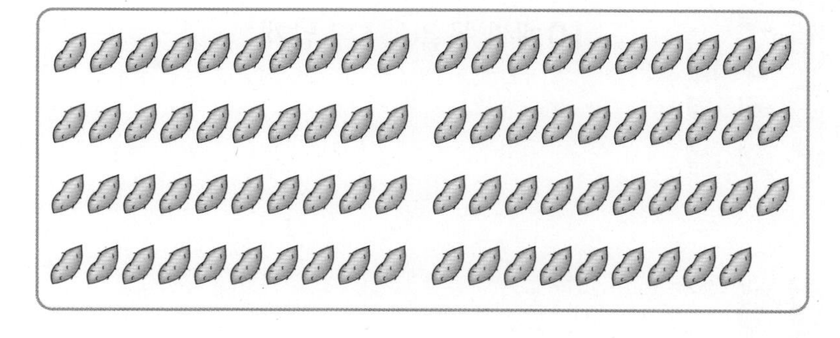

( )개

1. ■▲ — 낱개의 수 (▲), 10개씩 묶음 수 (■)

4. 10개씩 묶음 ■개와 낱개 ▲개를 ■▲라고 합니다.

원리 척척

□ 안에 알맞은 수를 써넣으세요. [1~5]

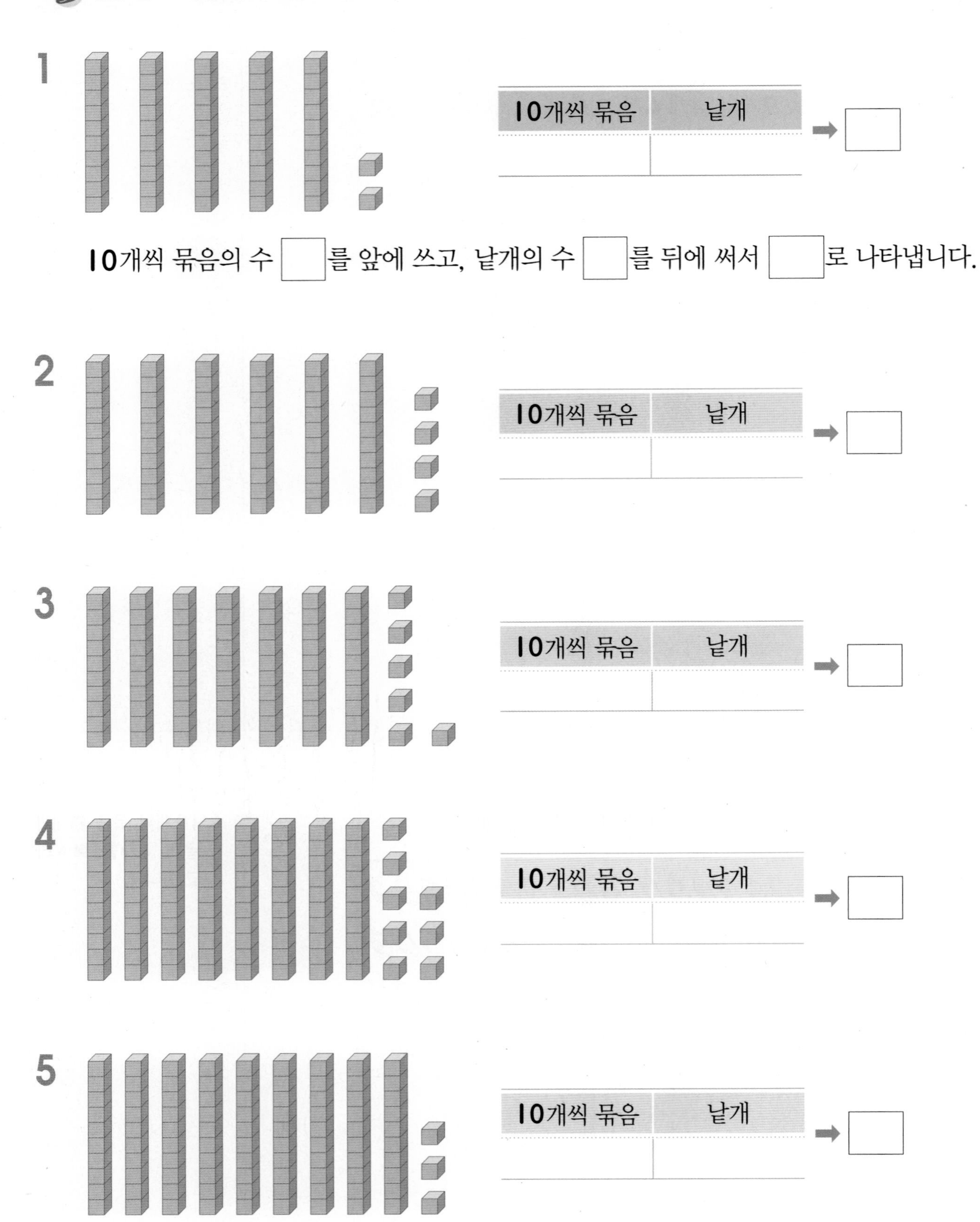

1

10개씩 묶음	낱개

➡ □

10개씩 묶음의 수 □를 앞에 쓰고, 낱개의 수 □를 뒤에 써서 □로 나타냅니다.

2

10개씩 묶음	낱개

➡ □

3

10개씩 묶음	낱개

➡ □

4

10개씩 묶음	낱개

➡ □

5

10개씩 묶음	낱개

➡ □

□ 안에 알맞은 수나 말을 써넣으세요. [6~12]

6 [10] [10] [10] [10] [10] [10] | | |

10개씩 묶음 6개와 낱개 3개를 □이라 쓰고, □ 또는 □이라고 읽습니다.

7 10개씩 묶음 5개와 낱개 6개를 □이라 쓰고, □ 또는 □이라고 읽습니다.

8 10개씩 묶음 6개와 낱개 2개를 □라 쓰고, □ 또는 □이라고 읽습니다.

9 10개씩 묶음 7개와 낱개 4개를 □라 쓰고, □ 또는 □이라고 읽습니다.

10 10개씩 묶음 8개와 낱개 9개를 □라 쓰고, □ 또는 □이라고 읽습니다.

11 10개씩 묶음 9개와 낱개 7개를 □이라 쓰고, □ 또는 □이라고 읽습니다.

12 10개씩 묶음 9개와 낱개 9개를 □라 쓰고, □ 또는 □이라고 읽습니다.

3. 수를 넣어 이야기하기

수를 세거나 읽는 방법

- 오십일 – 오십이 – 오십삼 – 오십사 – 오십오 – 오십육 – 오십칠 – 오십팔 – 오십구 – 육십
- 쉰하나(쉰한) – 쉰둘(쉰두) – 쉰셋(쉰세) – 쉰넷(쉰네) – 쉰다섯 – 쉰여섯 – 쉰일곱 – 쉰여덟 – 쉰아홉

53

- 축구 선수의 등 번호는 오십삼 번입니다.
- 막대사탕 쉰세 개가 있습니다.

수를 넣어 말하기

- 개수, 순서, 이름 등 수가 나타내는 상황에 맞도록 수를 읽어야 합니다.
- 하나, 둘, 셋, 넷은 뒤에 단위가 붙으면 한 개, 두 개, 세 개, 네 개와 같이 읽습니다.

원리 확인 1 그림을 보고, 알맞은 말에 ○ 하세요.

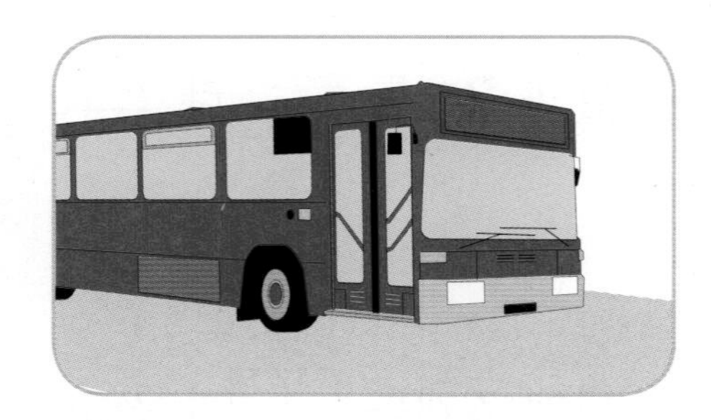

(칠십, 일흔)번 버스가 도착하였습니다.

원리 확인 2 □ 안에 알맞은 말을 보기에서 골라 써넣으세요.

보기1

육십오, 예순다섯

보기2

행복로 82

팔십이, 여든둘

할머니는 올해 □ 살입니다.

행복로 □ 에 초등학교가 있습니다.

기본 문제를 통해 개념과 원리를 다져요.

1 단원

1 같은 것끼리 이어 보세요.

오십사	•	•	여든여섯
팔십육	•	•	쉰넷

2 그림을 보고 알맞은 말에 ⬭ 하세요.

➡ 이 빌딩은 (육십삼, 예순셋) 층입니다.

3 수를 바르게 읽은 사람을 찾아 ○표 하세요.

• 연우 : 바구니에 사탕이 오십일 개있어.
➡ (   )

• 소담 : 사탕이 모두 쉰한 개 있어.
➡ (   )

4 나타내는 수가 다른 하나를 골라 ⬭ 하세요.

팔십일 번	일흔한 살	81

그림을 보고, 알맞은 말에 ○표 하세요. [1~4]

1

➡ 축구 선수의 등 번호는 (육십육, 예순여섯) 번입니다.

2

➡ 행복초등학교는 (구십, 아흔) 회 졸업식을 하였습니다.

3

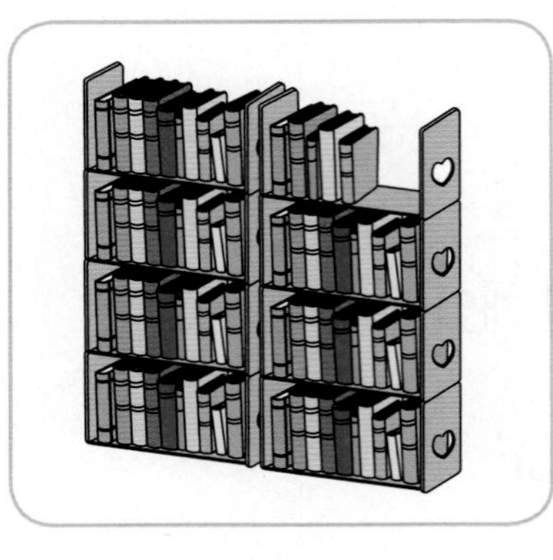

➡ 교실에 동화책이 (칠십오, 일흔다섯) 권 있습니다.

4

➡ 줄넘기를 (일흔, 칠십) 번 넘었습니다.

□ 안에 알맞은 말을 보기에서 골라 써넣으세요. [5~8]

5

보기

마흔일곱, 구십오

• 음식 주문을 하고 받은 대기표는 □ 번입니다.

• 동물원에는 긴꼬리원숭이 □ 마리가 살고 있습니다.

6

보기

십구, 예순여덟

• 행복마을 도서관은 별빛로 □ 에 있습니다.

• 행복초등학교 1학년 학생은 □ 명입니다.

7

보기

쉰셋, 쉰세, 오십삼

• 샛별초등학교는 생긴 지 □ 년이 되었습니다.

• 초롱이네 모둠이 줄넘기를 넘은 횟수는 □ 번입니다.

8

보기

일흔넷, 일흔네, 칠십사

• 행복마을 도서관에 가려면 □ 번 마을버스를 타야 합니다.

• 올해 할머니의 나이는 □ 살입니다.

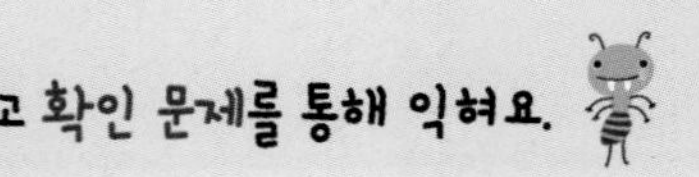

step 1 원리 꼼꼼

4. 수의 순서 알아보기

수의 순서

수를 순서대로 늘어놓았을 때, 바로 뒤의 수는 I만큼 더 큰 수이고, 바로 앞의 수는 I만큼 더 작은 수입니다.

100까지의 수의 순서

I 씩 커집니다. (→)

10 씩 커집니다. (↓)

51	52	53	54	55	56	57	58	59	60
61	62	63	64	65	66	67	68	69	70
71	72	73	74	75	76	77	78	79	80
81	82	83	84	85	86	87	88	89	90
91	92	93	94	95	96	97	98	99	100

➡ 99 다음의 수는 100이라 하고, 백이라고 읽습니다.

원리 확인 1 빈 곳에 알맞은 수를 써넣으세요.

(1)

(2)

원리 확인 2 수의 순서에 맞도록 빈칸에 알맞은 수를 써넣으세요.

51	52		54	55		57	58	59	
61		63	64	65		67		69	70

기본 문제를 통해 개념과 원리를 다져요.

1단원

1 빈 곳에 알맞은 수를 써넣으세요.

(1) 77 — 78 — □

(2) 90 — □ — 92

(3) □ — 86 — 87

2 다음을 보고 물음에 답해 보세요.

71	72	73	74	75	76	77	78	79	80
81	82	83	84	85	86	87	88	89	90

(1) **85**보다 **1**만큼 더 작은 수는 □입니다.

(2) **76**과 **78** 사이에 있는 수는 □입니다.

3 다음 중 나머지 둘과 다른 하나를 찾아 ○ 하세요.

82보다 1만큼 더 큰 수	85보다 1만큼 더 작은 수	83

4 □ 안에 알맞은 수나 말을 써넣으세요.

99보다 **1**만큼 더 큰 수는 □이고 □이라고 읽습니다.

2. 1만큼 더 작은 수 / 1만큼 더 큰 수
● — ■ — ▲
●와 ▲ 사이의 수

3. 1만큼 더 큰 수는 수 배열표에서 바로 뒤에 있는 수이고, 1만큼 더 작은 수는 바로 앞에 있는 수입니다.

원리 척척

왼쪽에 1만큼 더 작은 수, 오른쪽에 1만큼 더 큰 수를 써넣으세요. [1~6]

1

2

3

4

5

6

빈 곳에 알맞은 수를 써넣으세요. [7~12]

7
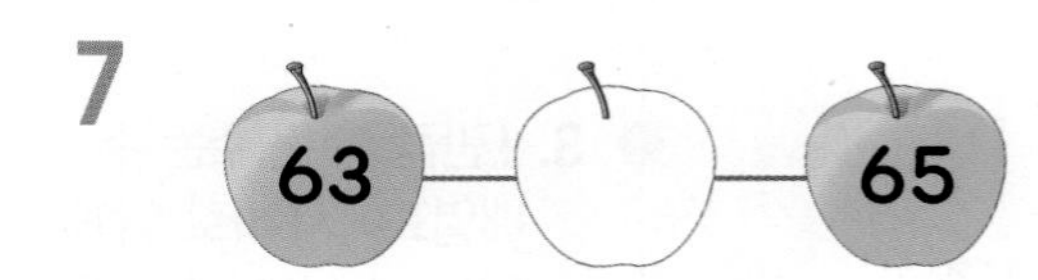

8
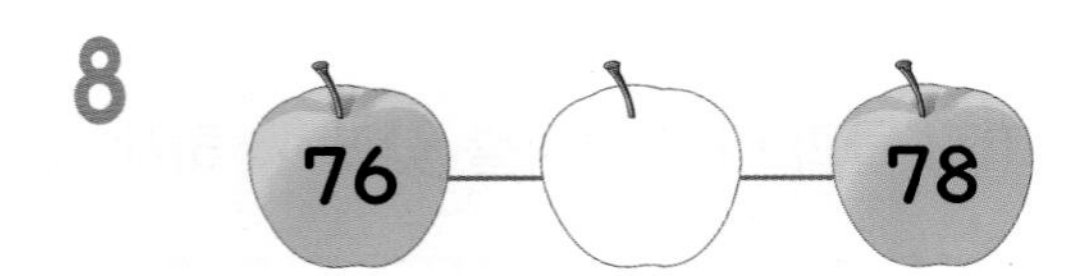

9
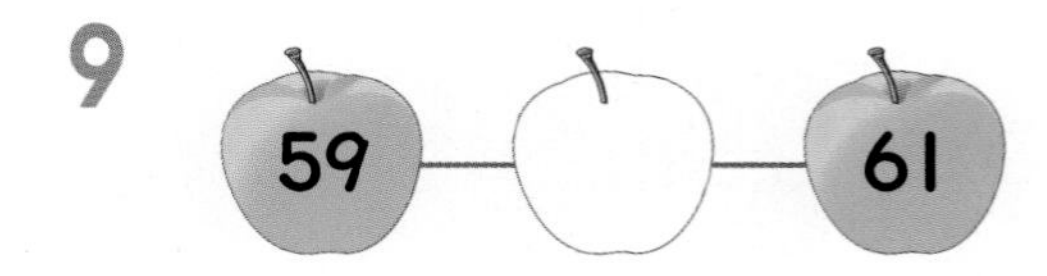

10
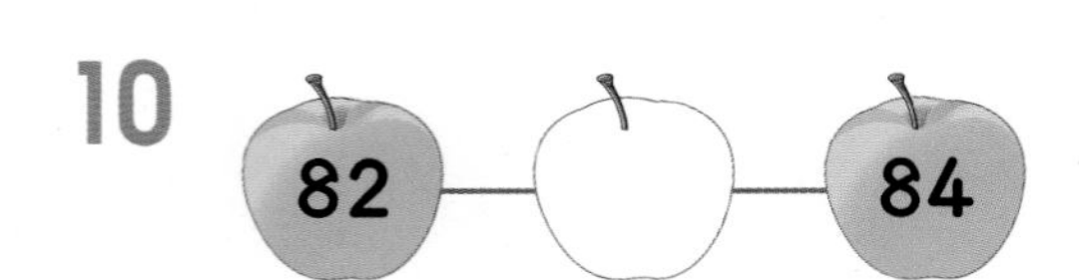

11

98 — ( ) — 100

12
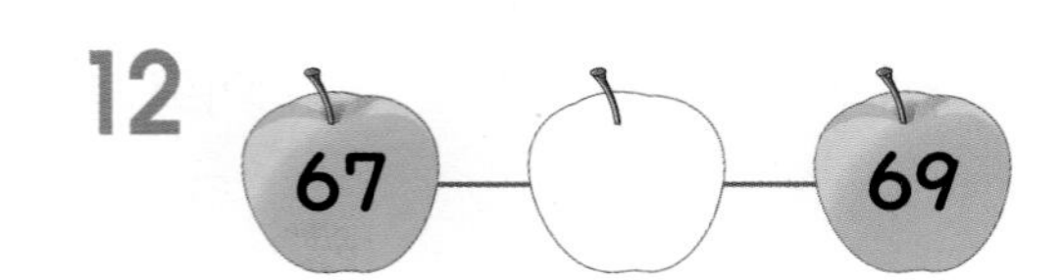

빈 곳에 알맞은 수나 말을 써넣으세요. [13~18]

13

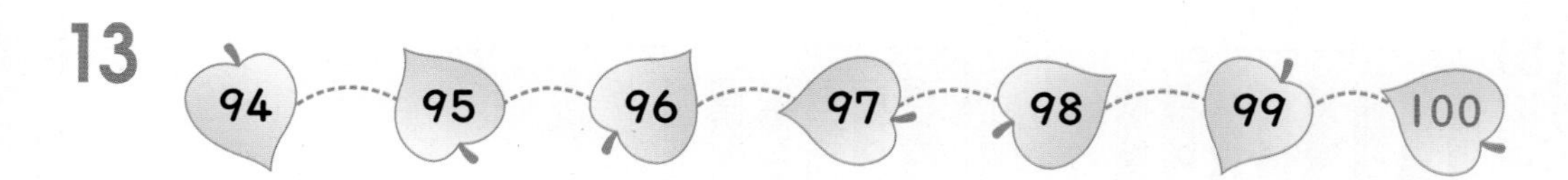

• 수를 순서대로 쓰면 오른쪽으로 갈수록 ☐씩 커지고 왼쪽으로 갈수록 ☐씩 작아 작아집니다.

• **99**보다 **1**만큼 더 큰 수를 ☐이라고 합니다.

• **100**은 ☐이라고 읽습니다.

14

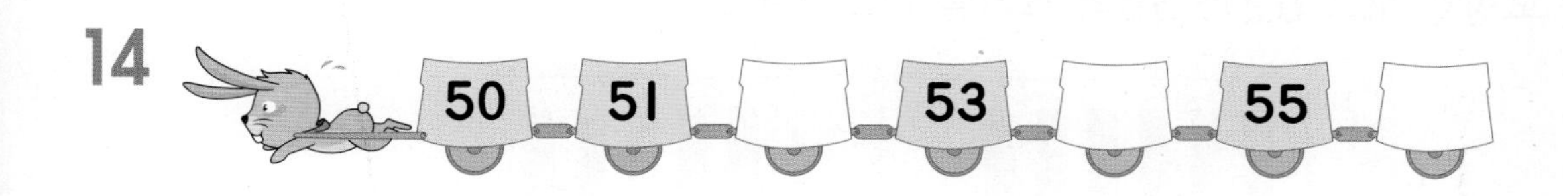

15

16

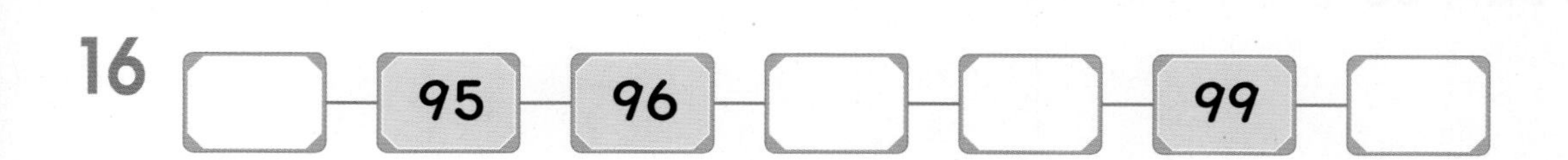

17

18

5. 수의 크기 비교하기

* 10개씩 묶음의 수가 다른 경우에는 10개씩 묶음의 수가 클수록 더 큰 수입니다.

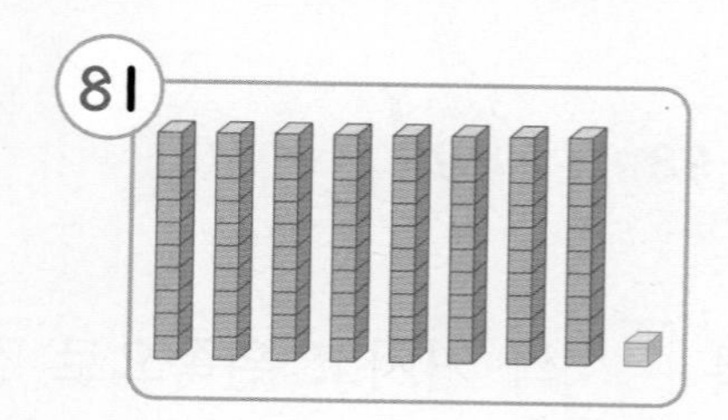

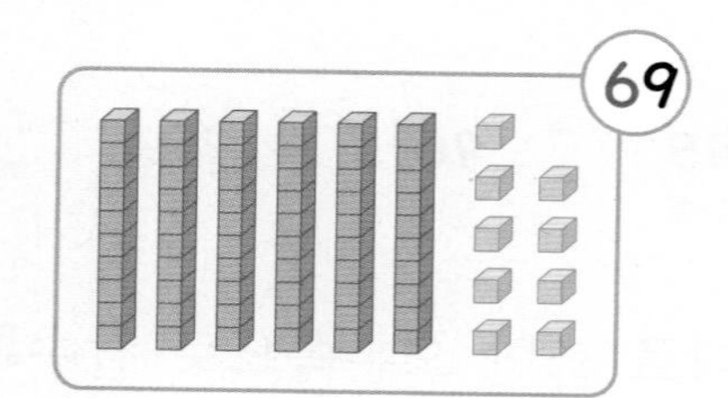

- 81은 69보다 큽니다. ➡ $81 > 69$ ($8 > 6$)
- 69는 81보다 작습니다. ➡ $69 < 81$ ($6 < 8$)

원리 확인 1 수 모형을 보고 62와 58의 크기를 비교하세요.

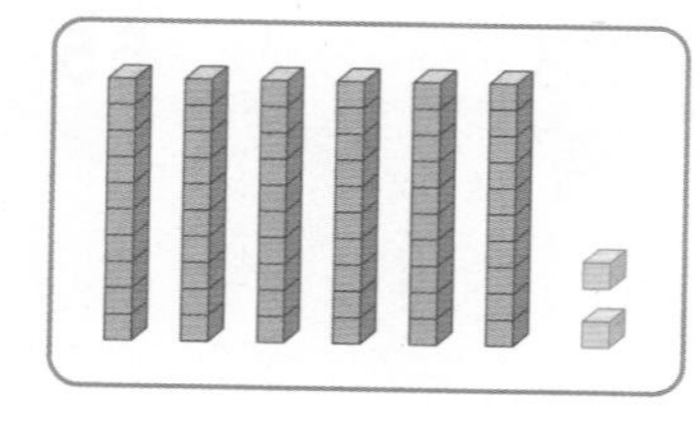

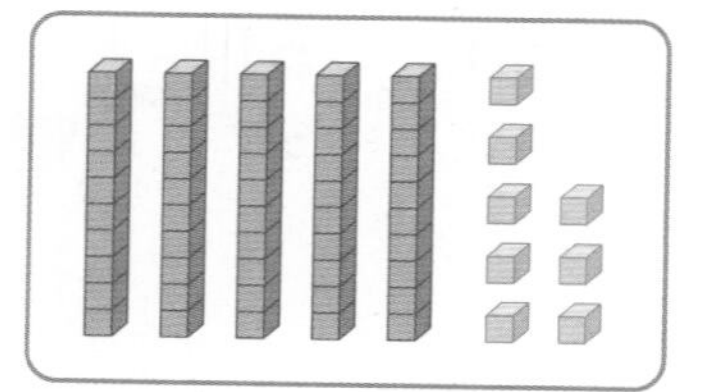

(1) 62의 십 모형은 □개이고, 58의 십 모형은 □개입니다.

(2) 62와 58 중에서 십 모형의 개수가 더 많은 것은 □입니다.

(3) 62와 58 중에서 더 큰 수는 □입니다.

원리 확인 2 그림을 보고, 알맞은 말에 ◯ 하세요.

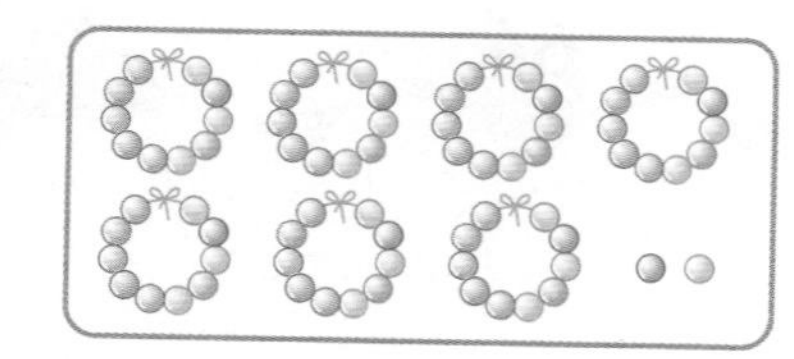

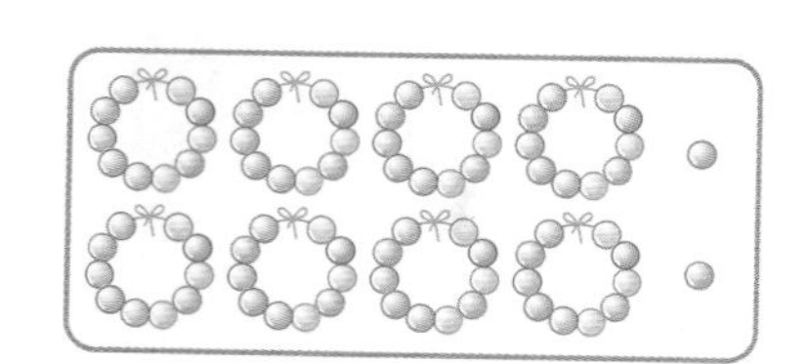

72는 82보다 (큽니다, 작습니다).

기본 문제를 통해 개념과 원리를 다져요.

1 두 수의 크기를 비교하여 ○ 안에 >, <를 알맞게 써넣으세요.

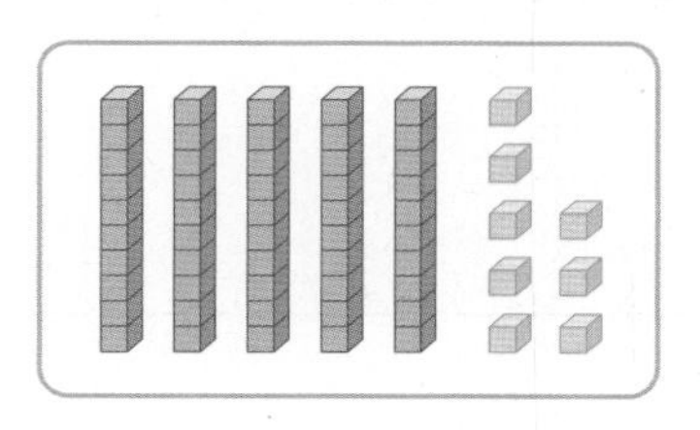
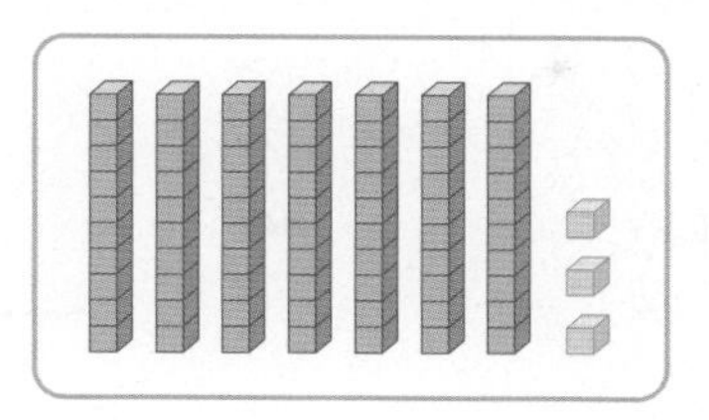

58 ○ **73**

2 ○ 안에 >, <를 알맞게 써넣으세요.

(1) **76** ○ **59**　　　(2) **61** ○ **81**

3 문장을 읽고 두 수 사이의 관계를 >, <를 이용하여 나타내세요.

(1) **69**는 **57**보다 큽니다. ➡ (　　　　　　　　)

(2) **77**은 **90**보다 작습니다. ➡ (　　　　　　　　)

4 펭귄이 들고 있는 수보다 큰 수를 찾아 ○ 하세요.

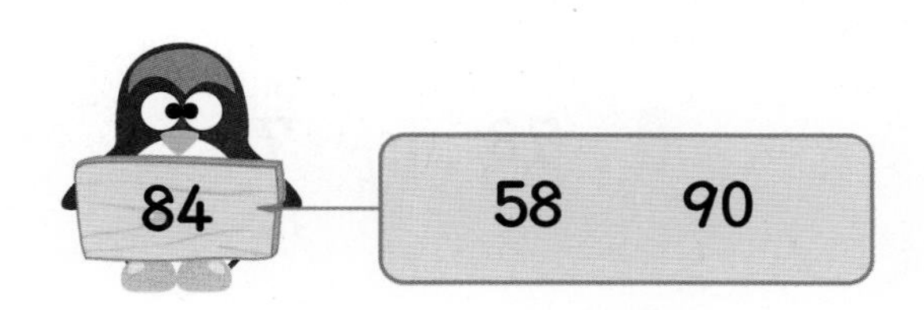

5 가장 큰 수에 ○, 가장 작은 수에 △ 하세요.

72	65	59

1. 10개씩 묶음의 수가 다를 때에는 10개씩 묶음의 수가 클수록 더 큰 수입니다.

3. (1) ●는 ▲보다 큽니다.
➡ ●>▲
(1) ●는 ▲보다 작습니다.
➡ ●<▲

step 3 원리 척척

문장을 읽고 두 수 사이의 관계를 >, <를 이용하여 나타내세요. [1~3]

1 48은 55보다 작습니다. ➡ ____________

2 88은 64보다 큽니다. ➡ ____________

3 70은 80보다 작습니다. ➡ ____________

다음을 읽어 보세요. [1~3]

4 $36 < 42$ ➡ ____________

5 $77 > 65$ ➡ ____________

6 $80 < 90$ ➡ ____________

○ 안에 >, <를 알맞게 써넣으세요. [7~14]

7 53 ○ 63

8 78 ○ 70

9 50 ○ 70

10 52 ○ 51

11 61 ○ 59

12 64 ○ 68

13 74 ○ 85

14 87 ○ 82

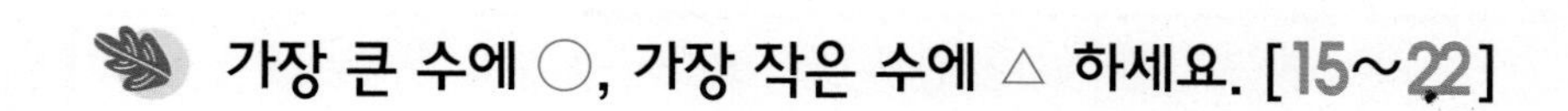

가장 큰 수에 ○, 가장 작은 수에 △ 하세요. [15~22]

15 (25 18 30)

16 (42 47 41)

17 (32 40 51)

18 (89 63 90)

19 (43 29 38)

20 (55 57 54)

21 (66 60 59)

22 (46 49 50)

□ 안에 넣을 수 있는 숫자를 모두 골라 ○ 하세요. [23~26]

23 $84 < \square 6$ (4, 5, 6, 7, 8, 9)

24 $52 > 5\square$ (0, 1, 2, 3, 4, 5)

25 $63 > \square 4$ (1, 2, 3, 4, 5, 6)

26 $97 < 9\square$ (4, 5, 6, 7, 8, 9)

6. 짝수와 홀수 알아보기

짝수와 홀수

- 2, 4, 6, 8, 10과 같이 둘씩 짝을 지을 수 있는 수를 짝수라고 합니다.
- 1, 3, 5, 7, 9와 같이 둘씩 짝을 지을 수 없는 수를 홀수라고 합니다.

참고 짝수 : 낱개의 수가 0, 2, 4, 6, 8인 수
홀수 : 낱개의 수가 1, 3, 5, 7, 9인 수
수를 순서대로 쓰면 짝수와 홀수가 번갈아 가며 놓입니다.

원리 확인 1 □ 안에 알맞은 수를 써넣고 알맞은 말에 ○ 하세요.

□개 (짝수, 홀수)	□개 (짝수, 홀수)
□개 (짝수, 홀수)	□개 (짝수, 홀수)

원리 확인 2 둘씩 묶어 세어 보고, 알맞은 말에 ○ 하세요.

(짝수, 홀수)

원리 확인 2 다음 수 배열표에서 짝수에 ○, 홀수에 △ 하세요.

1	2	3	4	5
6	7	8	9	10
11	12	13	14	15
16	17	18	19	20

기본 문제를 통해 개념과 원리를 다져요.

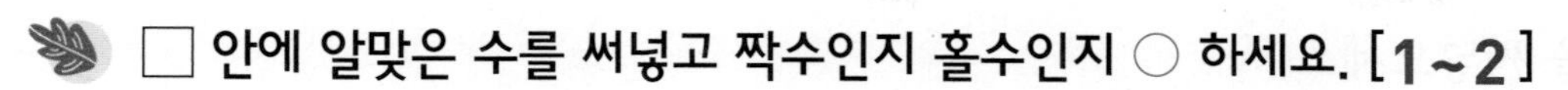

□ 안에 알맞은 수를 써넣고 짝수인지 홀수인지 ○ 하세요. [1~2]

1

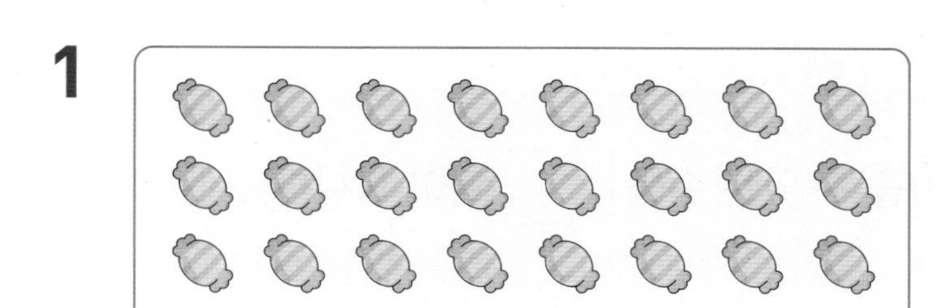

□개 ➡ (짝수, 홀수)

2

□개 ➡ (짝수, 홀수)

3 과일 가게에 있는 과일의 수입니다. 과일의 수가 짝수인 과일을 모두 써 보세요.

과일	사과	배	수박	참외
과일의 수(개)	38	45	24	37

( )

4 다음 수 배열표에서 가장 큰 홀수를 찾아 ○, 가장 작은 짝수를 찾아 △ 하세요.

13	14	15	16	17	18
19	20	21	22	23	24
25	26	27	28	29	30

5 10보다 크고 20보다 작은 수 중에서 홀수를 모두 찾아 써 보세요.

( )

1 □ 안에 알맞은 말을 써넣으세요.

☆, ☆, ☆, ☆, ☆, ☆

2, 4, 6, 8, 10, …… 과 같이 둘씩 짝을 지을 수 있는 수를 □ 라고 합니다.

2 둘씩 짝을 지을 수 있는 경우를 알아보세요.

토끼 수	둘씩 짝을 지으세요.	짝을 지을 수 있어요.
1		×
2		○
3		×
4		
5		
6		
7		
8		

3 짝수에 ○ 하세요.

5 6 7 8 9 10 11 12 13

4 짝수가 아닌 수에 × 하세요.

36 17 52 40 33

5 □ 안에 알맞은 말을 써넣으세요.

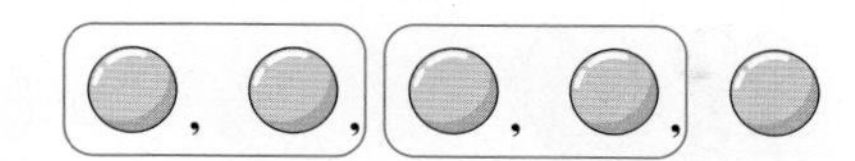

1, 3, 5, 7, 9, …… 와 같이 둘씩 짝을 지을 수 없는 수를 □ 라고 합니다.

6 홀수에 ○ 하세요.

1 2 3 4 5 6 7 8 9 10 11 12

몇 개인지 세어 보고, 짝수인지 홀수인지 써 보세요. [7~9]

7

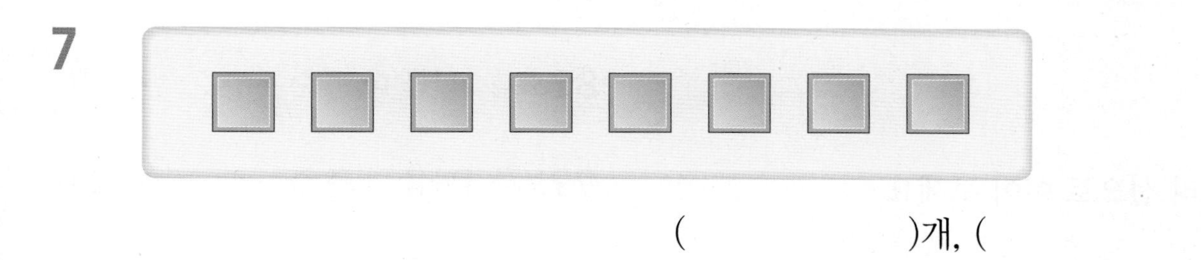

(   )개, (   )

8

(   )개, (   )

9

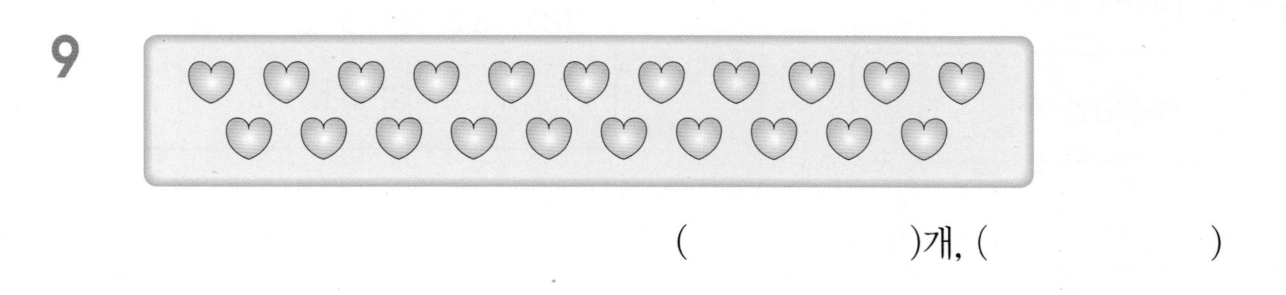

(   )개, (   )

step 4 유형 콕콕

01 □ 안에 알맞은 수를 써넣으세요.

10개씩 5묶음이므로 □ 입니다.

02 □ 안에 알맞은 수를 써넣으세요.

74는 10개씩 □ 묶음이고, 낱개가 □ 개인 수입니다.

03 같은 것끼리 선으로 이어 보세요.

칠십삼 ·	· 73 ·	· 아흔일곱
구십칠 ·	· 86 ·	· 일흔셋
팔십육 ·	· 97 ·	· 여든여섯

04 다음을 숫자로 써 보세요.

예순일곱 ➡ □

05 빈 곳에 알맞은 수를 써넣으세요.

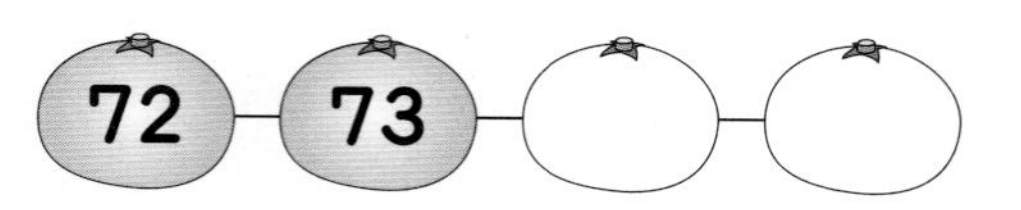

06 빈 곳에 알맞은 수를 써넣으세요.

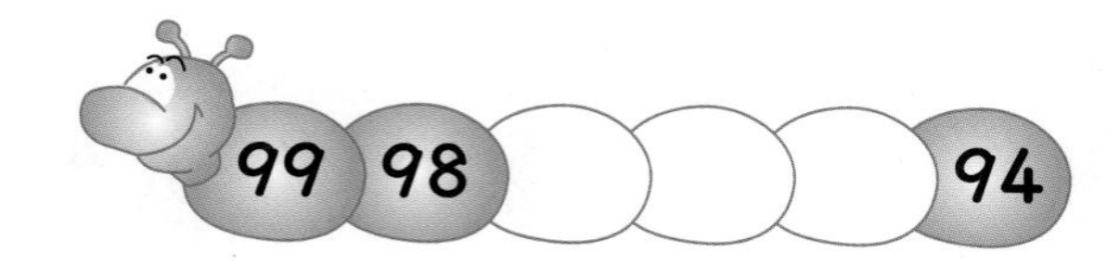

07 같은 수끼리 선으로 이어 보세요.

82보다 1만큼 더 큰 수 ·	· 67
99보다 1만큼 더 큰 수 ·	· 100
68보다 1만큼 더 작은 수 ·	· 83
79보다 1만큼 더 작은 수 ·	· 78

08 □ 안에 알맞은 수를 써넣으세요.

78과 82 사이에 있는 수는 □, □, □ 입니다.

09 두 수의 크기를 비교하여 ◯ 안에 >, <를 알맞게 써넣으세요.

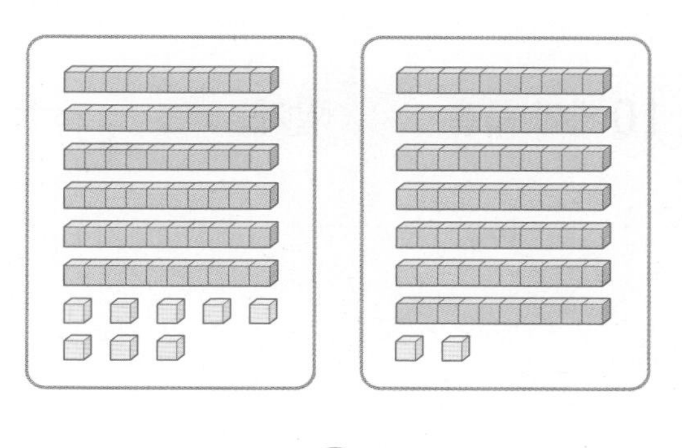

68 ◯ 72

10 ◯ 안에 >, <를 알맞게 써넣고, 바르게 읽어 보세요.

78 ◯ 84

(　　　　　　　　　　)

11 82보다 작은 수를 모두 찾아 ◯ 하세요.

85,　76,　80,　91

12 69보다 크고 71보다 작은 수는 어떤 수인가요?

(　　　　　　)

13 빈 곳에 알맞은 수를 써넣으세요.

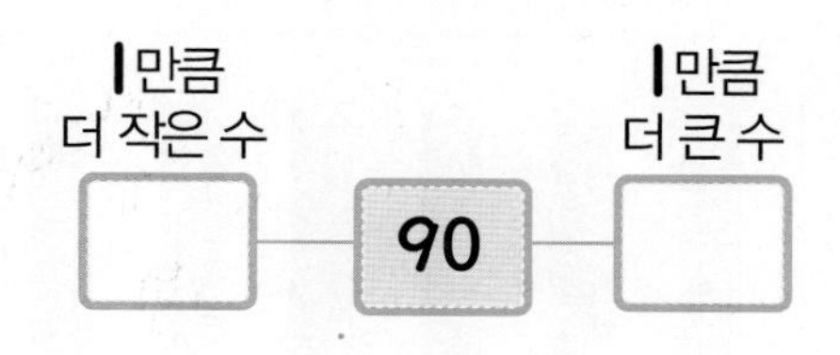

14 다음 중 짝수가 아닌 것을 모두 고르세요. (　　　)

① 30　② 35　③ 40
④ 43　⑤ 46

15 20보다 크고 30보다 작은 수 중 홀수는 모두 몇 개인가요?

(　　　　　)개

16 가장 큰 수에 ◯, 가장 작은 수에 △ 하세요.

69,　82,　57,　90

점수

01 그림을 보고 빈칸에 알맞은 수를 써넣으세요.

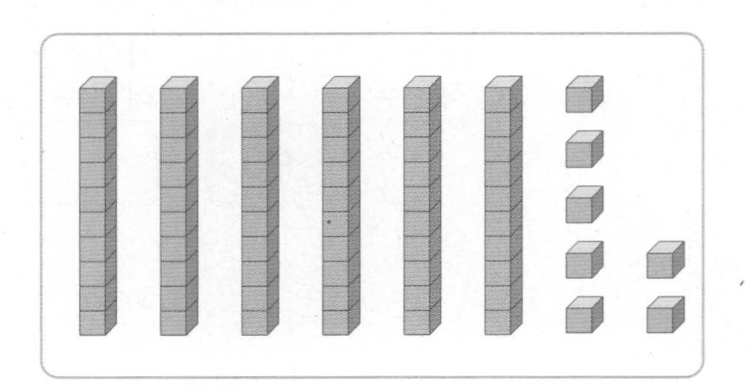

10개씩 묶음	낱개

➡ □

02 □ 안에 알맞은 수를 써넣으세요.

(1) 10개씩 묶음 □개를 60이라고 합니다.

(2) 10개씩 묶음 7개와 낱개 9개를 □라고 합니다.

03 수를 두 가지 방법으로 읽어 보세요.

(1) 60 (　　　　,　　　　)　　(2) 88 (　　　　,　　　　)

04 다음을 수로 나타내 보세요.

(1) 

➡ □

(2) 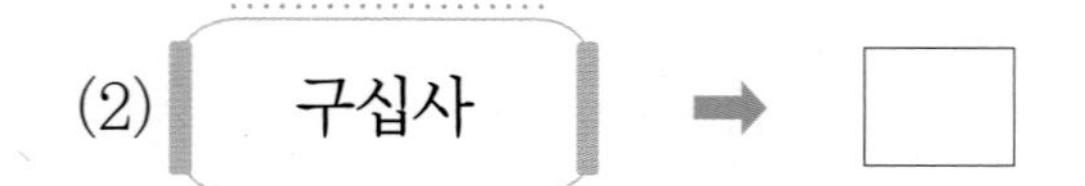

➡ □

(3) 

➡ □

(4) 

➡ □

05 홀수에 모두 ○ 하세요.

14 15 16 17 18 19 20 21

06 짝수에 ○, 홀수에 △ 하세요.

31 20 14 9 17

07 빈 곳에 알맞은 수를 써넣으세요.

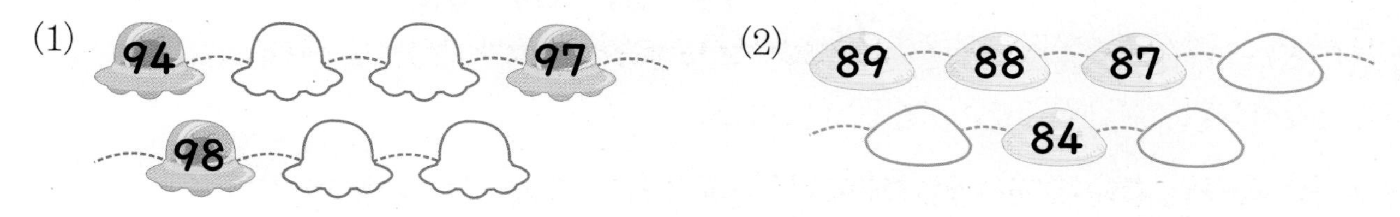

08 □ 안에 알맞은 수를 써넣으세요.

(1) **78**과 **80** 사이에 있는 수는 □ 입니다.

(2) **99**보다 **1**만큼 더 큰 수는 □ 입니다.

09 □ 안에 알맞은 수를 써넣고 알맞은 말에 ◯ 하세요.

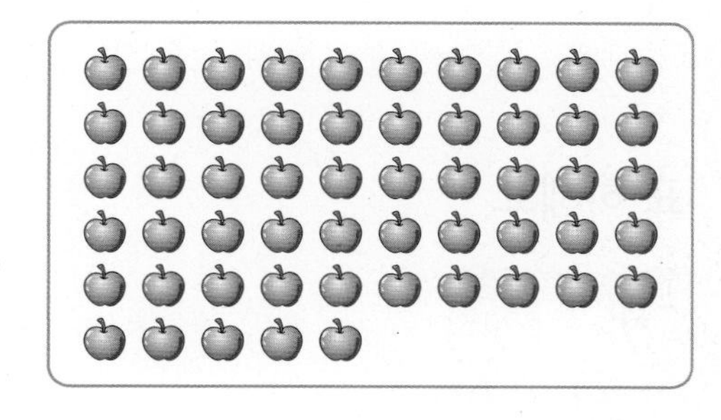

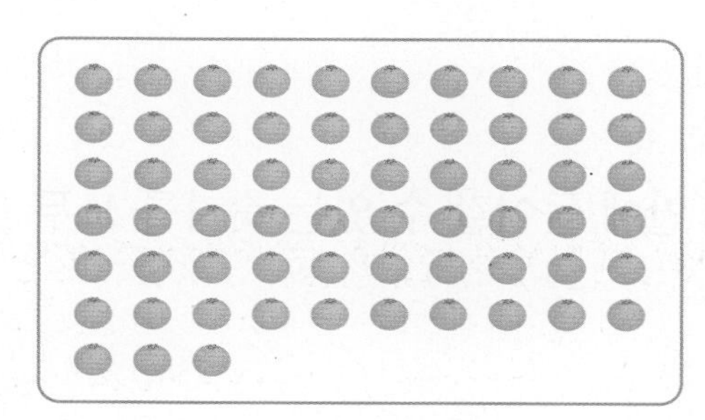

사과 □ 개는 귤 □ 개보다 (많습니다, 적습니다).

10 알맞은 말에 ⬭ 하세요.

(1) **81**은 **77**보다 (큽니다, 작습니다).

(2) **65**는 **73**보다 (큽니다, 작습니다).

11 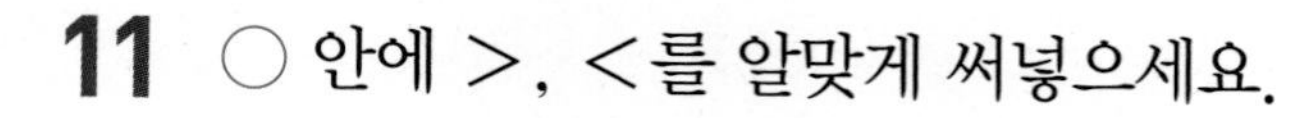
○ 안에 >, <를 알맞게 써넣으세요.

(1) **86** ◯ **71**

(2) **94** ◯ **96**

12 왼쪽에 있는 수보다 큰 수를 모두 찾아 ○ 하세요.

79	51	69	83

13 가장 큰 수에 ○ 하세요.

(1)

89	98	67

(2)

72	78	76

14 가장 작은 수에 ○ 하세요.

(1)

72	81	65

(2)

60	65	63

15 □ 안에 들어갈 수 있는 숫자를 모두 찾아 ○표 하세요.

75 > 7□

(0, 1, 2, 3, 4, 5, 6, 7, 8, 9)

단원 2

덧셈과 뺄셈(1)

이번에 배울 내용

1 세 수의 덧셈

2 세 수의 뺄셈

3 10이 되는 더하기

4 10에서 빼기

5 10을 만들어 더하기

이전에 배운 내용

- 받아올림 없는 (몇)+(몇)
- (몇)−(몇)

다음에 배울 내용

- (몇)+(몇)=(십몇)
- (십몇)−(몇)=(몇)

원리 꼼꼼

1. 세 수의 덧셈

세 수의 덧셈

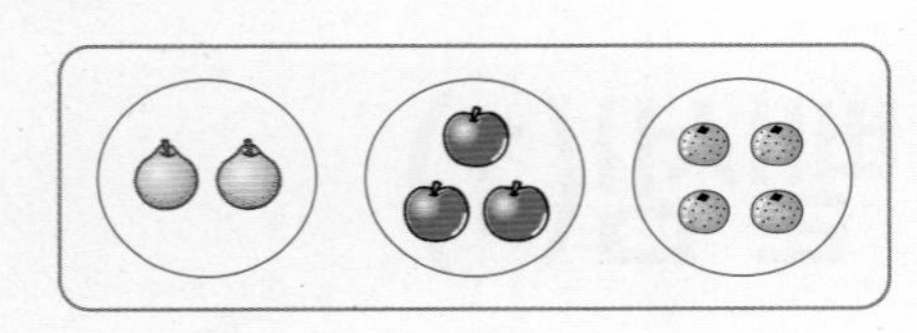

$2+3+4=9$ (2+3=5, 5+4=9)

$2+3=$ 5

5 $+4=$ 9

$2+3+4=9$

참고 세 수의 덧셈은 순서를 바꾸어 더해도 결과는 같습니다.

$5+2+1=8$ (5+2=7, 7+1=8)

$5+2+1=8$ (2+1=3, 5+3=8)

원리 확인 1

호랑이가 **3**마리, 사자가 **4**마리, 기린이 **2**마리 있습니다. 동물은 모두 몇 마리인지 알아보세요.

(1) 동물의 수만큼 ○를 그려 보세요.

호랑이	사자	기린

(2) □ 안에 알맞은 수를 써넣으세요.

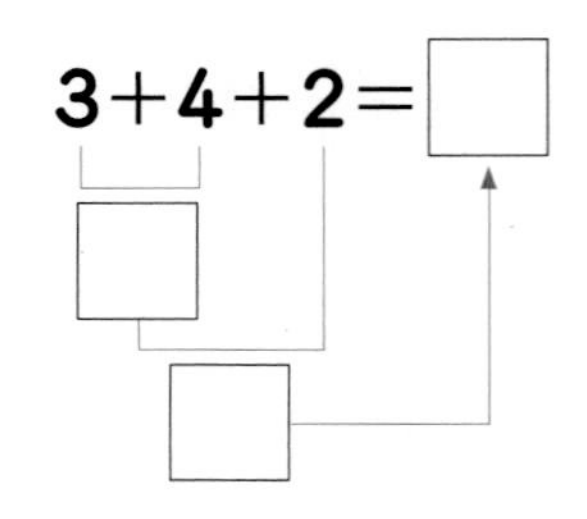

$3+4+2=$ □

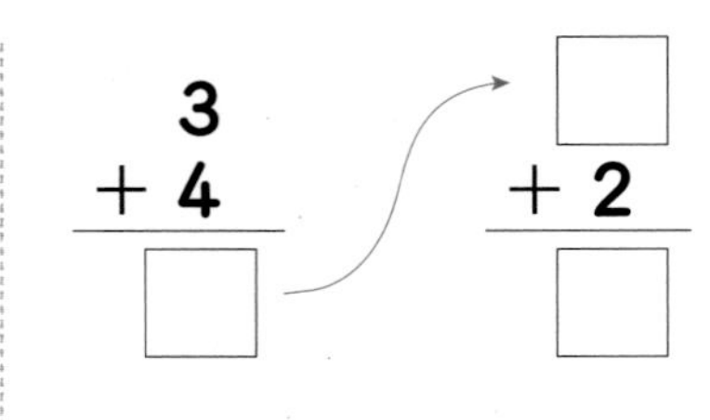

(3) 동물은 모두 □ 마리입니다.

기본 문제를 통해 개념과 원리를 다져요.

1 그림을 보고 □ 안에 알맞은 수를 써넣으세요.

$1+3+4=\square$

2 □ 안에 알맞은 수를 써넣으세요.

(1) $2+4+2=\square$

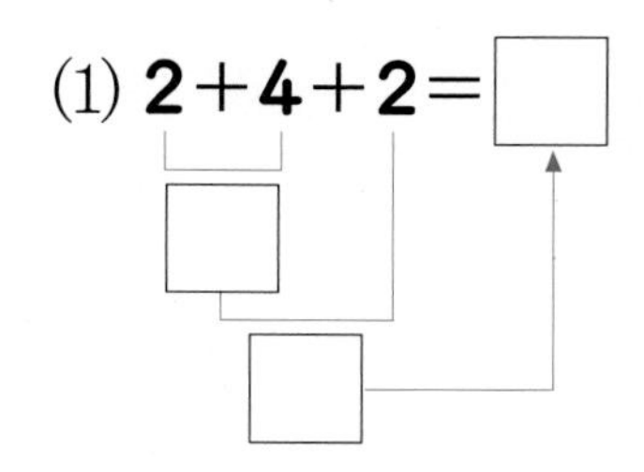

(2) $1+5+3=\square$

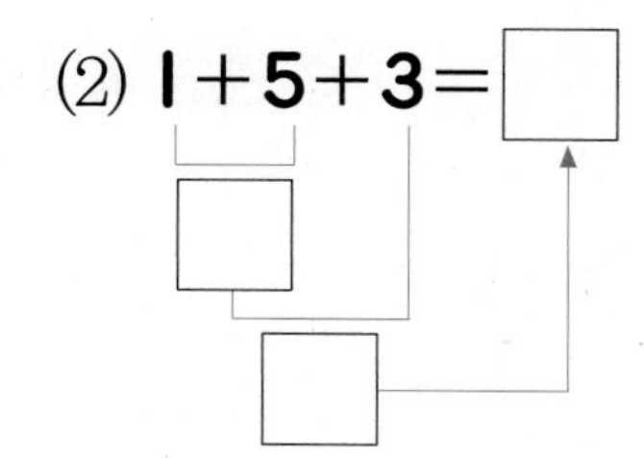

3 빈 곳에 알맞은 수를 써넣으세요.

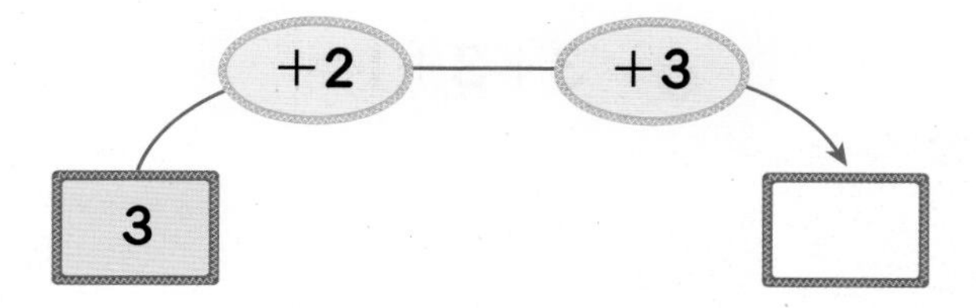

4 관계있는 것끼리 선으로 이어 보세요.

3+2+2 •	• 6
3+1+4 •	• 7
1+3+2 •	• 8

5 상자 안에 빨간색 구슬 **2**개, 파란색 구슬 **4**개, 노란색 구슬 **3**개가 들어 있습니다. 상자 안에 들어 있는 구슬은 모두 몇 개인가요?

식 ______________ 답  개

2
단원

원리 척척

 □ 안에 알맞은 수를 써넣으세요. [1 ~ 12]

1 2+3+4=□

2 1+4+2=□

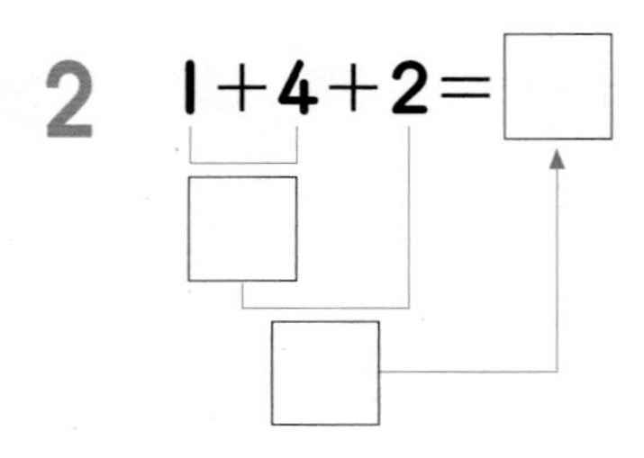

3 5+1+2=□

4 4+3+1=□

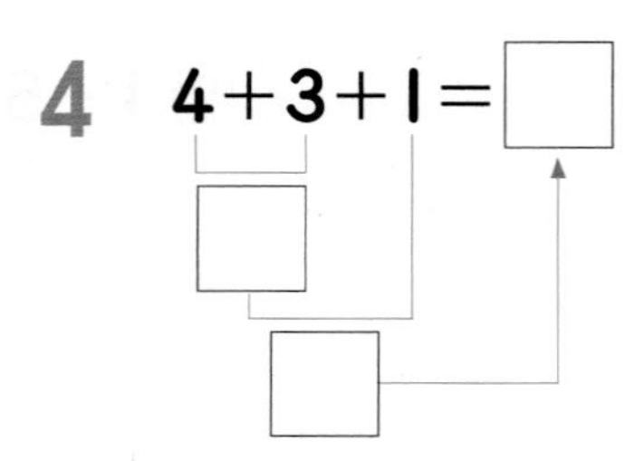

5 2+5+2=□

6 3+3+1=□

7 3+1+4=□

8 2+3+1=□

9 6+2+1=□

10 1+1+3=□

11 1+7+1=□

12 3+2+3=□

□ 안에 알맞은 수를 써넣으세요. [13~20]

13 $2+3+2=\square$

$2+3=\square$

$\square+2=\square$

14 $1+5+3=\square$

$1+5=\square$

$\square+3=\square$

15 $4+2+2=\square$

$4+2=\square$

$\square+2=\square$

16 $3+2+3=\square$

$3+2=\square$

$\square+3=\square$

17 $5+1+2=\square$

$5+1=\square$

$\square+2=\square$

18 $4+3+2=\square$

$4+3=\square$

$\square+2=\square$

19 $3+2+4=\square$

$3+2=\square$

$\square+4=\square$

20 $2+5+2=\square$

$2+5=\square$

$\square+2=\square$

1 원리 꼼꼼

2. 세 수의 뺄셈

세 수의 뺄셈

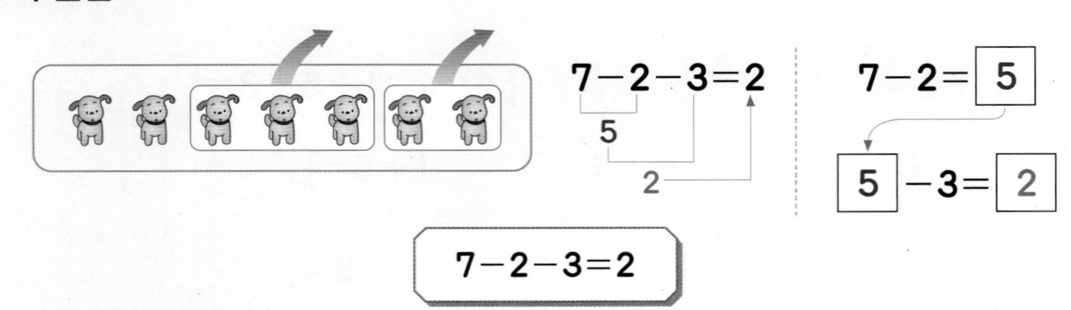

$7-2-3=2$

참고 세 수의 뺄셈은 반드시 앞에서부터 두 수씩 차례로 계산합니다.

$7-4-1=2$ (○) $7-4-1=4$ (×)

원리 확인 1

신영이는 동화책을 **7**권 선물 받았습니다. 이 중 어제까지 **3**권을 읽었고 오늘 **2**권을 읽었습니다. 선물 받은 동화책 중 아직 읽지 않은 동화책은 몇 권인지 알아보세요.

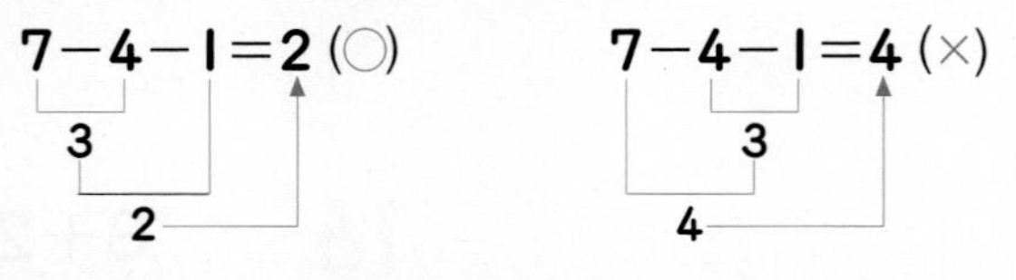

(1) 어제 읽은 동화책의 수만큼 /로 지워 보세요.

(2) 오늘 읽은 동화책의 수만큼 \로 지워 보세요.

(3) □ 안에 알맞은 수를 써넣으세요.

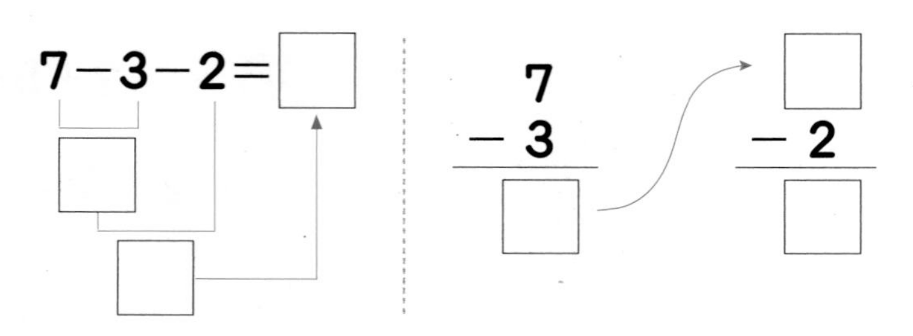

(4) 선물 받은 동화책 중 아직 읽지 않은 동화책은 □권입니다.

원리 탄탄

1 그림을 보고 □ 안에 알맞은 수를 써넣으세요.

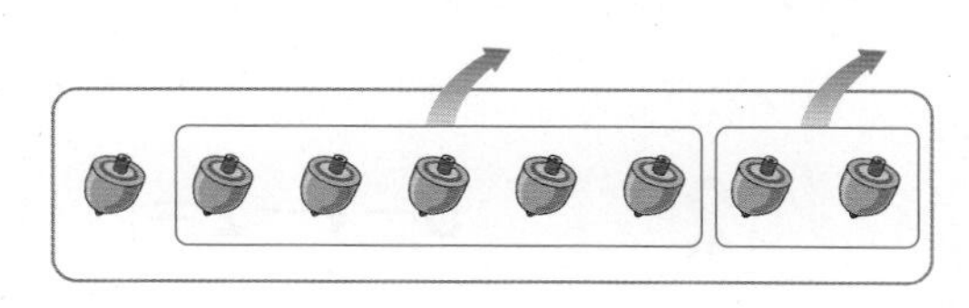

8−2−5=□

2 □ 안에 알맞은 수를 써넣으세요.

(1) 8−2−1=□

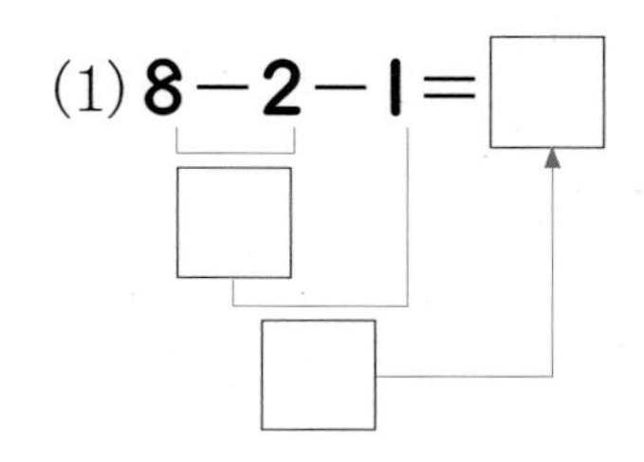

(2) 9−3−2=□

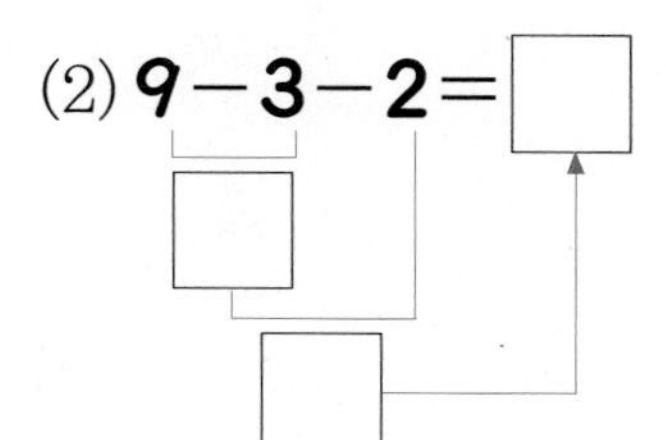

3 빈 곳에 알맞은 수를 써넣으세요.

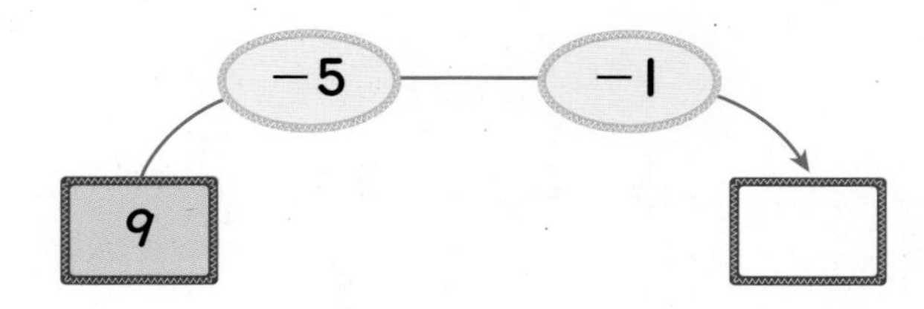

4 관계있는 것끼리 선으로 이어 보세요.

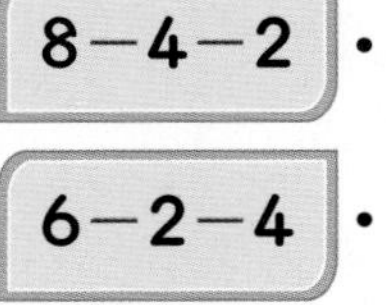

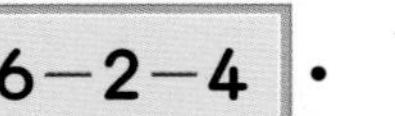

· 0
· 1
· 2

4. 세 수의 뺄셈은 반드시 앞에서부터 두 수씩 차례로 계산합니다.

5 사탕 7개 중에서 내가 3개, 동생이 2개를 먹었습니다. 남아 있는 사탕은 몇 개인가요?

식 ______________

답 ______________개

원리 척척

1 $7-4-2=\square$

$7-4=\square$

$\square-2=\square$

2 $5-1-2=\square$

$5-1=\square$

$\square-2=\square$

3 $8-3-4=\square$

$8-3=\square$

$\square-4=\square$

4 $9-2-4=\square$

$9-2=\square$

$\square-4=\square$

5 $7-1-2=\square$

6 $6-1-3=\square$

7 $8-4-2=\square$

8 $9-2-3=\square$

9 $5-3-1=\square$

10 $7-3-2=\square$

11 $9-3-4=\square$

12 $8-2-3=\square$

그림을 보고 세 수의 뺄셈을 완성하세요. [13~14]

13

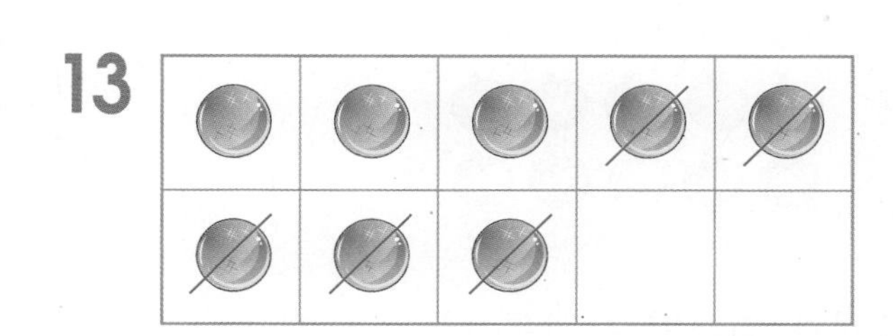

$8-3-2=\square$

14

$9-5-\square=\square$

빼셈을 하세요. [15~24]

15 $5-1-2$

16 $6-2-2$

17 $7-3-2$

18 $8-4-4$

19 $7-2-4$

20 $9-2-3$

21 $9-3-4$

22 $6-3-3$

23 $6-1-4$

24 $8-2-4$

step 1 원리 꼼꼼

3. 10이 되는 더하기

10이 되는 더하기

사과 5개를 가지고 있을 때, 몇 개를 더 가져야 10개가 되는지 사과를 더 그려 보면서 □ 안의 수를 알아봅니다.

➡ 5+ 5 =10

5 6 7 8 9 10

원리 확인 1 책꽂이에 동화책 7권이 꽂혀 있습니다. 동화책 몇 권을 더 꽂으면 10권이 되는지 알아보세요.

(1) 10권이 되도록 더 꽂아야 할 동화책의 수만큼 ○를 그려 보세요.

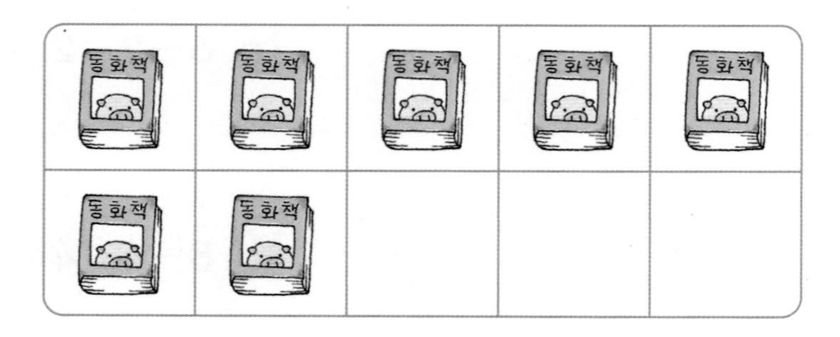

(2) 위 (1)의 그림을 보고 덧셈식을 완성하세요.

7+□=10

원리 확인 2 □ 안에 알맞은 수를 써넣으세요.

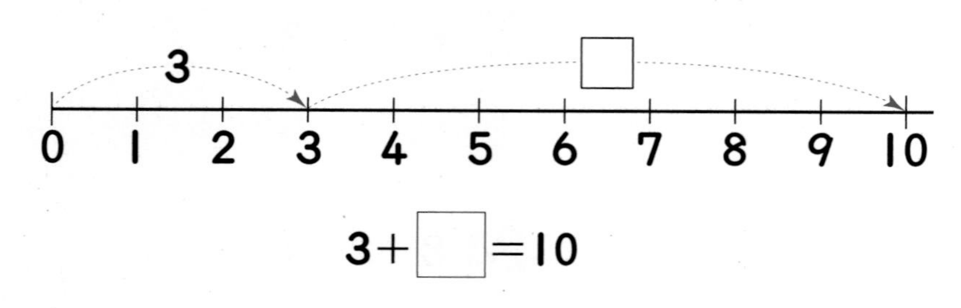

3+□=10

원리 탄탄

기본 문제를 통해 개념과 원리를 다져요.

1 10개가 되도록 더 필요한 개수만큼 ○를 그려 넣고 □ 안에 알맞은 수를 써넣으세요.

(1) 

2+□=10

(2) 

5+□=10

(3) 

□+6=10

그려 넣은 ○의 개수를 세어 봐!

2 □ 안에 알맞은 수를 써넣으세요.

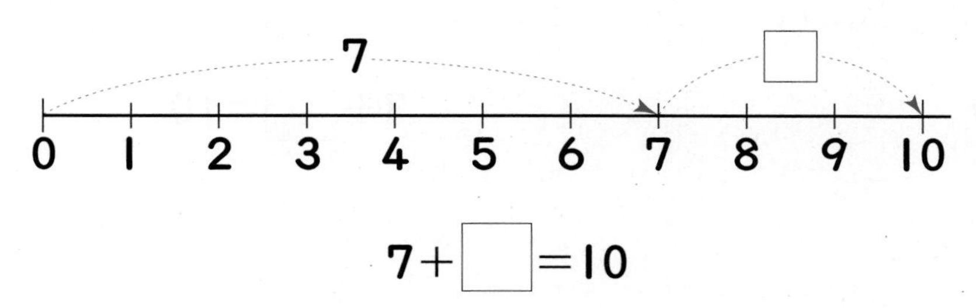

7+□=10

3 □ 안에 알맞은 수를 써넣으세요.

(1) 5+□=10　　(2) 0+□=10

(3) □+4=10　　(4) □+9=10

3. 그림을 그려서 알아봅니다.

2+8=10

4 규형이의 책꽂이에 동화책과 위인전이 10권 있습니다. 어제까지 8권을 읽었다면 몇 권을 더 읽어야 다 읽는지 덧셈식을 이용하여 구해 보세요.

덧셈식 : □+□=10　　답 : □권

2 단원

합이 10이 되도록 빈칸에 ○를 더 그려 넣고, □ 안에 알맞은 수를 써넣으세요. [1~4]

1

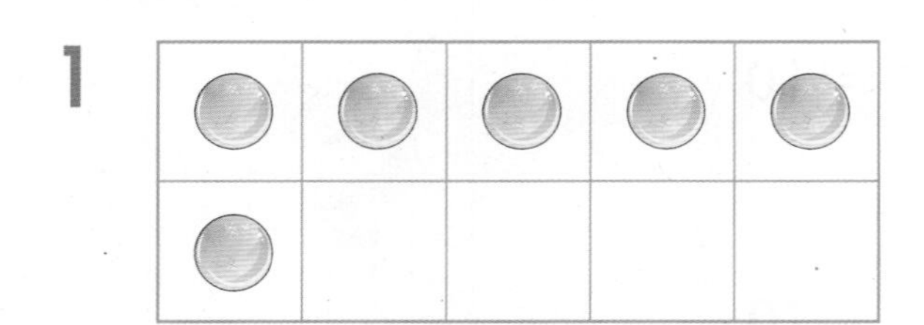

6+□=10

2

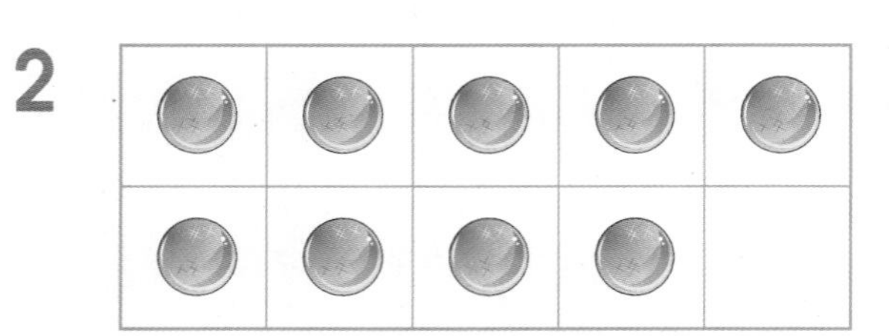

9+□=10

3

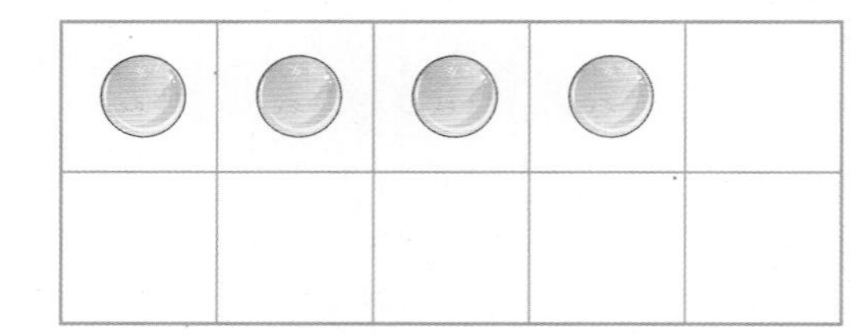

4+□=10

4

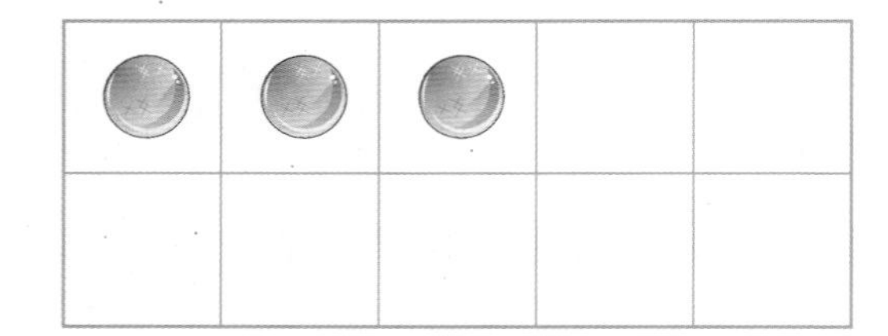

3+□=10

□ 안에 알맞은 수를 써넣으세요. [5~7]

5

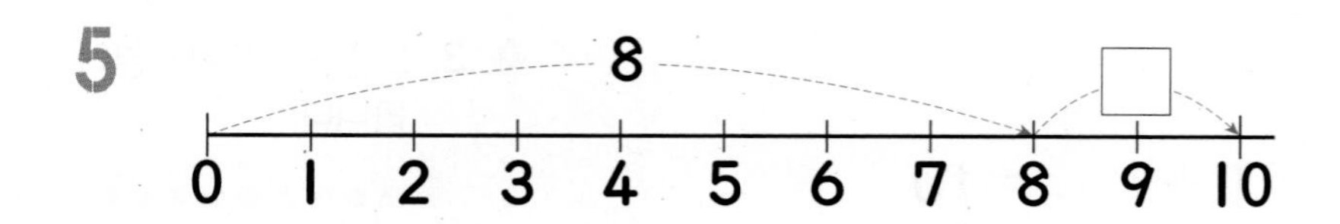

8+□=10

6

5
0 1 2 3 4 5 6 7 8 9 10

5+□=10

7

1
0 1 2 3 4 5 6 7 8 9 10

□+1=10

□ 안에 알맞은 수를 써넣으세요. [8~21]

8 $3+\square=10$

9 $5+\square=10$

10 $7+\square=10$

11 $6+\square=10$

12 $8+\square=10$

13 $0+\square=10$

14 $2+\square=10$

15 $4+\square=10$

16 $\square+1=10$

17 $\square+3=10$

18 $\square+6=10$

19 $\square+9=10$

20 $\square+10=10$

21 $\square+2=10$

4. 10에서 빼기

거꾸로 세기로 10에서 빼기

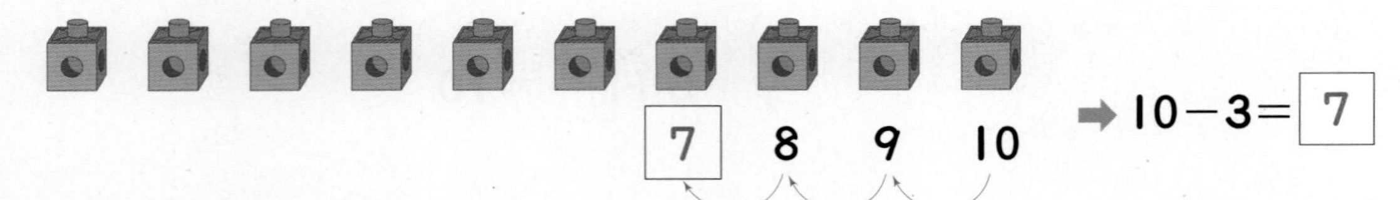

7 8 9 10 ➡ 10−3= 7

/으로 지워서 알아보기

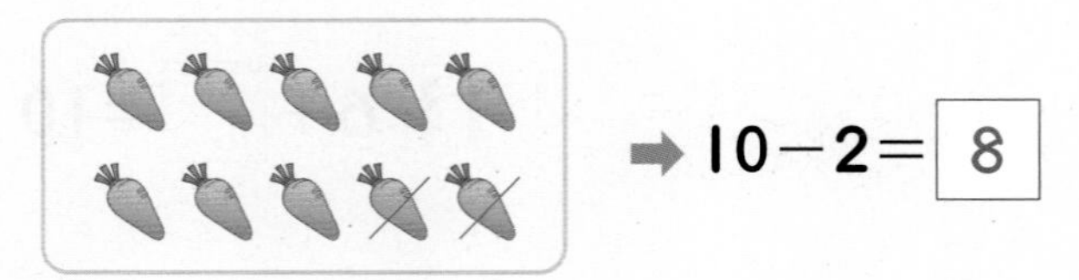

➡ 10−2= 8

당근 10개에서 2개를 먹으면 당근 8개가 남습니다.

원리 확인 1 피자 10조각이 있었습니다. 그중에서 몇 조각을 먹었더니, 6조각이 남았습니다. 먹은 피자는 몇 조각인지 알아보세요.

(1) 피자 10조각에서 6조각만 남아 있도록 ×로 지워 보세요.

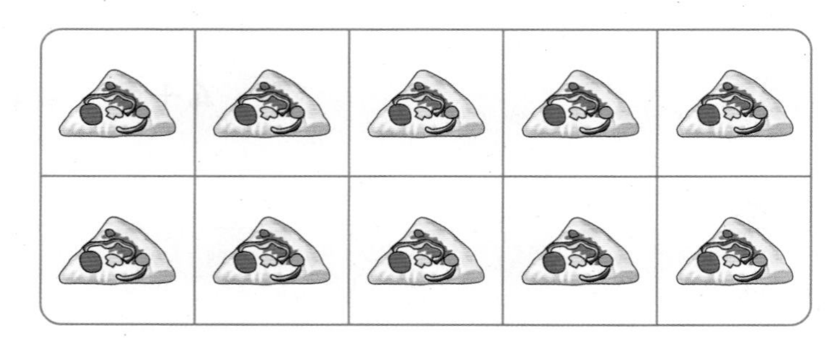

(2) 위 (1)의 그림을 보고 뺄셈식을 완성하세요.

10− ☐ =6

원리 확인 2 그림을 보고 ☐ 안에 알맞은 수를 써넣으세요.

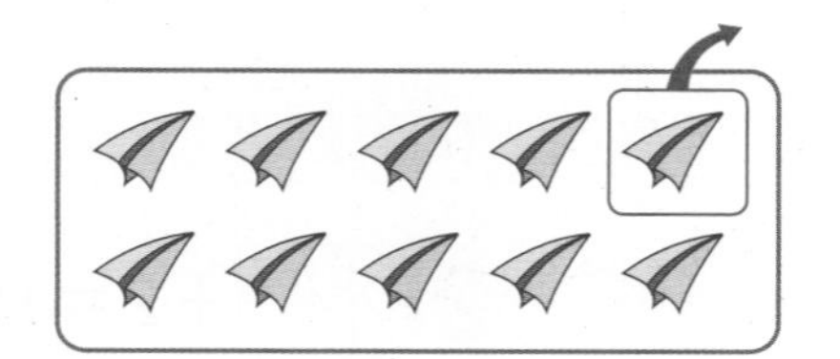

10−1= ☐

기본 문제를 통해 개념과 원리를 다져요.

1 그림을 보고 □ 안에 알맞은 수를 써넣으세요.

(1)

10－□＝□

(2)

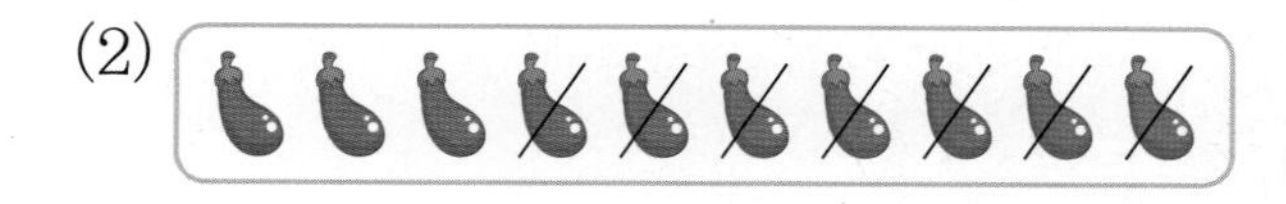

10－□＝□

2 그림을 보고 나타낸 뺄셈식을 찾아 ○ 하세요.

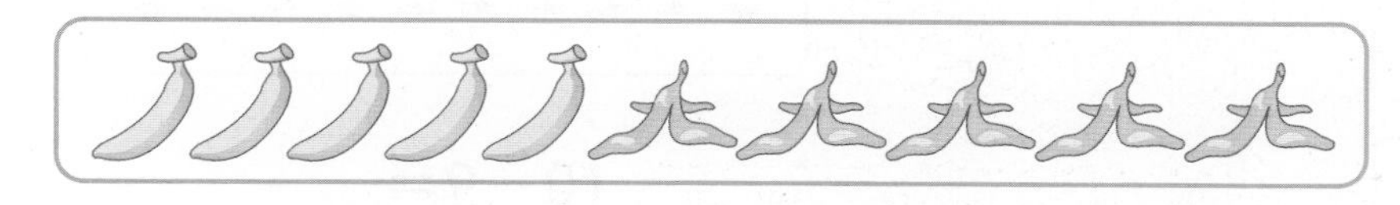

10－5＝5	10－3＝7	10－4＝6

3 □ 안에 알맞은 수를 써넣으세요.

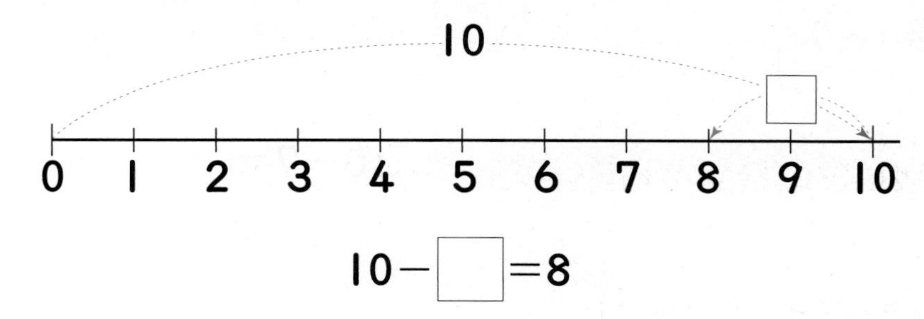

10－□＝8

4 뺄셈을 해 보세요.

(1) 10－3＝□　　(2) 10－9＝□

(3) 10－0＝□　　(4) 10－8＝□

1. 10개에서 몇 개를 뺐는지 생각해 봅니다.

2 단원

 □ 안에 알맞은 수를 써넣으세요. [1~7]

1

10−5=□

2

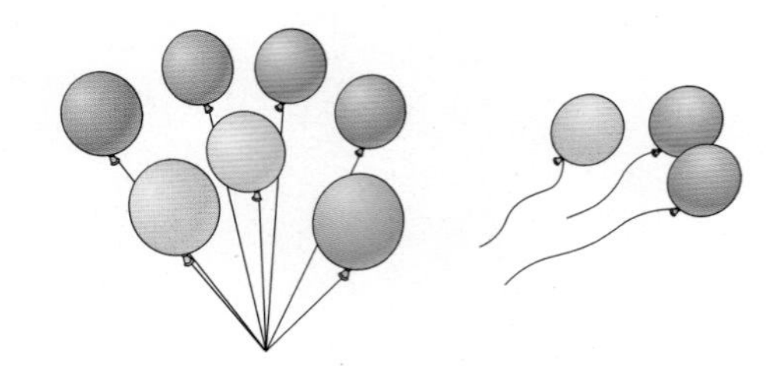

10−3=□

3

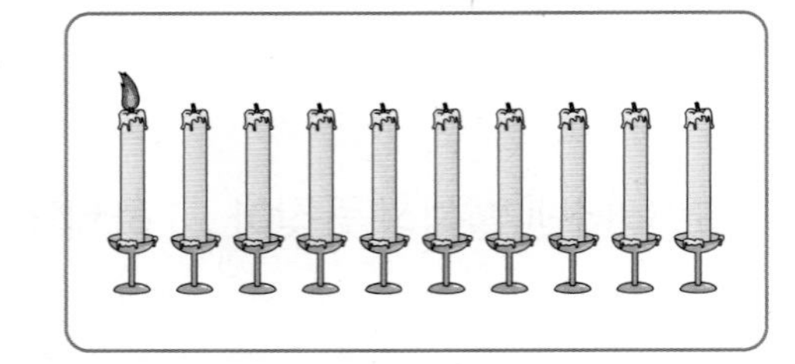

10−9=□

4

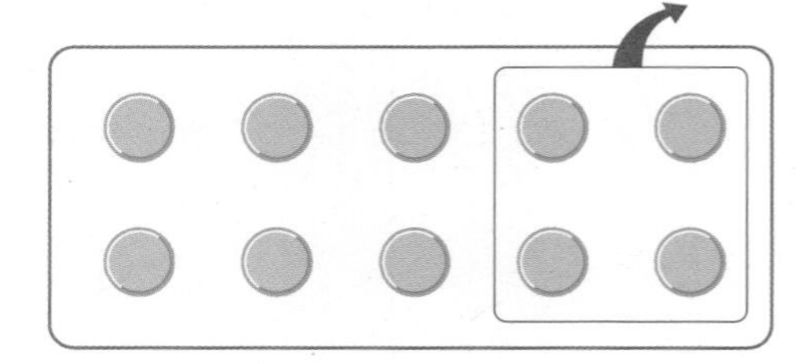

10−4=□

5

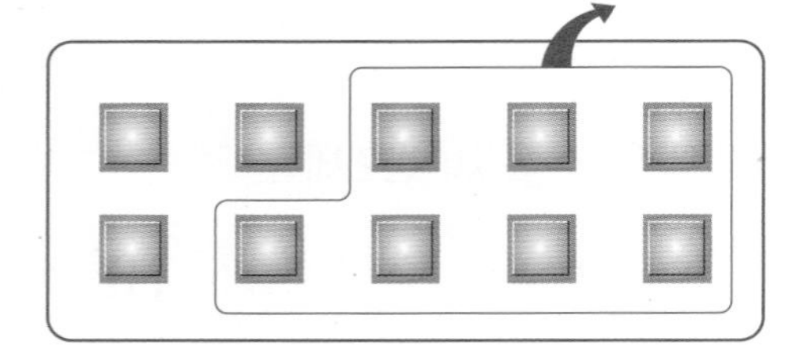

10−7=□

6

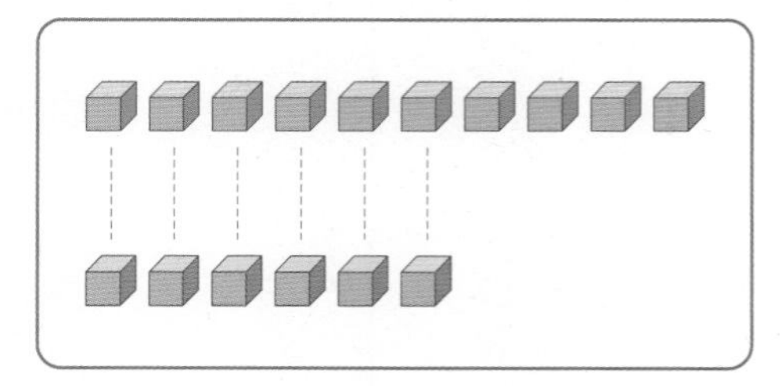

10−6=□

7

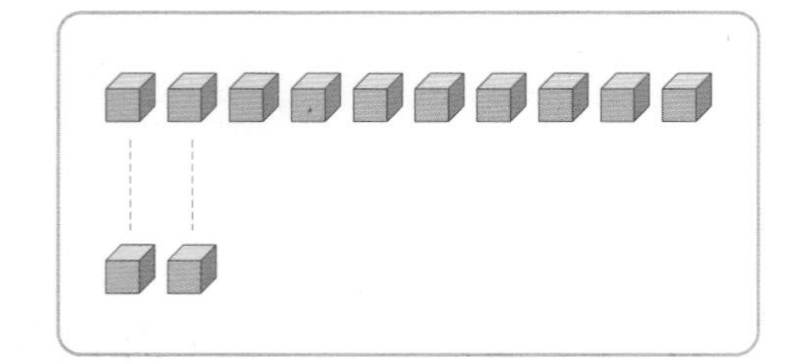

10−2=□

식에 맞도록 그림을 /으로 지우고, □ 안에 알맞은 수를 써넣으세요. [8~13]

8

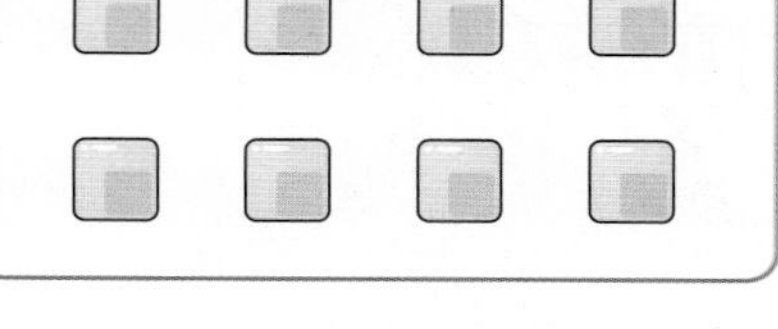

10−□=9

9

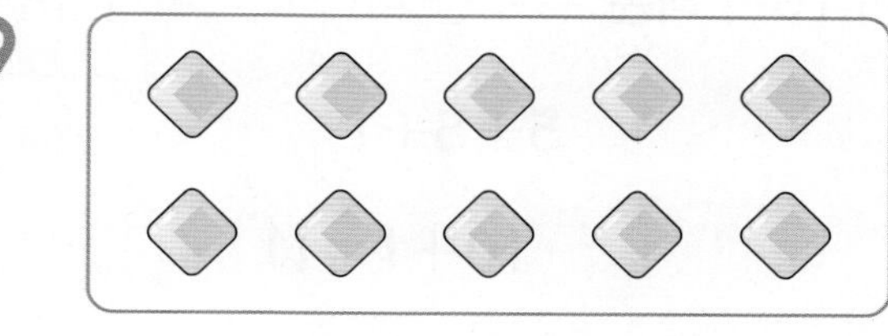

10−□=5

10

10−□=4

11

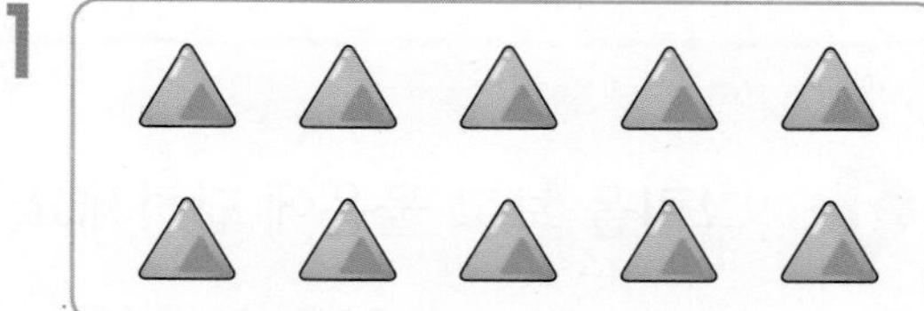

10−□=8

12

10−□=6

13

10−□=1

□ 안에 알맞은 수를 써넣으세요. [14~15]

14

10

0 1 2 3 4 5 6 7 8 9 10

□

10−□=6

15

10

0 1 2 3 4 5 6 7 8 9 10

□

10−□=2

5. 10을 만들어 더하기

세 수 중 두 수의 합이 10이 되는 덧셈

합이 10이 되는 두 수를 더하고 나머지 수를 더합니다.

$5+5+1$

$10+1=11$

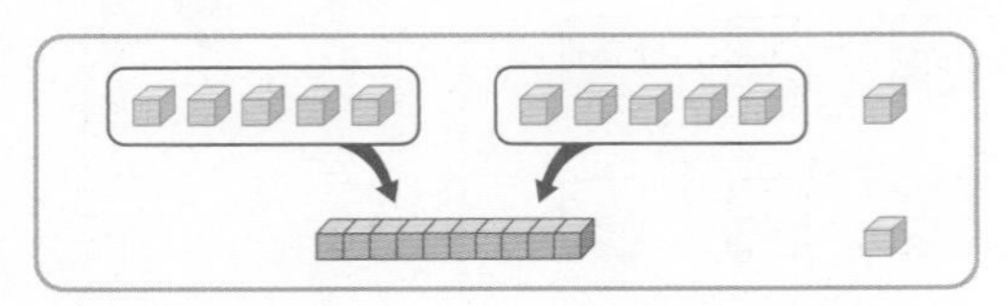

$3+4+6$

$3+10=13$

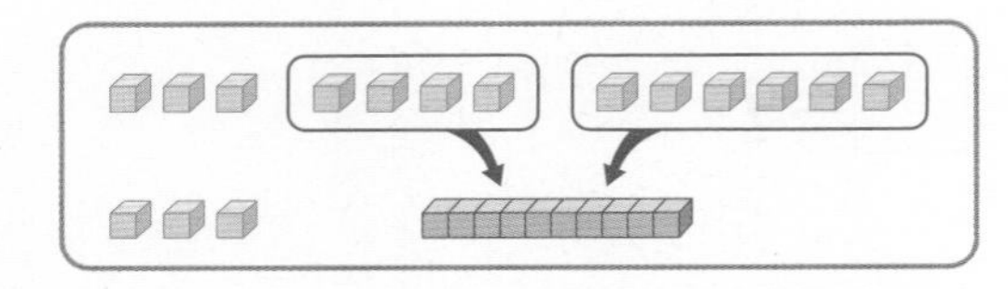

원리 확인 1 그림을 보고 물음에 답하세요.

(1) **3**과 **7**의 합은 얼마인가요?

$3+7=\square$

(2) **3+7+2**는 얼마인가요?

$\square+2=\square$

(3) 꽃은 모두 몇 송이인가요?

(　　　　　　)송이

원리 확인 2 그림을 보고 □ 안에 알맞은 수를 써넣으세요.

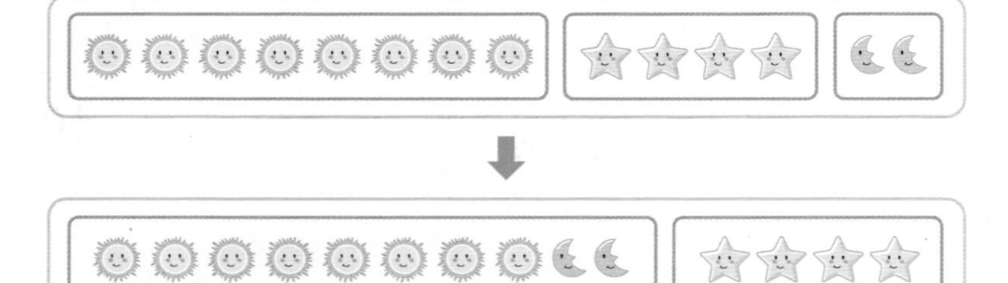

$8+4+2$

$\square+4=\square$

원리 탄탄

기본 문제를 통해 개념과 원리를 다져요.

1 그림을 보고 □ 안에 알맞은 수를 써넣으세요.

(1)

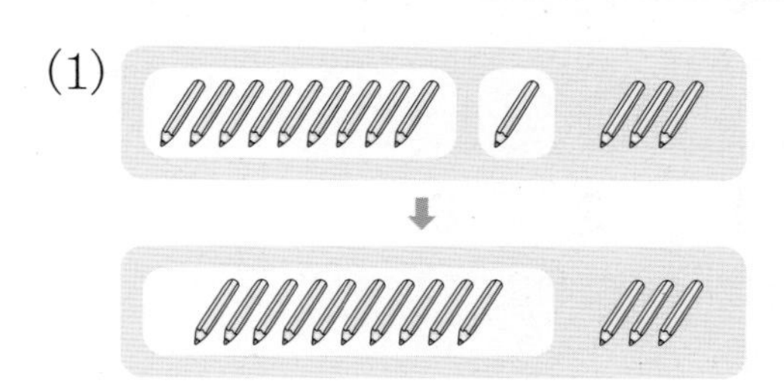

$9+1+3$

□ $+3=$ □

(2)

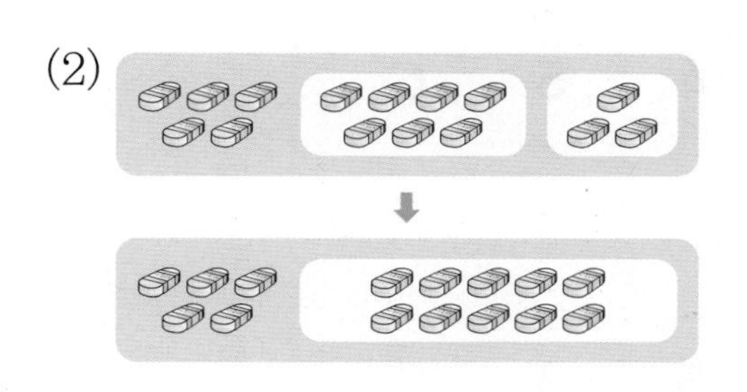

$5+7+3$

$5+$ □ $=$ □

> **1.** 합이 10이 되는 두 수를 먼저 더한 다음 나머지 수를 더합니다.

2 합이 10이 되는 두 수를 먼저 더하고, 나머지 수를 더하여 합을 구하세요.

(1)

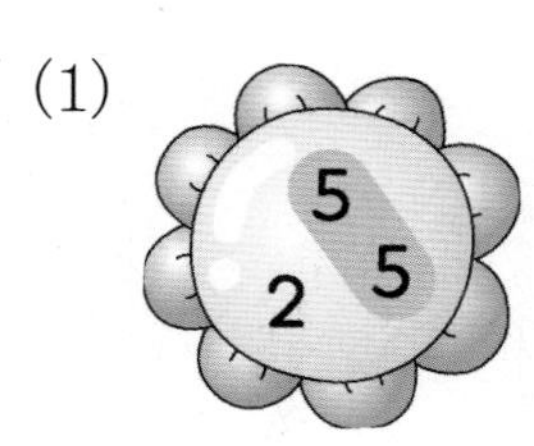

$5+5+2$

□ $+2=$ □

(2)

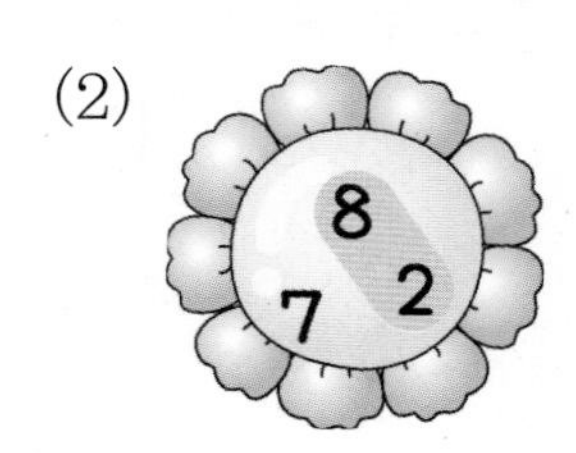

$7+8+2$

$7+$ □ $=$ □

3 합이 10이 되는 두 수를 ⬭로 묶고, 세 수의 합을 구하세요.

(1) $2+9+1=$ □ (2) $2+8+3=$ □

(3) $7+6+4=$ □ (4) $6+3+7=$ □

> **3.** 합이 10이 되는 두 수를 먼저 찾아 묶습니다.

원리 척척

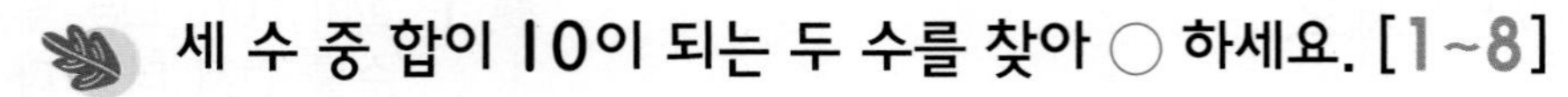

세 수 중 합이 10이 되는 두 수를 찾아 ○ 하세요. [1~8]

1 | 1 2 9

2 | 1 2 8

3 | 7 4 3

4 | 4 5 6

5 | 8 2 3

6 | 5 3 7

7 | 5 1 5

8 | 1 6 4

주어진 세 수 중 어떤 두 수의 합은 10입니다. □ 안에 넣을 수 있는 수를 모두 구해 보세요. [9~12]

9 [7] [2] [ ] ➡ (　　　　　　　　　)

10 [4] [3] [ ] ➡ (　　　　　　　　　)

11 [6] [ ] [5] ➡ (　　　　　　　　　)

12 [ ] [1] [8] ➡ (　　　　　　　　　)

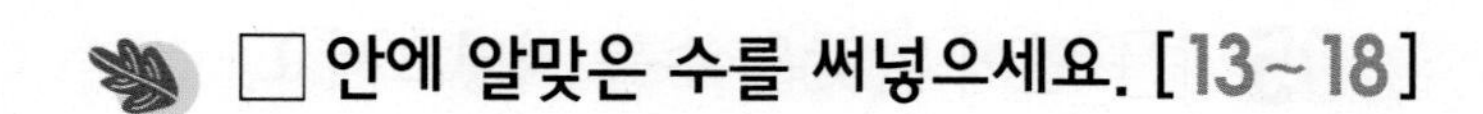
□ 안에 알맞은 수를 써넣으세요. [13~18]

13 $1+9+3$

□ $+3=$ □

14 $4+6+5$

□ $+5=$ □

15 $8+2+4$

□ $+4=$ □

16 $9+1+6$

□ $+6=$ □

17 $2+3+7$

$2+$ □ $=$ □

18 $7+2+8$

$7+$ □ $=$ □

합이 10이 되는 두 수를 ◯로 묶고, 계산을 해 보세요. [19~24]

19 $9+1+2=$ □

20 $3+7+4=$ □

21 $5+5+6=$ □

22 $4+6+1=$ □

23 $5+2+8=$ □

24 $3+6+4=$ □

01 합을 구하여 선으로 이어 보세요.

2+3+2 •	• 7
4+2+3 •	• 8
2+5+1 •	• 9

02 합이 더 큰 것에 ○표 하세요.

2+4+2 ( )

1+5+3 ( )

03 □ 안에 알맞은 수를 써넣으세요.

(1) 3+2+□=7

(2) 5+□+1=9

04 수 카드 두 장을 골라 덧셈식을 완성해 보세요.

1 2 3 4

2+□+□=9

05 □ 안에 알맞은 수를 써넣으세요.

(1) 8−4−3=□

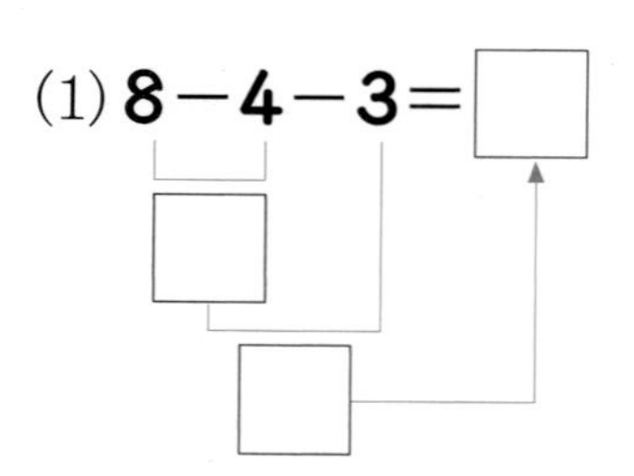

(2) 9−3−4=□

9−3=□

□−4=□

06 바르게 계산한 것에 ○표 하세요.

8−4−1=5: 4−1=3, 8−3=5 ( )

8−4−1=5: 8−4=4, 4−1=3 ( )

07 계산 결과의 크기를 비교하여 ○ 안에 >, <를 알맞게 써넣으세요.

8−2−3 ○ 9−4−3

08 상연이는 사탕을 7개 가지고 있었습니다. 동생에게 4개를 주고 친구에게 2개를 주었다면 남은 사탕은 몇 개인가요?

( )개

2 단원

09 그림을 보고 □ 안에 알맞은 수를 써넣으세요.

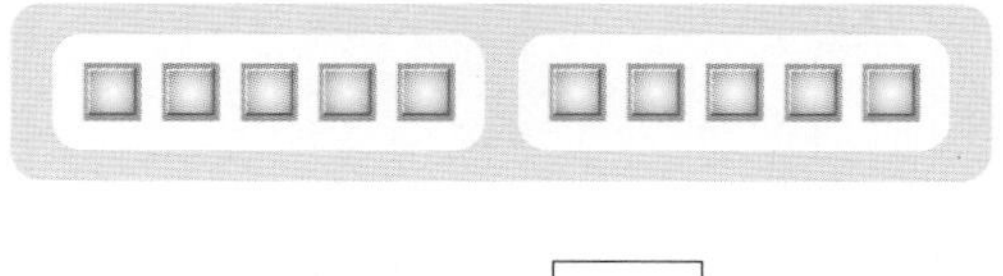

5+5=□

10 합이 10이 되는 덧셈식을 모두 찾아 ◯ 하세요.

5+4　8+2　3+7　0+9

11 10이 되도록 빈칸에 ○를 더 그려 넣고 □ 안에 알맞은 수를 써넣으세요.

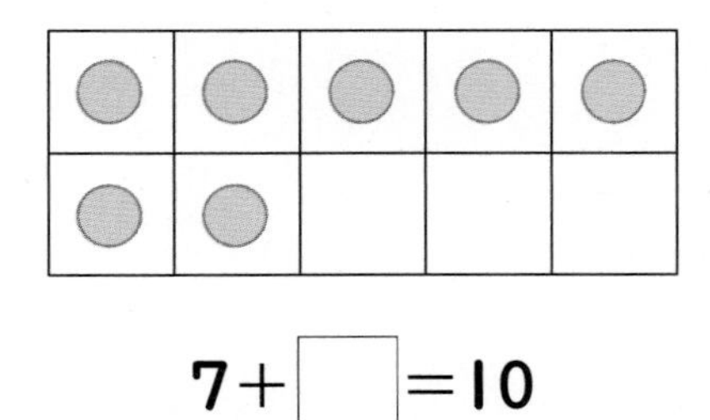

7+□=10

12 □ 안에 알맞은 수를 찾아 선으로 이어 보세요.

□+5=10 ·

□+3=10 ·

13 □ 안에 알맞은 수를 써넣으세요.

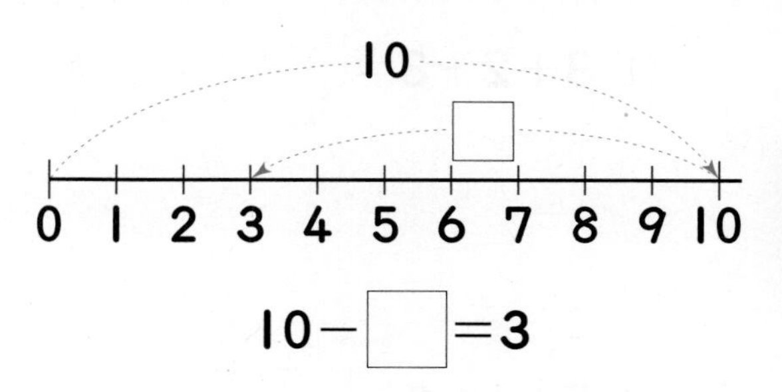

10−□=3

14 □ 안에 들어갈 수가 더 큰 것의 기호를 쓰세요.

㉠ 10−□=6

㉡ 10−□=4

(　　　　　)

15 그림을 보고 □ 안에 알맞은 수를 써넣으세요.

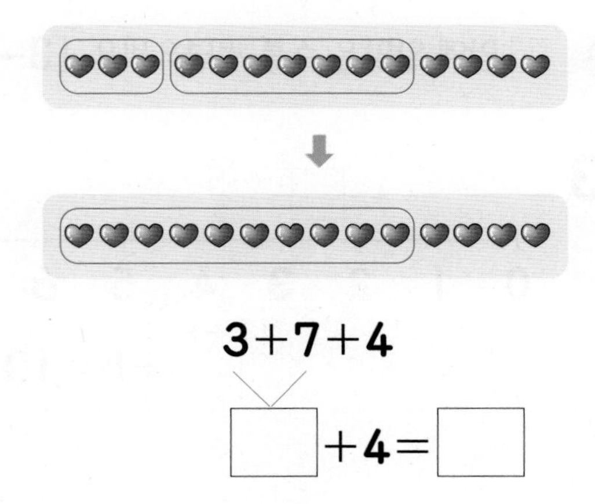

3+7+4

□+4=□

16 □ 안에 알맞은 수를 써넣으세요.

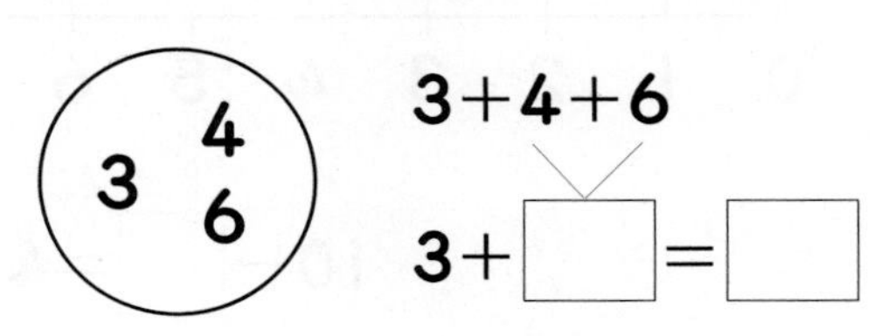

3+4+6

3+□=□

2. 덧셈과 뺄셈(1)

점수

01 □ 안에 알맞은 수를 써넣으세요.

(1) $3+2+3=\square$

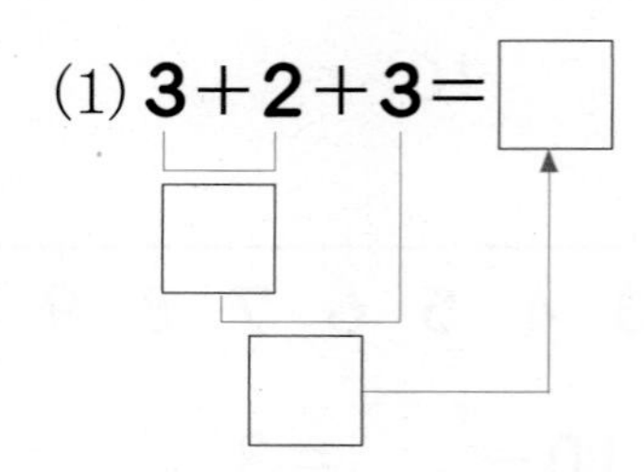

(2) $9-2-5=\square$

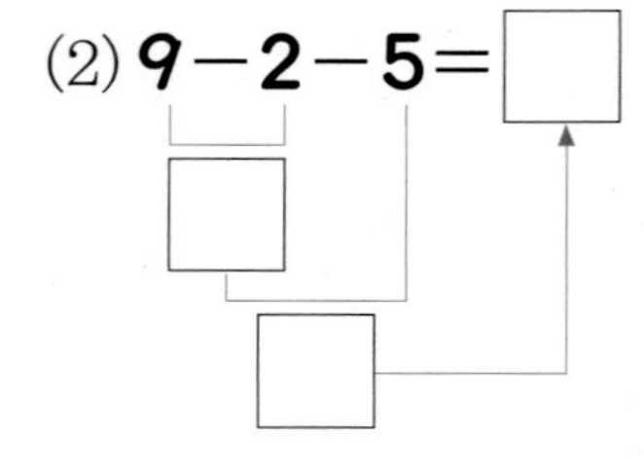

(3) $5+1+3=\square$

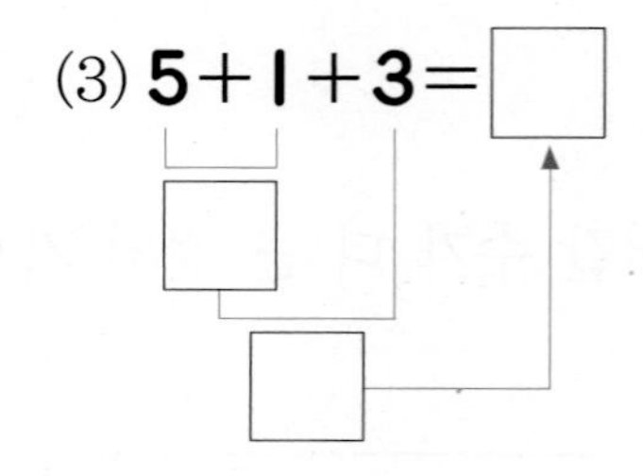

(4) $8-3-4=\square$

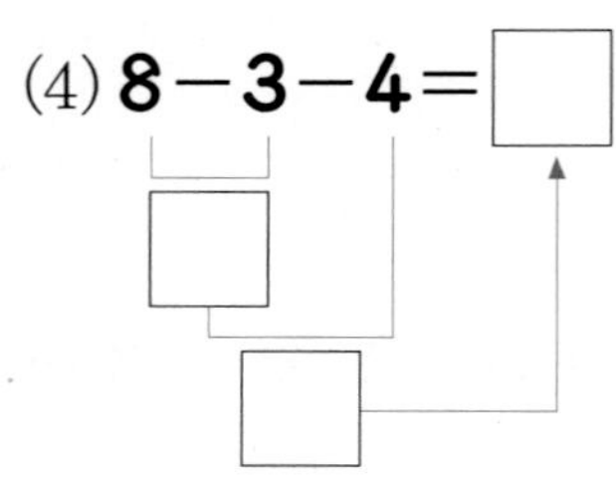

02 계산을 하세요.

(1) $4+1+3=\square$

(2) $7-2-2=\square$

(3) $2+3+4=\square$

(4) $9-5-2=\square$

□ 안에 알맞은 수를 써넣으세요. [3~4]

03

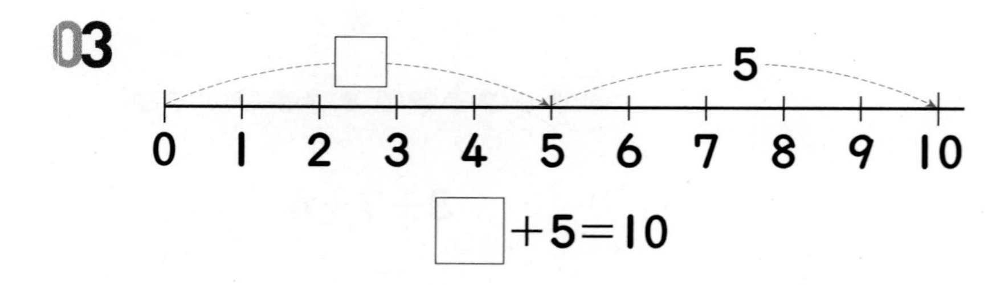

$\square+5=10$

04

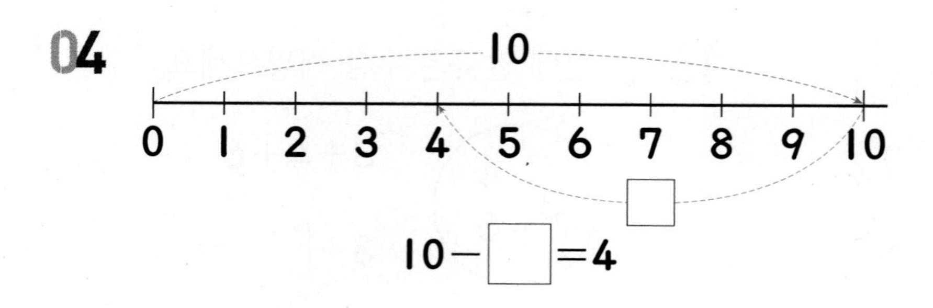

$10-\square=4$

05 바르게 계산한 것에 ○표 하세요.

$9-4-3=8$

$4-3=1$
$9-1=8$

(　　　)

$9-4-3=2$

$9-4=5$
$5-3=2$

(　　　)

06 계산 결과의 크기를 비교하여 ○ 안에 >, <를 알맞게 써넣으세요.

(1) $2+3+4$ ○ $3+2+3$

(2) $8-5-1$ ○ $9-5-3$

07 수 카드 두 장을 고라 뺄셈식을 완성해 보세요.

2　3　4　5

➡ $9-\square-\square=3$

08 같은 모양은 같은 수를 나타냅니다. ■가 나타내는 수를 구해 보세요.

• $2+8=$▲　• ▲$-7=$■

(　　　　　)

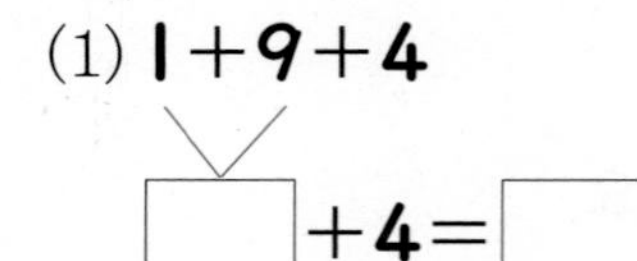

□ 안에 알맞은 수를 써넣으세요. [9 ~ 12]

9 $1+9=\square$

10 $\square+2=10$

11 $10-\square=1$

12 $10-3=\square$

13 □ 안에 알맞은 수를 써넣으세요.

(1) $1+9+4$

$\square+4=\square$

(2) $3+6+4$

$3+\square=\square$

(3) $5+7+5$

$\square+7=\square$

14 합이 같은 것끼리 선으로 이어 보세요.

2+8+5	3+4+6	7+6+3

10+6	10+3	10+5	10+9

15 밑줄 친 두 수의 합이 10이 되도록 ○ 안에 수를 써넣고 식을 완성하세요.

(1) $3+\underline{3+\bigcirc}=\square$

(2) $\underline{\bigcirc+6}+5=\square$

16 딸기 맛 사탕이 4개, 포도 맛 사탕이 7개, 자두 맛 사탕이 6개 있습니다. 사탕은 모두 몇 개인가요?

( )개

단원 3 모양과 시각

이번에 배울 내용

1 여러 가지 모양 찾아보기

2 여러 가지 모양 알아보기

3 여러 가지 모양으로 꾸미기

4 몇 시 알아보기

5 몇 시 30분 알아보기

이전에 배운 내용

- ▢, ▢, ● 모양 찾기
- ▢, ▢, ● 모양 알아보기
- ▢, ▢, ● 모양을 이용하여 여러 가지 모양 만들기

다음에 배울 내용

- 삼각형, 사각형, 원을 알아보고 찾기
- 삼각형, 사각형, 원의 개념 이해하기
- 몇 시 몇 분 읽기
- 1시간 알아보기
- 걸린 시간, 하루의 시간 알아보기

step 1 원리 꼼꼼

1. 여러 가지 모양 찾아보기

물건에서 여러 가지 모양 찾아보기

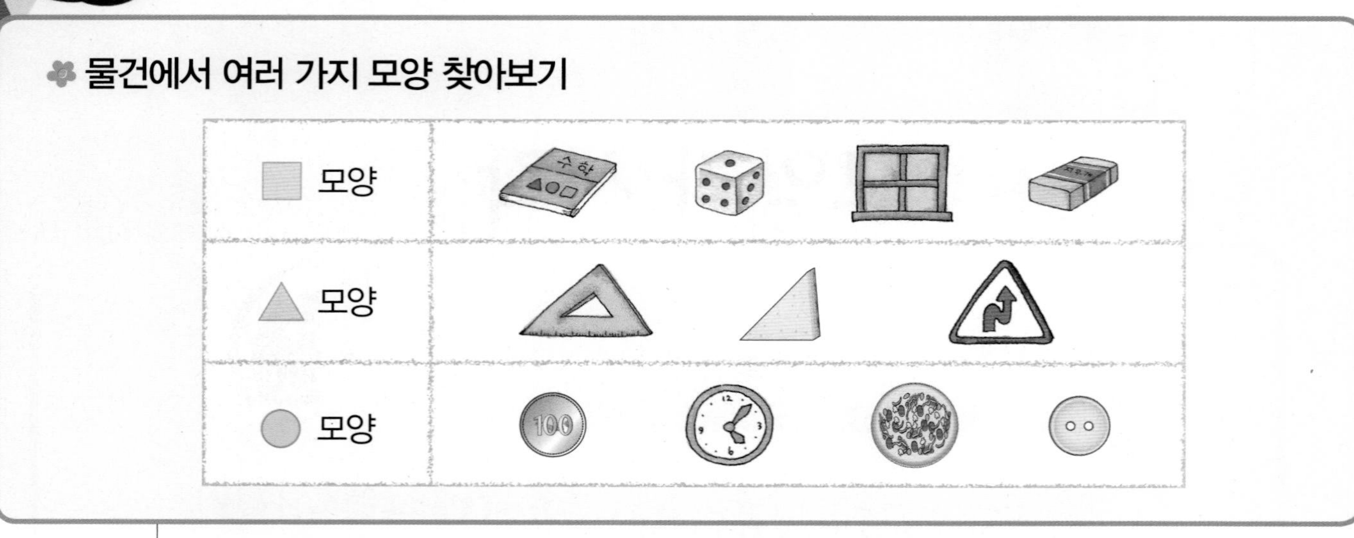

원리 확인 1 주변에 있는 여러 가지 물건을 모아 놓았습니다. □, △, ○ 모양의 물건을 찾아보세요.

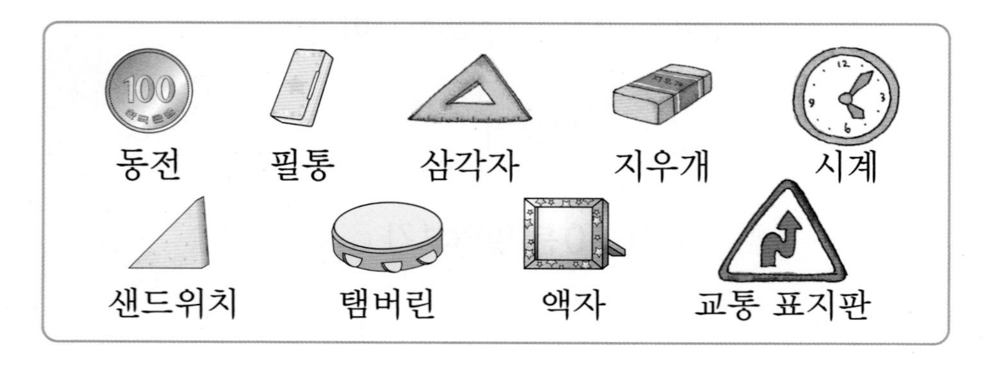

(1) □ 모양의 물건을 모두 찾아 이름을 써 보세요.

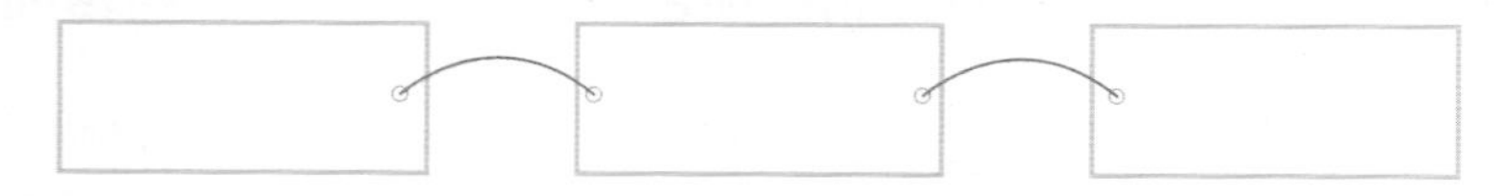

(2) △ 모양의 물건을 모두 찾아 이름을 써 보세요.

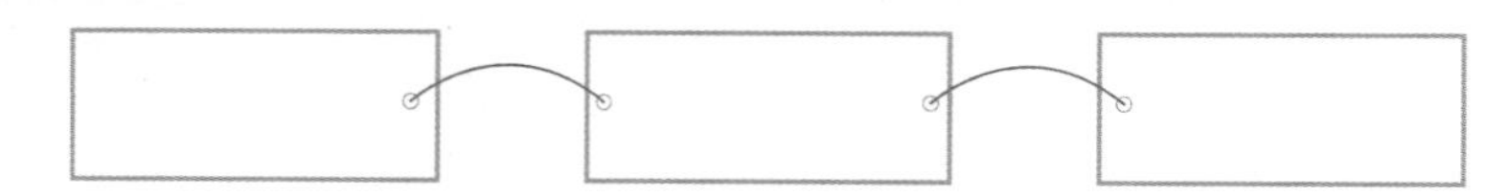

(3) ○ 모양의 물건을 모두 찾아 이름을 써 보세요.

기본 문제를 통해 개념과 원리를 다져요.

1 관계있는 것끼리 선으로 이어 보세요.

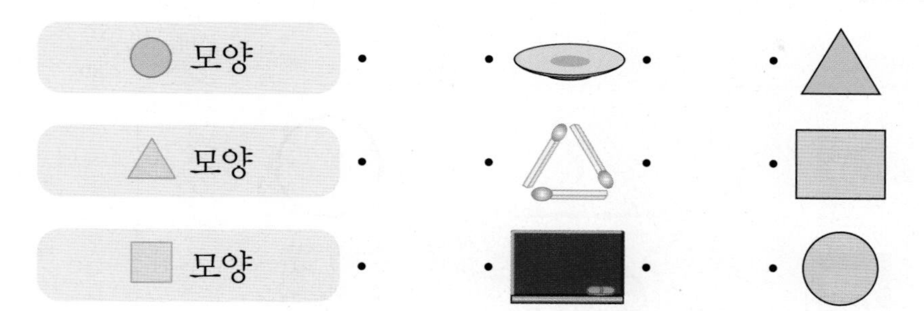

2 다음 물건 중에서 공통으로 찾을 수 있는 모양에 ○ 하세요.

(□ 모양, △ 모양, ○ 모양)

3 다음 물건 중에서 찾을 수 있는 모양이 다른 하나에 ○표 하세요.

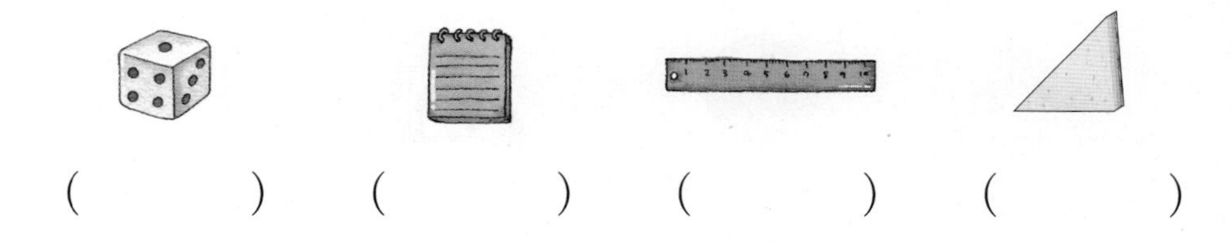

( ) ( ) ( ) ( )

4 △ 모양을 찾을 수 있는 물건에 모두 ○표 하세요.

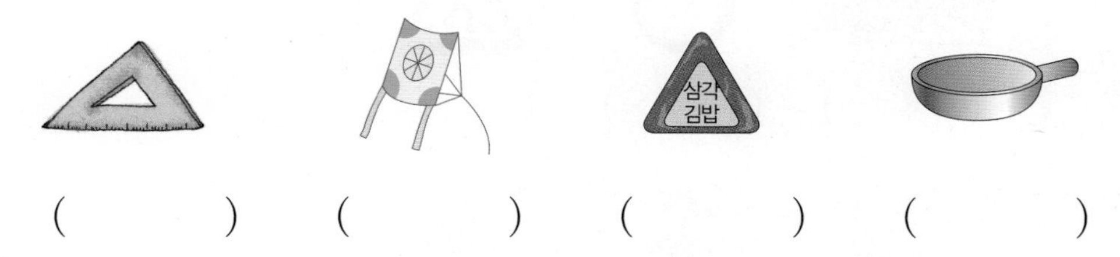

( ) ( ) ( ) ( )

4. △ 모양의 물건을 모두 찾습니다.

3 단원

원리 척척

왼쪽과 같은 모양인 물건을 모두 찾아 ○ 하세요. [1~3]

1

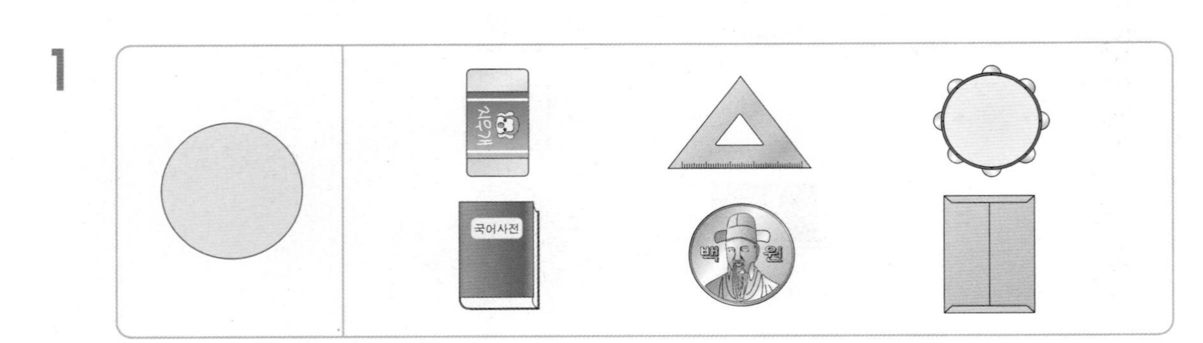

2

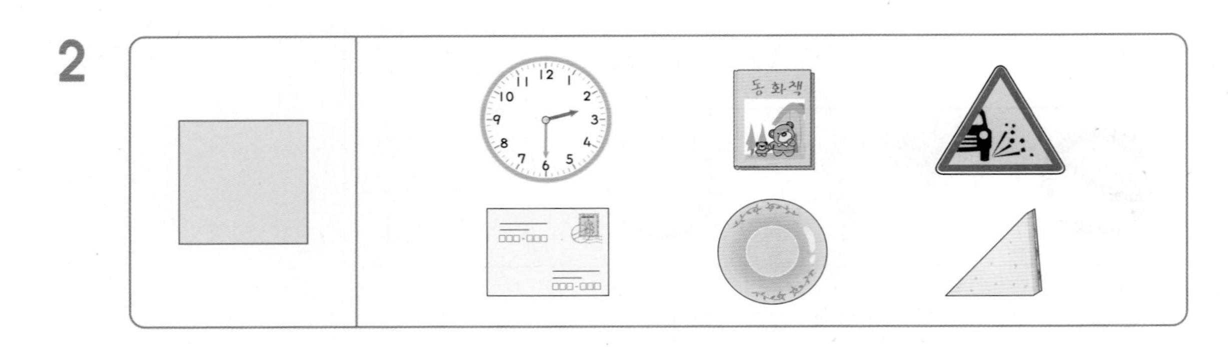

3

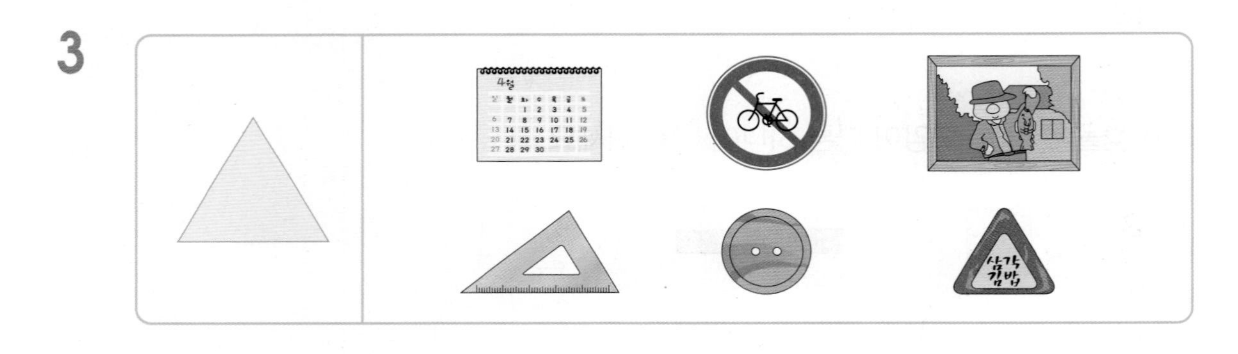

4 □ 모양이 들어 있는 물건에 □, △ 모양이 들어 있는 물건에 △, ○ 모양이 들어 있는 물건에 ○ 하세요.

( ) ( ) ( )

( ) ( ) ( )

보기에서 □, △, ○ 모양을 모두 찾아 기호를 써 보세요. [5~7]

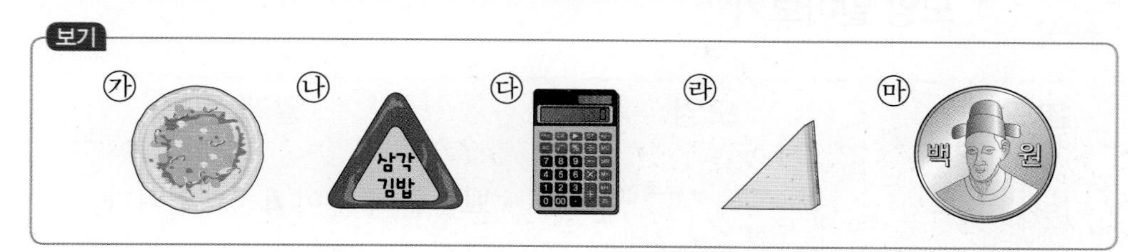

5 □ 모양 ································· (　　　　　)

6 △ 모양 ································· (　　　　　)

7 ○ 모양 ································· (　　　　　)

보기에서 □, △, ○ 모양을 각각 모두 찾아 기호를 써 보세요. [8~10]

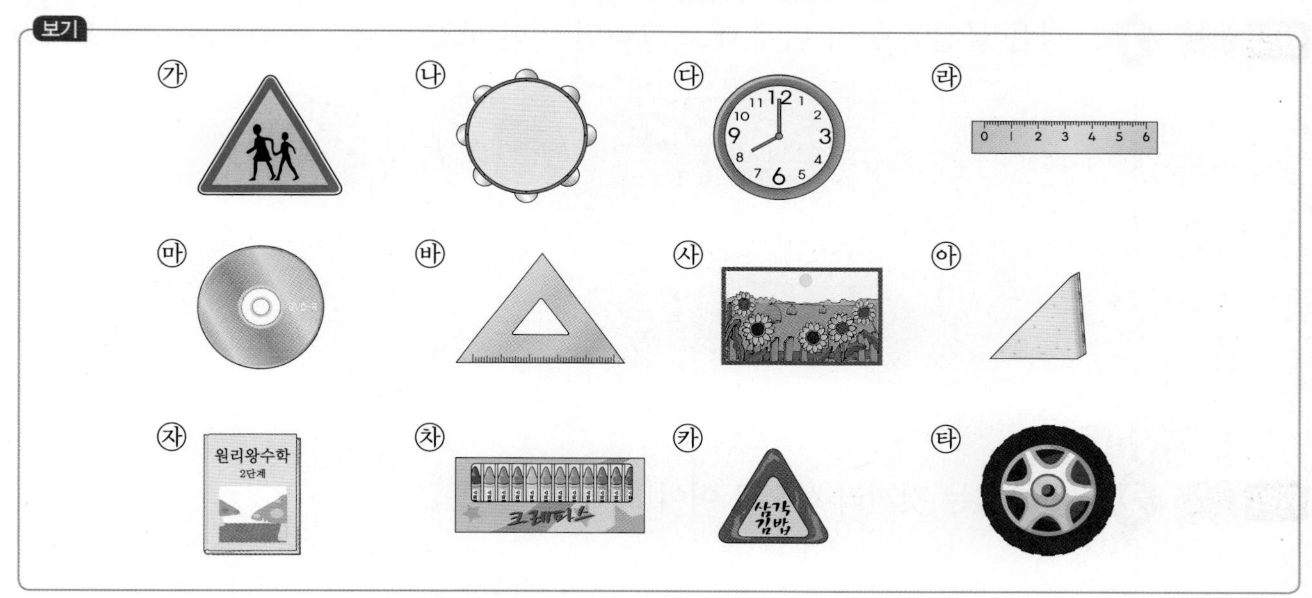

8 □ 모양 ································· (　　　　　)

9 △ 모양 ································· (　　　　　)

10 ○ 모양 ································· (　　　　　)

2. 여러 가지 모양 알아보기

⬜, △, ○ 모양 알아보기

본뜨기	모양	알게 된 것
	뾰족한 부분, 곧은 선	• 뾰족한 부분이 **4**군데입니다. • 곧은 선이 있습니다.
	뾰족한 부분, 곧은 선	• 뾰족한 부분이 **3**군데입니다. • 곧은 선이 있습니다.
	둥근 부분이 있습니다	• 뾰족한 부분과 곧은 선이 없습니다. • 둥근 부분이 있습니다.

원리 확인 1 다음 물건을 종이 위에 대고 그리면 어떤 모양이 되는지 선으로 이어 보세요.

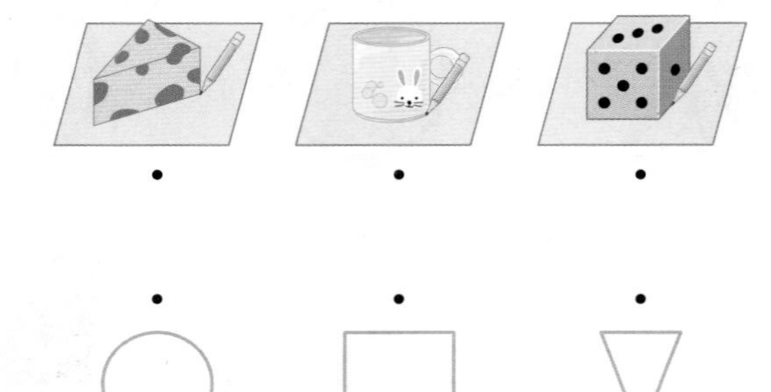

원리 확인 2 관계있는 것끼리 선으로 이어 보세요.

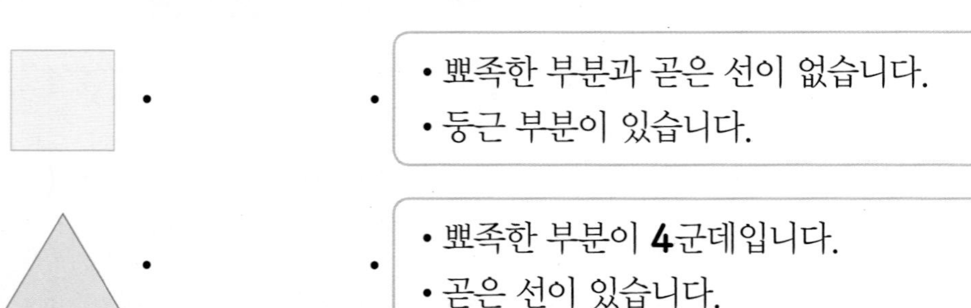

• 뾰족한 부분과 곧은 선이 없습니다.
• 둥근 부분이 있습니다.

• 뾰족한 부분이 **4**군데입니다.
• 곧은 선이 있습니다.

• 뾰족한 부분이 **3**군데입니다.
• 곧은 선이 있습니다.

기본 문제를 통해 개념과 원리를 다져요.

1 다음과 같은 물건들을 종이 위에 대고 그렸을 때 나오는 모양은 어떤 모양인가요?

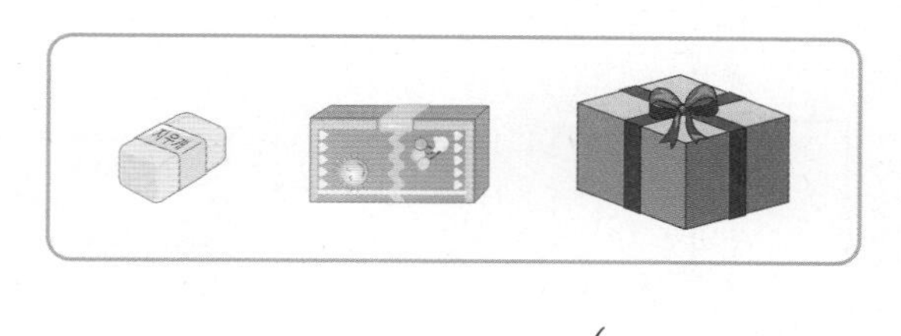

(　　　　　　　　　　) 모양

2 관계있는 것끼리 선으로 이어 보세요.

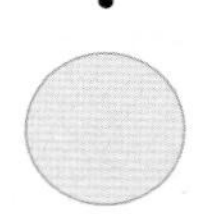

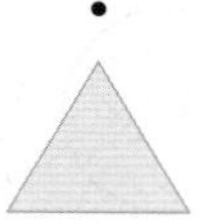

> **2.** □, △, ○ 모양 중 어떤 모양인지 알아봅니다.

3 다음 중 △ 모양을 찾아 ○ 하세요.

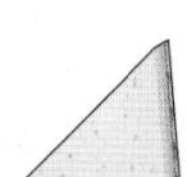

4 설명이 맞으면 ○표, 틀리면 ×표 하세요.

(1) △ 모양은 뾰족한 부분이 **4**군데입니다. ·········· (　　　　)

(2) □ 모양은 곧은 선이 있습니다. ····················· (　　　　)

(3) ○ 모양은 뾰족한 부분과 곧은 선이 없습니다.

·· (　　　　)

관계있는 것끼리 선으로 이어 보세요. [1~3]

1

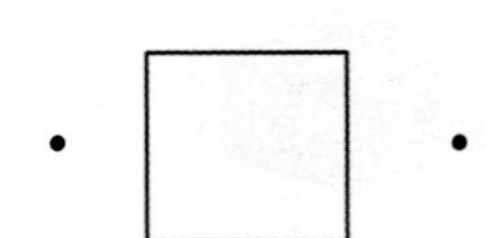

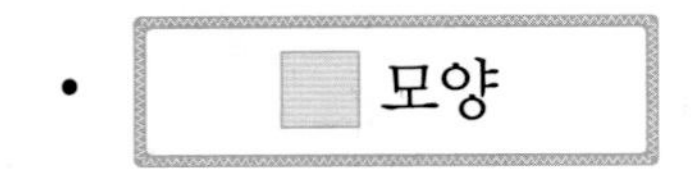

2

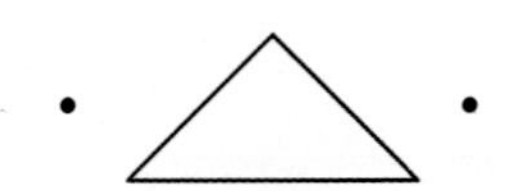

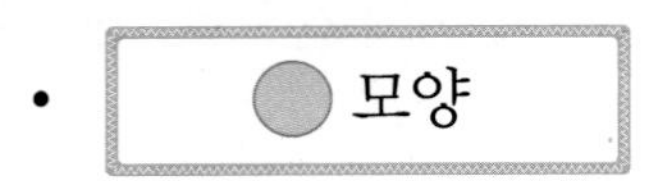

3

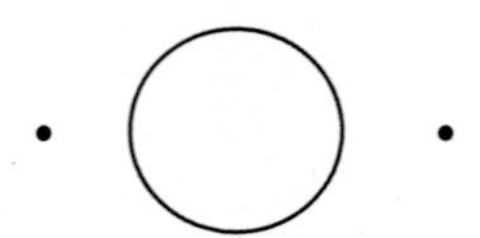

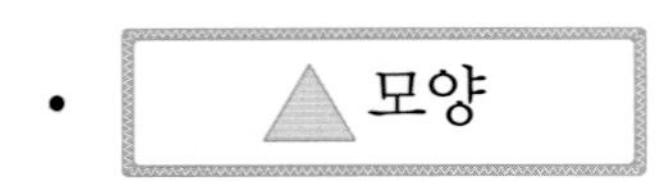

관계있는 것끼리 선으로 이어 보세요. [4~6]

4

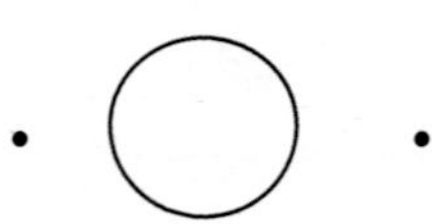

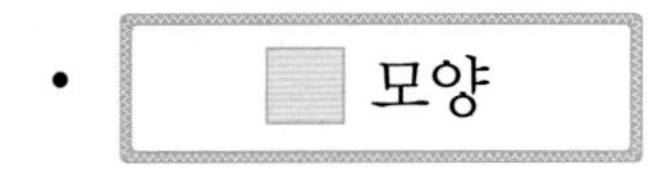

5

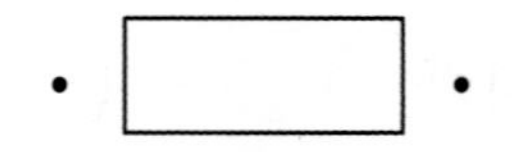

6

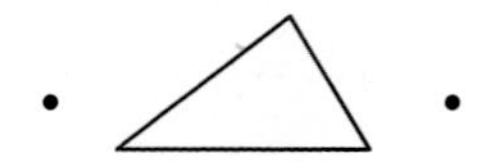

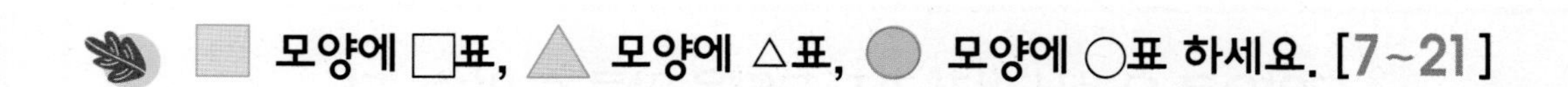

모양에 □표, △ 모양에 △표, ◯ 모양에 ○표 하세요. [7~21]

7

(　　　)

8

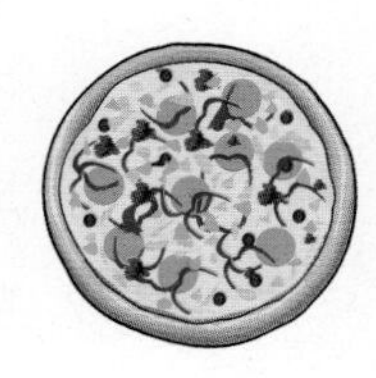

(　　　)

9

(　　　)

10

(　　　)

11

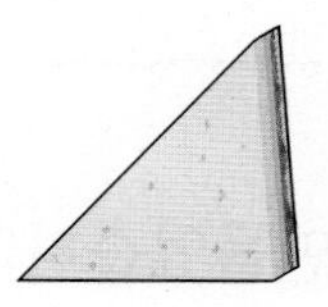

(　　　)

12

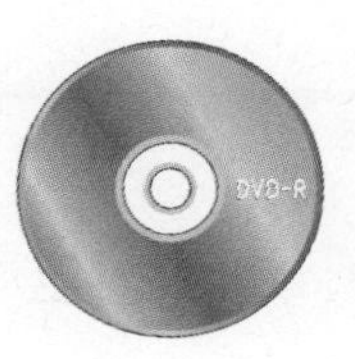

(　　　)

13

(　　　)

14

(　　　)

15

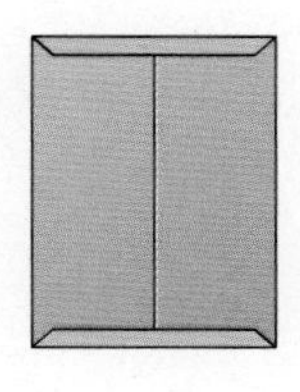

(　　　)

16

(　　　)

17

(　　　)

18

(　　　)

19

(　　　)

20

(　　　)

21

(　　　)

3. 여러 가지 모양으로 꾸미기

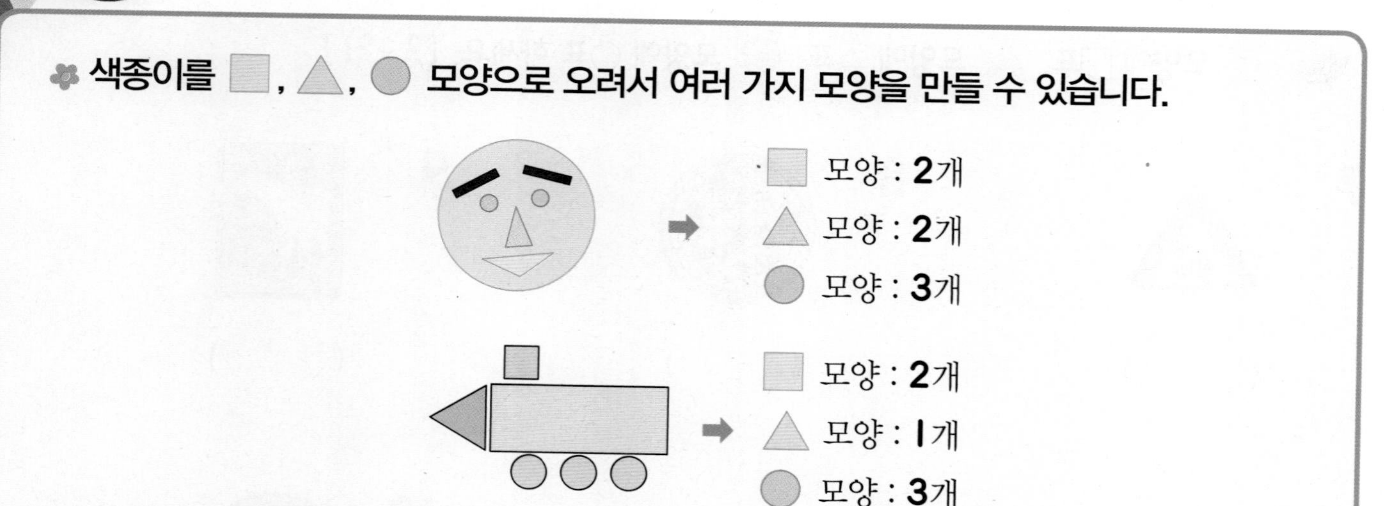

원리 확인 1 색종이로 다음과 같은 모양을 만들었습니다. 어떤 모양을 사용하여 만들었나요?

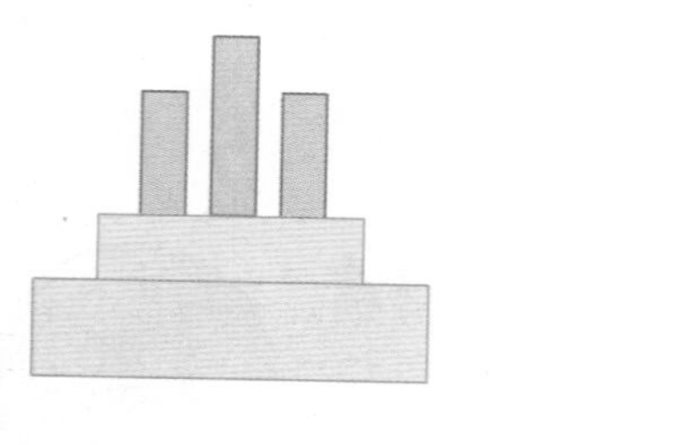

( ) 모양

원리 확인 2 색종이를 오려서 다음과 같은 모양을 만들려고 합니다. 각각 몇 개가 필요한지 알아보세요.

원리 탄탄

1 색종이로 오른쪽과 같은 모양을 만들었습니다. 사용한 모양을 모두 찾아 ⬭ 하세요.

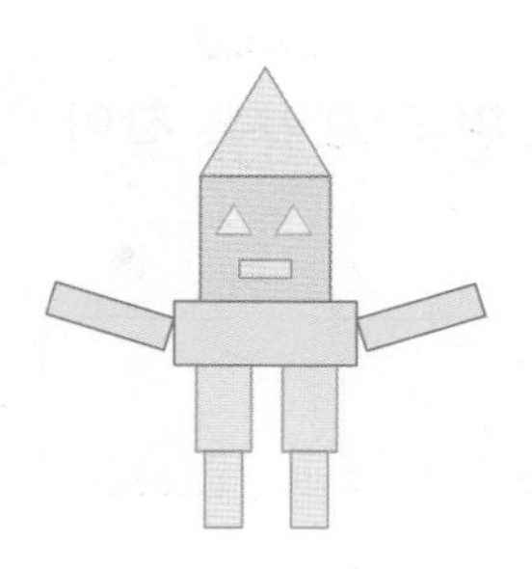

(■ 모양, ▲ 모양, ● 모양)

2 색종이로 왼쪽과 같은 모양을 만들었습니다. 각각의 모양의 개수를 □ 안에 알맞게 써넣으세요.

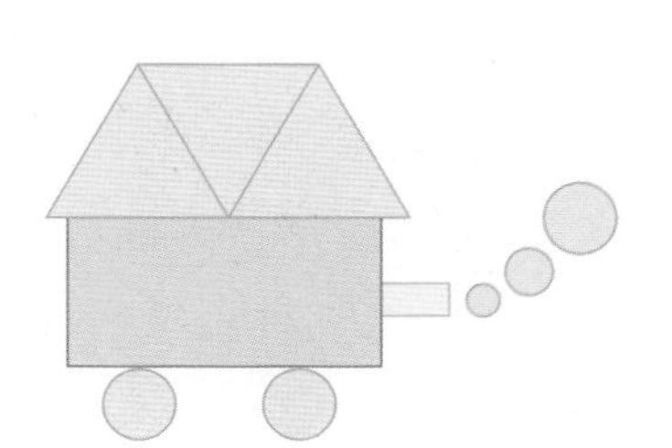

■ 모양	□개
▲ 모양	□개
● 모양	□개

3 성냥개비로 오른쪽과 같은 모양을 만들었습니다. ■ 모양은 모두 몇 개인가요?

( )개

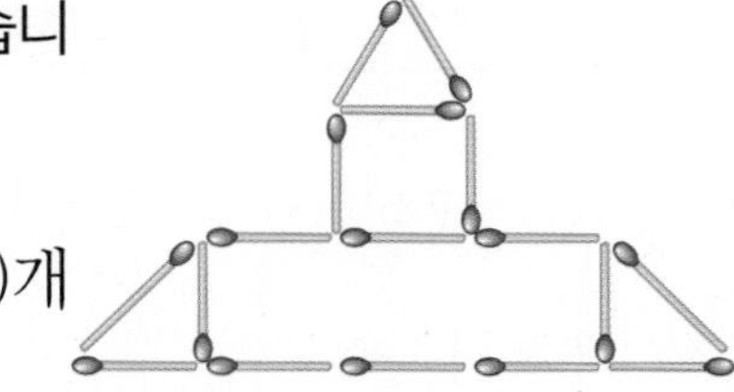

4 성냥개비로 다음과 같은 모양을 만들었습니다. ▲ 모양은 모두 몇 개인가요?

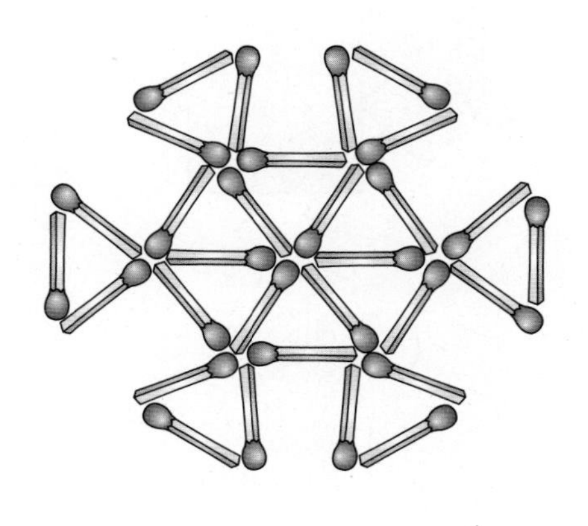

( )개

2. ■, ▲, ● 모양을 빠뜨리지 않게 하나씩 / 나 ∨, ×로 표시하면서 세어 봅니다.

4. △ 모양의 개수를 세어 봅니다.

3 단원

주어진 모양으로 만든 모양을 찾아 ○표 하세요. [1~3]

1

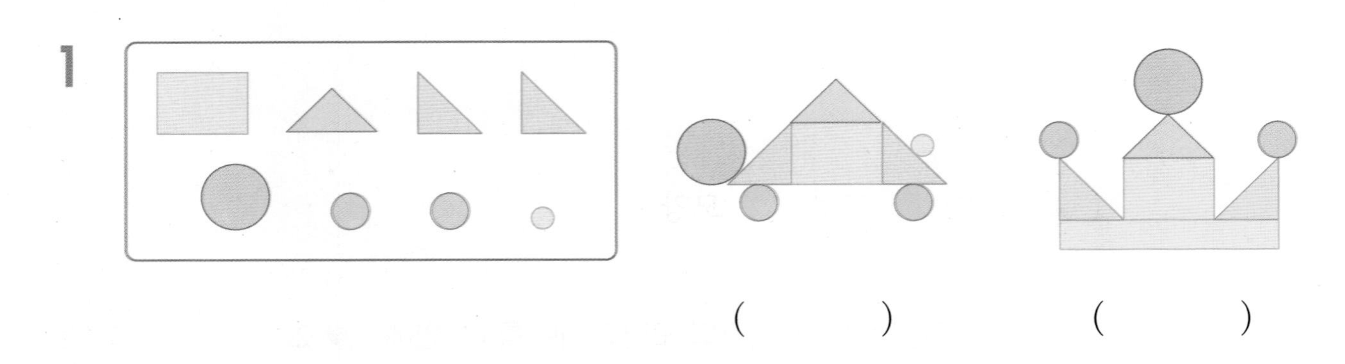

( ) ( )

2

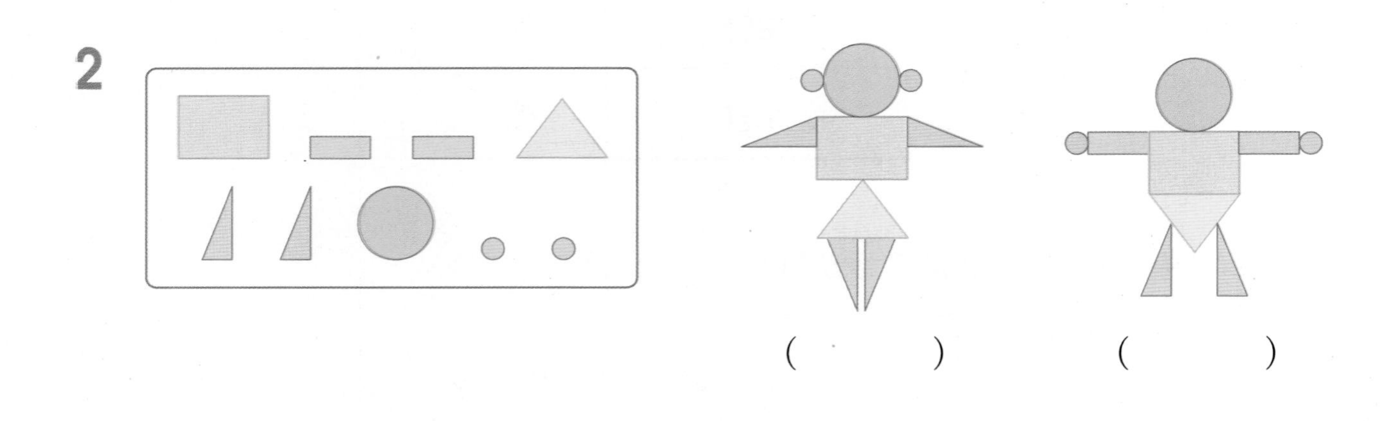

( ) ( )

3

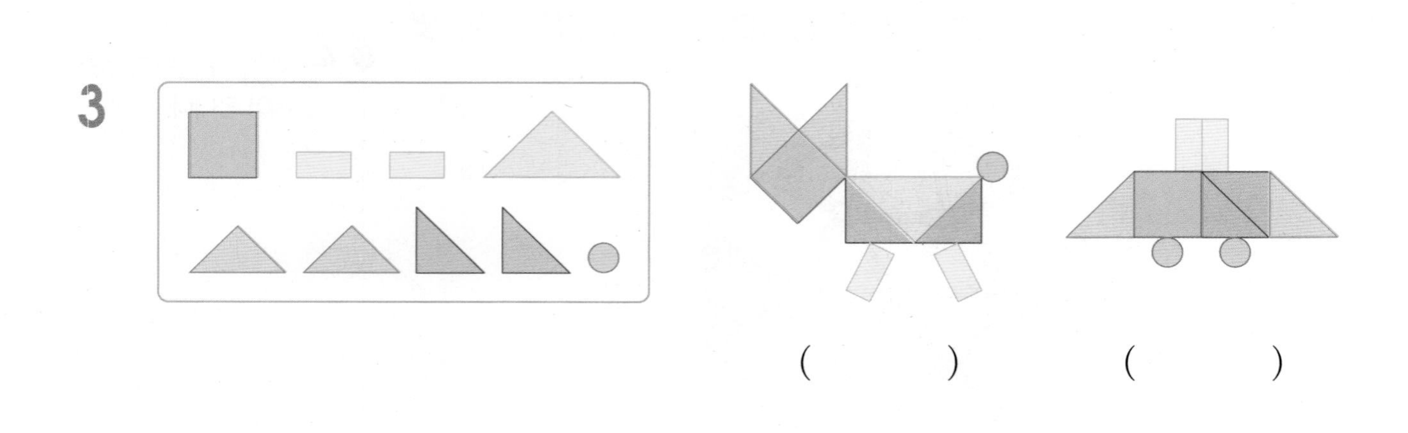

( ) ( )

색종이를 오려 다음과 같은 모양을 만들었습니다. 오린 색종이의 모양은 각각 몇 개인지 알아보려고 합니다. □ 안에 알맞은 수를 써넣으세요. [4~6]

4

□ 모양 ············· □개

△ 모양 ············· □개

○ 모양 ············· □개

5

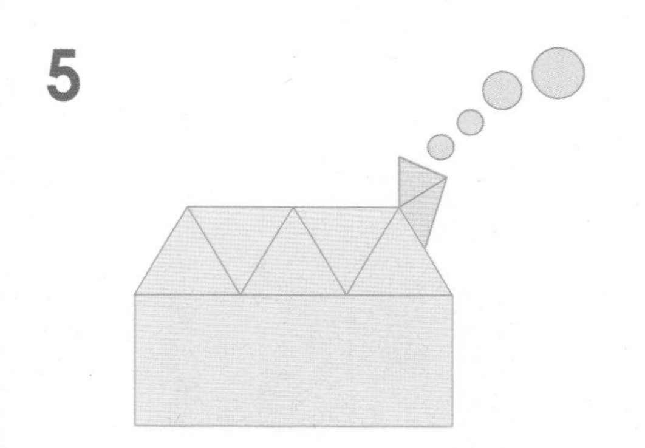

□ 모양 ············· □개

△ 모양 ············· □개

○ 모양 ············· □개

6

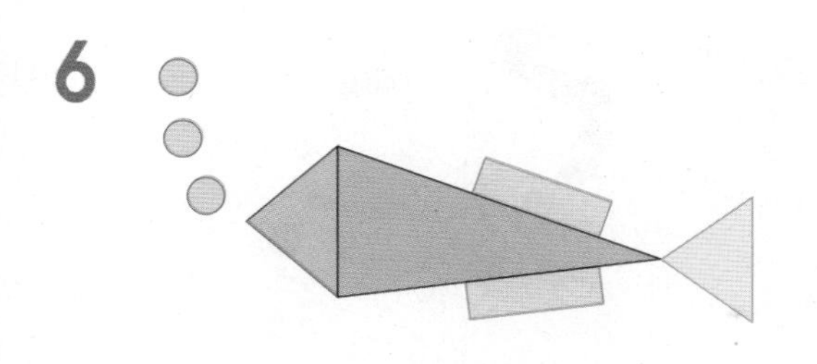

□ 모양 ············· □개

△ 모양 ············· □개

○ 모양 ············· □개

4. 몇 시 알아보기

몇 시 알아보기

시계의 긴바늘이 숫자 12를 가리키고 있을 때에는 짧은바늘이 가리키는 숫자에 '시'를 붙여 시각을 읽습니다.

- 긴바늘은 숫자 12를 가리킵니다.
- 짧은바늘은 숫자 5를 가리킵니다.
- 시계는 5시를 나타냅니다.
- 다섯 시라고 읽습니다.

원리 확인 1 예슬이가 학교에 가기 위해 집에서 출발할 때 시계를 보았습니다. 예슬이가 시계를 보았을 때, 시계는 다음과 같았습니다. 몇 시인지 알아보세요.

(1) 시계의 긴바늘은 숫자 □를 가리킵니다.

(2) 시계의 짧은바늘은 숫자 □을 가리킵니다.

(3) 시계는 □시를 나타냅니다.

원리 확인 2 시계를 보고 몇 시인지 □ 안에 알맞게 써넣으세요.

(1)

□시

(2)

□시

원리 탄탄

1 그림을 보고 □ 안에 알맞은 수를 써넣으세요.

윤아는 □시에 엄마와 장을 봅니다.

2 관계있는 것끼리 선으로 이어 보세요.

 • • 

 • • 

3 시계를 보고 몇 시인지 말해 보세요.

(1) 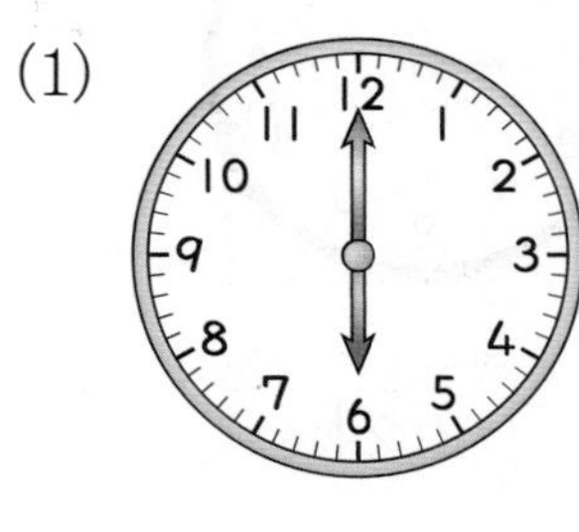

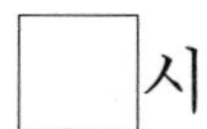

□시

(2) 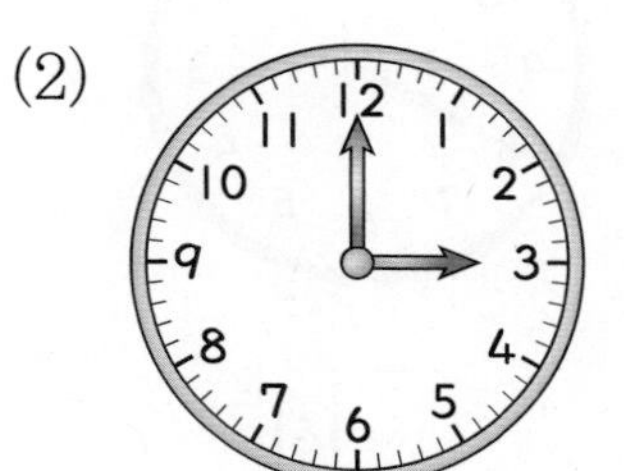

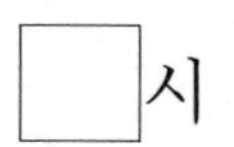

□시

4 시계를 보고 알맞게 나타내 보세요.

(1) **2시**

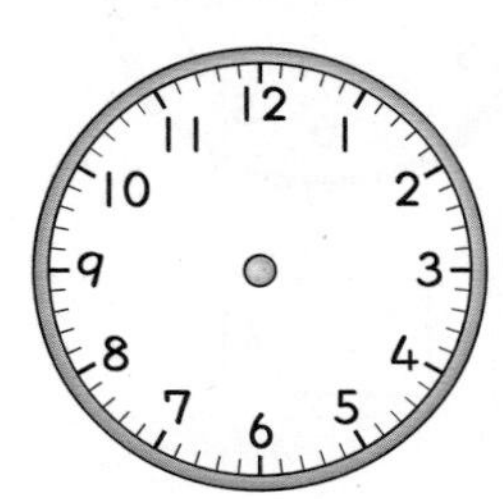

(2) **8시**

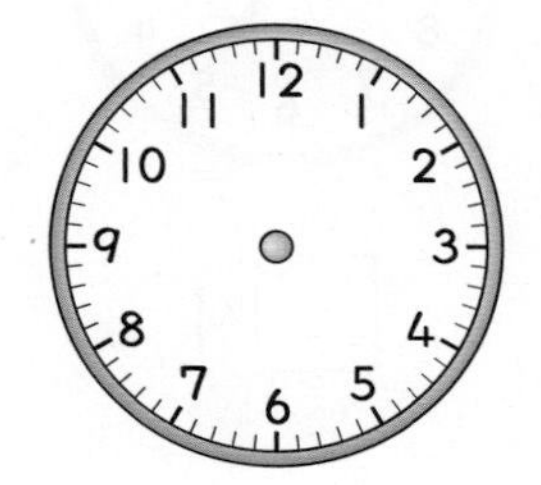

4. '몇 시'를 시계에 나타낼 때, 긴바늘은 숫자 **12**를 가리키도록 그립니다.

긴바늘과 짧은바늘을 구별할 수 있도록 그립니다.

원리 척척

□ 안에 알맞은 수를 써넣으세요. [1 ~ 10]

1

시계의 긴바늘이 **12**를 가리키고 시계의 짧은바늘이 **3**을 가리키면 □시입니다.

2

□시

3

□시

4

□시

5

□시

6

□시

7

□시

8

□시

9

□시

10

□시

시계를 보고 짧은바늘을 알맞게 그려 넣으세요. [11 ~ 18]

11

12

13

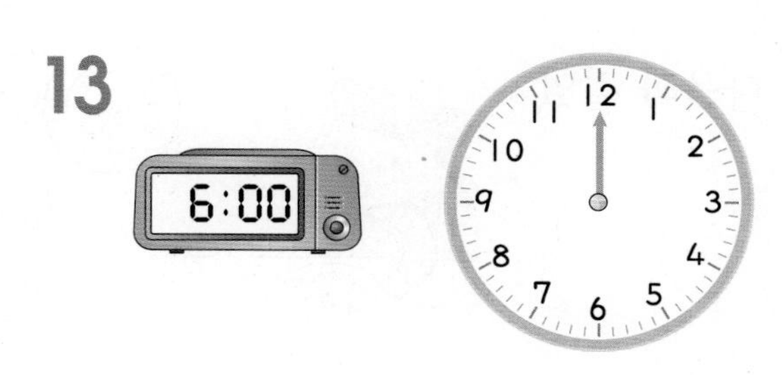

14

15

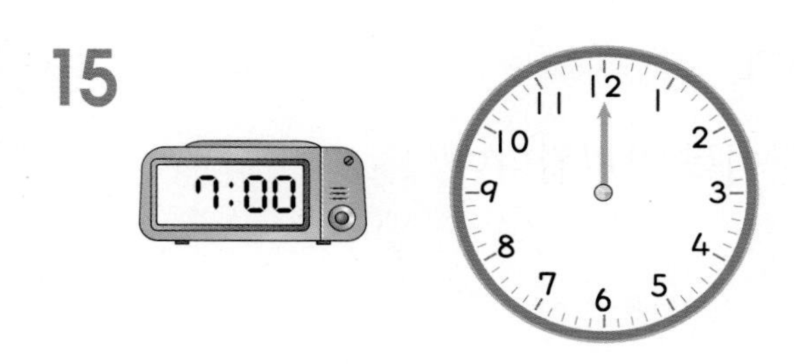

16

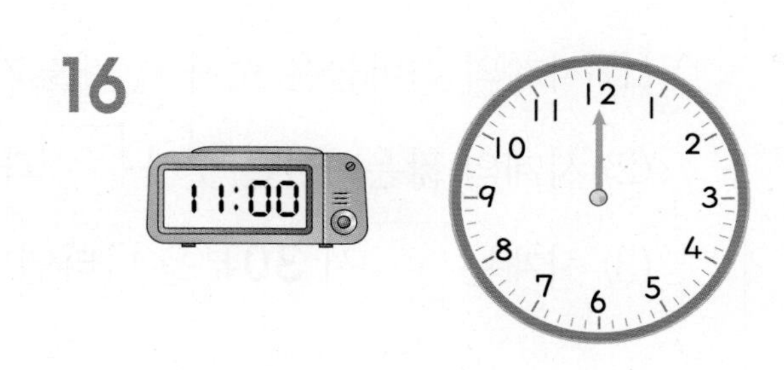

17

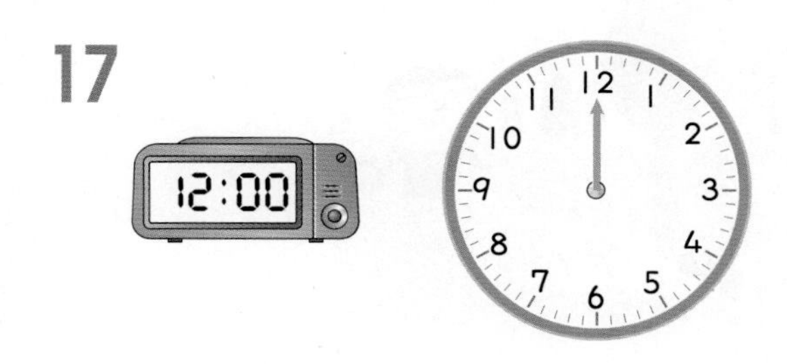

18

5. 몇 시 30분 알아보기

몇 시 30분 알아보기

긴바늘이 숫자 **6**을 가리키고, 짧은바늘이 숫자와 숫자 사이를 가리킬 때에는 '몇 시 **30**분'으로 읽습니다.

- 긴바늘은 숫자 **6**을 가리킵니다.
- 짧은바늘은 숫자 **8**과 **9** 사이를 가리킵니다.
- 시계는 **8**시 **30**분을 나타냅니다.
- 여덟 시 삼십 분이라고 읽습니다.
- **8**시, **8**시 **30**분, **9**시 **30**분 등을 시각이라고 합니다.

원리 확인 **1** 예슬이가 간식을 먹을 때 시계를 보았더니 다음과 같았습니다. 몇 시 **30**분인지 알아보세요.

(1) 시계의 긴바늘은 숫자 □을 가리킵니다.

(2) 시계의 짧은바늘은 숫자 □과 □ 사이를 가리킵니다.

(3) 시계는 □시 **30**분을 나타냅니다.

원리 확인 **2** 시계를 보고 몇 시 몇 분인지 □ 안에 알맞게 써넣으세요.

(1)

□시 □분

(2)

□시 □분

기본 문제를 통해 개념과 원리를 다져요.

1 그림을 보고 □ 안에 알맞은 수를 써넣으세요.

민영이는 □시 □분에 수영을 합니다.

2 같은 시각을 찾아 선으로 이어 보세요.

 • • 

 • • 

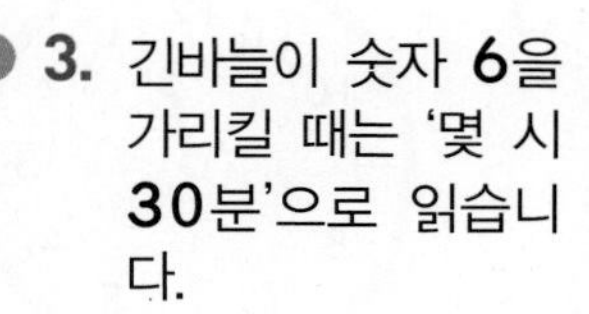

3 시계를 보고 몇 시 몇 분인지 말해 보세요.

(1) 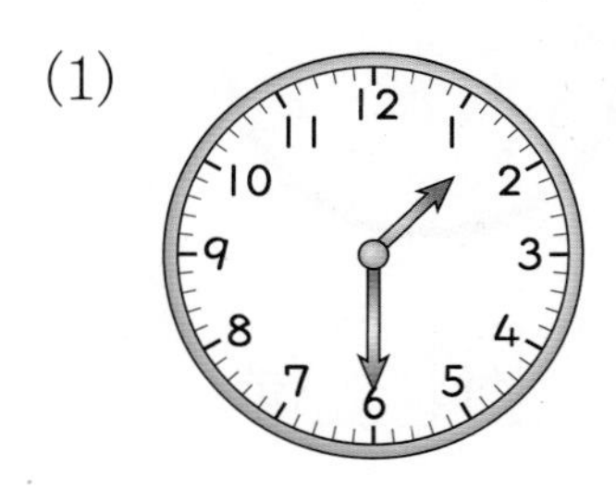

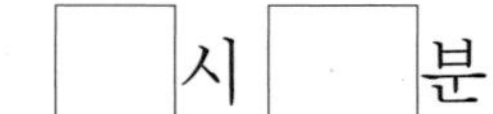

(2) 

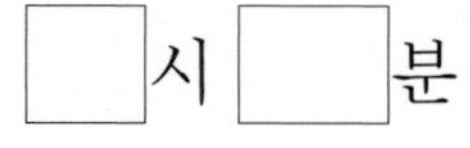

3. 긴바늘이 숫자 **6**을 가리킬 때는 '몇 시 **30**분'으로 읽습니다.

4 시각을 시계에 나타내 보세요.

(1) **12시 30분**

(2) **5시 30분**

'몇 시 **30**분'을 시계에 나타낼 때에는 짧은바늘이 숫자와 숫자 사이를 가리키도록 그려야 합니다.

□ 안에 알맞은 수를 써넣으세요. [1 ~ 10]

1

긴바늘이 숫자 **6**을 가리키고 짧은바늘이 숫자 **2**와 **3** 사이에 있으면 □시 □분입니다.

2

□시 □분

3

□시 □분

4

□시 □분

5

□시 □분

6

□시 □분

7

□시 □분

8

□시 □분

9

□시 □분

10

□시 □분

시각에 맞도록 시곗바늘을 알맞게 그려 넣으세요. [11 ~ 18]

11

12

13

14

15

16

17

18

01 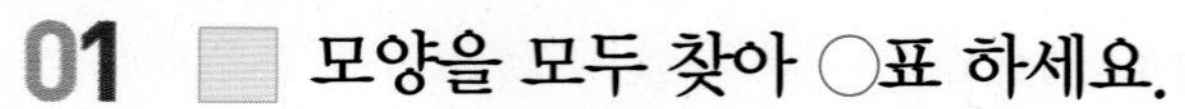 □ 모양을 모두 찾아 ○표 하세요.

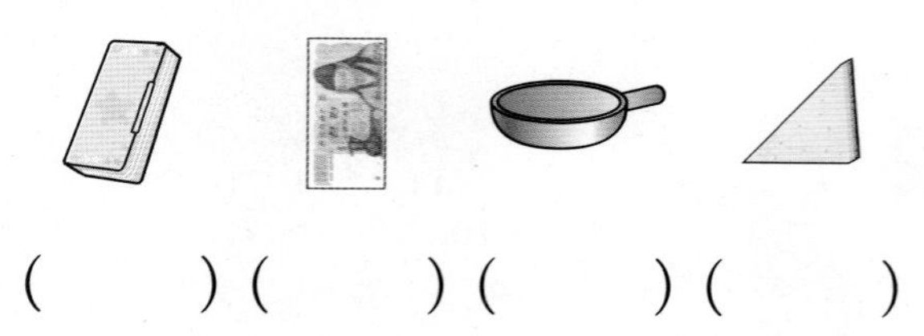

( ) ( ) ( ) ( )

02 △ 모양을 모두 찾아 ○표 하세요.

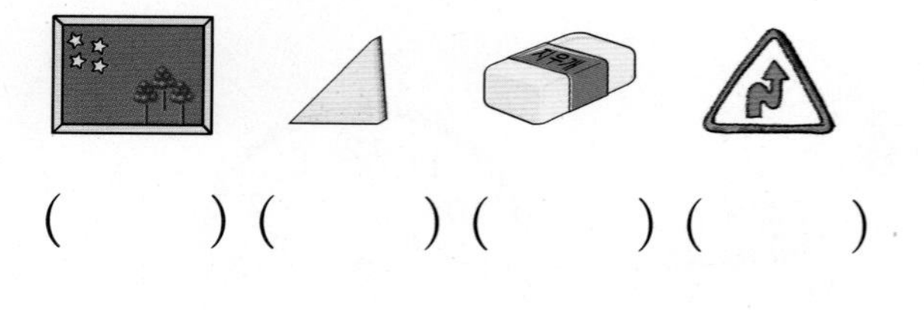

( ) ( ) ( ) ( )

03 ○ 모양을 모두 찾아 ○표 하세요.

( ) ( ) ( ) ( )

04 다음 물건들을 종이 위에 대고 그렸을 때 나머지 셋과 모양이 다른 하나에 ○표 하세요.

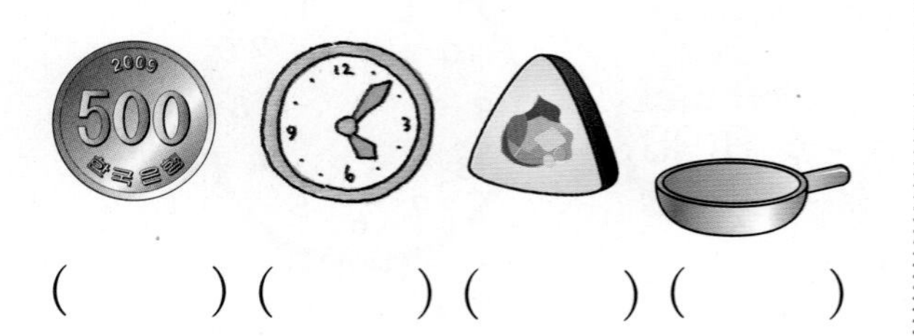

( ) ( ) ( ) ( )

05 그림에서 한 칸짜리 △ 모양은 한 칸짜리 □ 모양보다 몇 개 더 많나요?

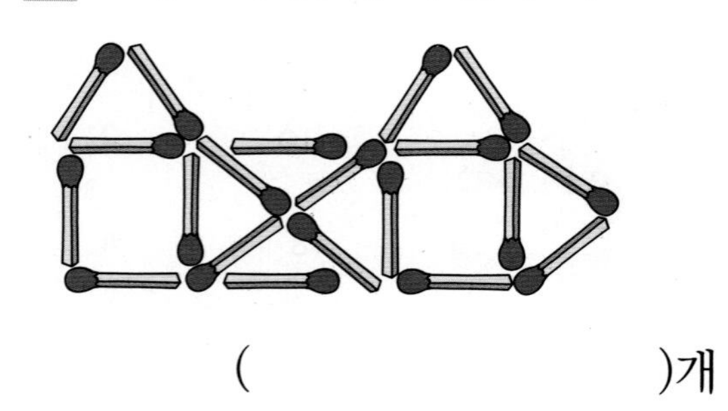

( )개

06 색종이로 오른쪽과 같은 모양을 만들었습니다. 가장 많이 사용한 모양은 어떤 모양인가요?

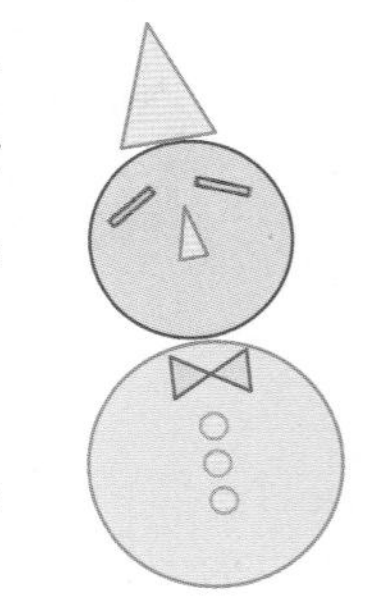

( )모양

07 색종이로 다음과 같은 모양을 만들었습니다. 가장 적게 사용한 모양과 그 개수를 구하세요.

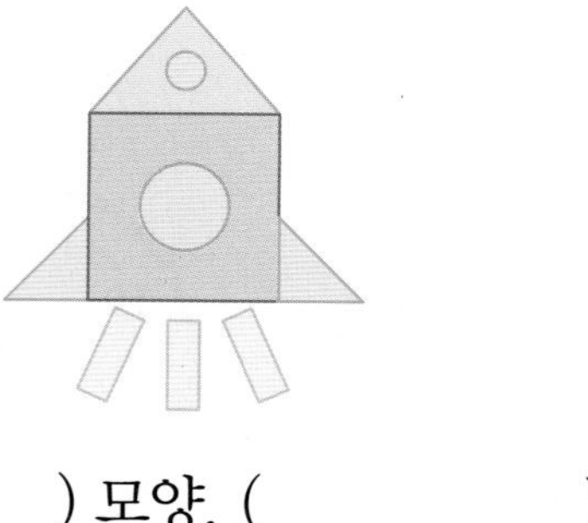

( ) 모양, ( )개

08 시계를 보고 시각을 말해 보세요.

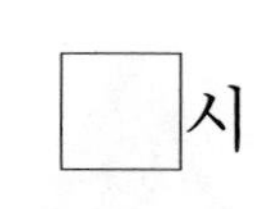

시

09 같은 시각을 찾아 선으로 이어 보세요.

2시

10 다음 중 7시를 나타내는 시계는 어느 것 인가요? (   )

①

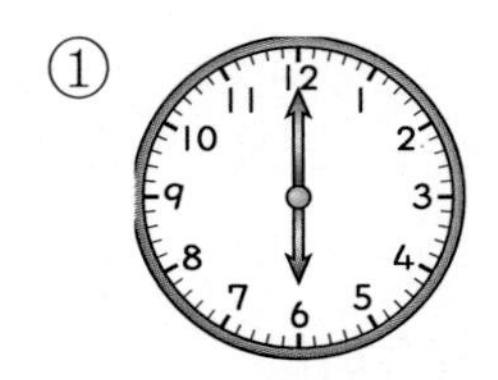

②

③

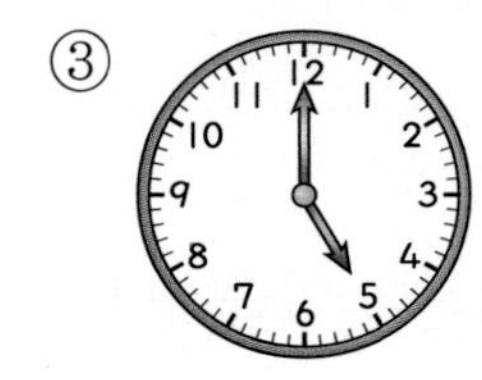

④

⑤

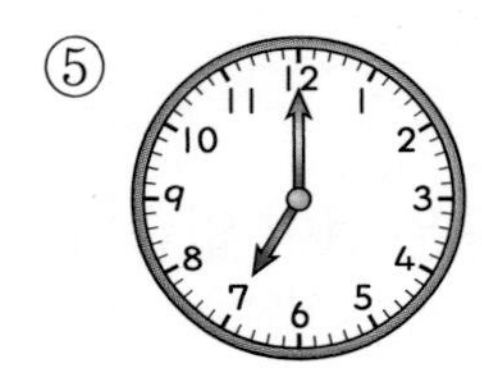

11 시계를 보고 시각을 말해 보세요.

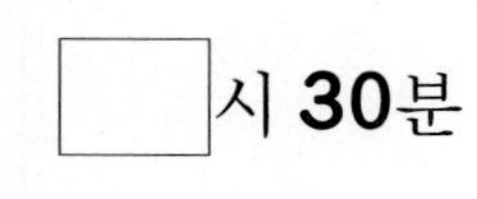

시 30분

12 같은 시각을 찾아 선으로 이어 보세요.

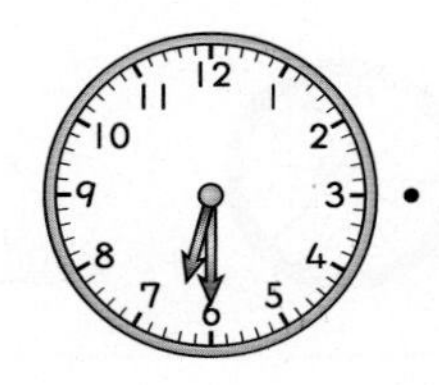

13 시각을 바르게 나타내고 있으면 ○표, 잘못 나타내고 있으면 ×표 하세요.

11시 30분

(   )

2시 30분

(   )

3 단원

3. 모양과 시각

점수

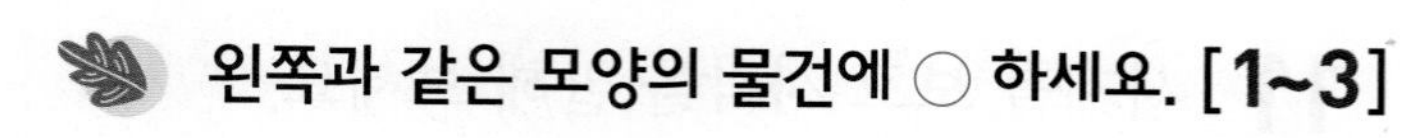

왼쪽과 같은 모양의 물건에 ○ 하세요. [1~3]

01

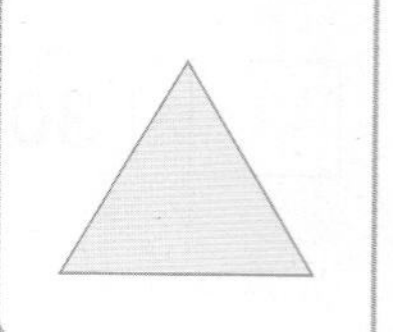

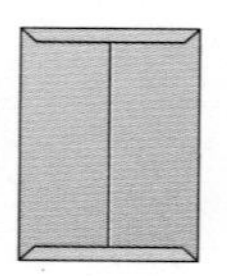

02

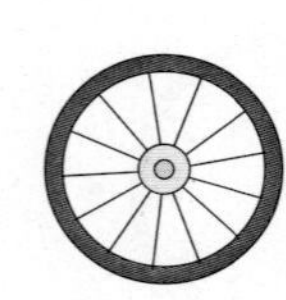
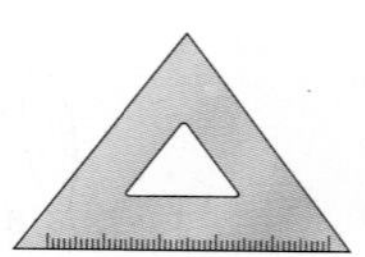

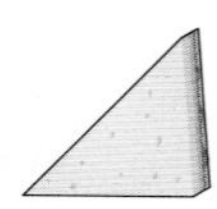

03

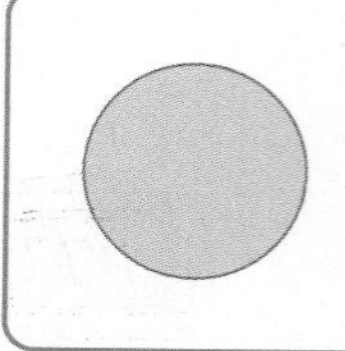

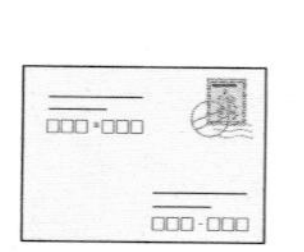
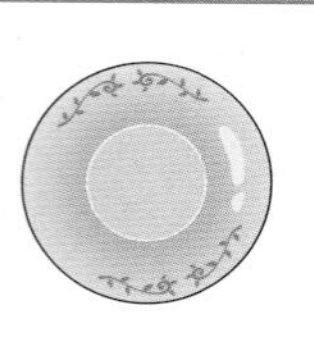

04 관계있는 것끼리 선으로 이어 보세요.

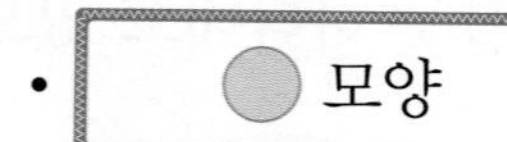

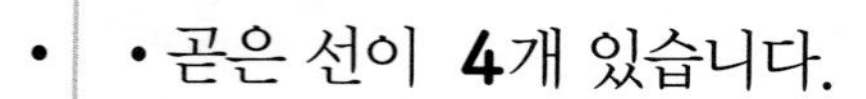

• 곧은 선이 **4**개 있습니다.

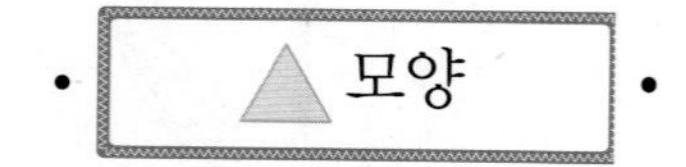

• 뾰족한 부분이 **3**군데 있습니다.

• 뾰족한 부분과 곧은 선이 없습니다.

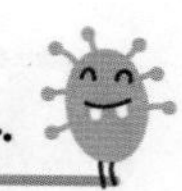

05 여러 가지 물건을 이용하여 모양 찍기를 하려고 합니다. ▢, △, ○ 모양을 찍기 위해 필요한 물건을 각각 찾아 선으로 이어 보세요.

06 주어진 모양으로 만들 수 있는 그림은 ○표, 만들 수 없는 그림은 ×표 하세요.

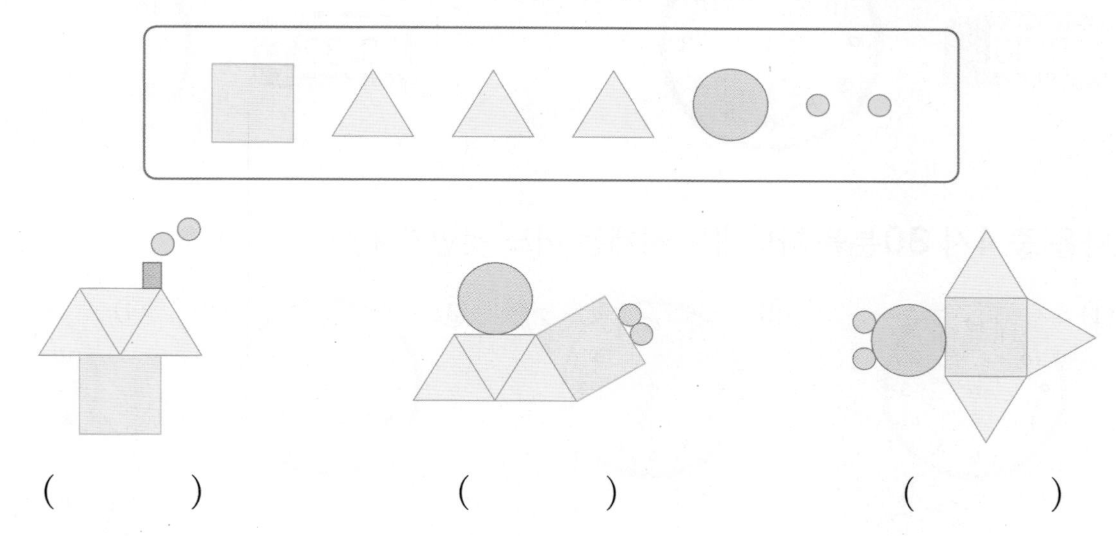

( ) ( ) ( )

07 ▢, △, ○ 모양을 몇 개씩 사용했는지 □ 안에 알맞은 수를 써넣으세요.

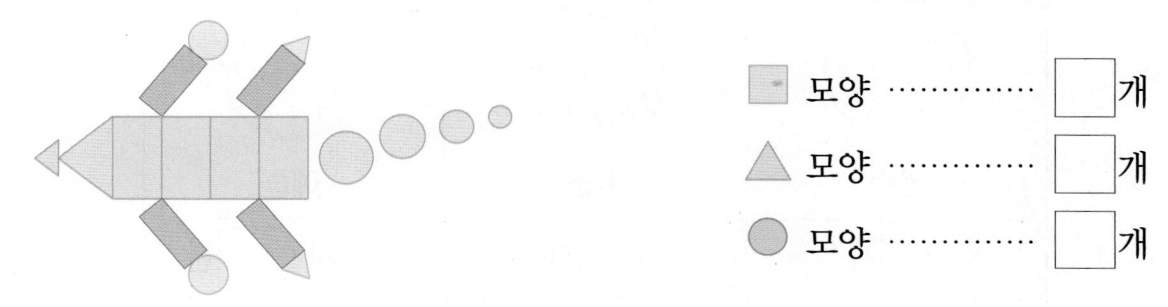

▢ 모양 ············ □개

△ 모양 ············ □개

○ 모양 ············ □개

시각을 읽어 보세요. [8~9]

08

□시

09

□시 □분

시각에 맞도록 짧은바늘을 알맞게 그려 넣으세요. [10~11]

10

11

12 다음 중 **4**시 **30**분을 나타내는 시계는 어느 것인가요? (　　　)

① ②  ③ ④

13 한솔이가 점심을 먹고 친구들을 만났습니다. 친구들을 만난 시각을 □ 안에 각각 써넣고, 가장 먼저 만난 친구부터 차례대로 숫자 **1**, **2**, **3**을 빈칸에 써넣으세요.

영수	가영	예슬
□시	□시	□시 □분

단원 4 덧셈과 뺄셈 (2)

이번에 배울 내용

1 받아올림이 있는 (몇)+(몇)의 여러 가지 계산 방법

2 받아올림이 있는 (몇)+(몇)

3 여러 가지 덧셈하기

4 받아 내림이 있는 (십몇)−(몇)의 여러 가지 계산 방법

5 받아내림이 있는 (십몇)−(몇)

6 여러 가지 뺄셈하기

이전에 배운 내용

- 10이 되는 더하기
- 10에서 빼기
- 세 수의 덧셈과 뺄셈

다음에 배울 내용

- 두 자리 수의 범위에서 받아올림이 있는 덧셈과 받아내림이 있는 뺄셈
- 덧셈과 뺄셈의 관계

1. 받아올림이 있는 (몇)+(몇)의 여러 가지 계산 방법

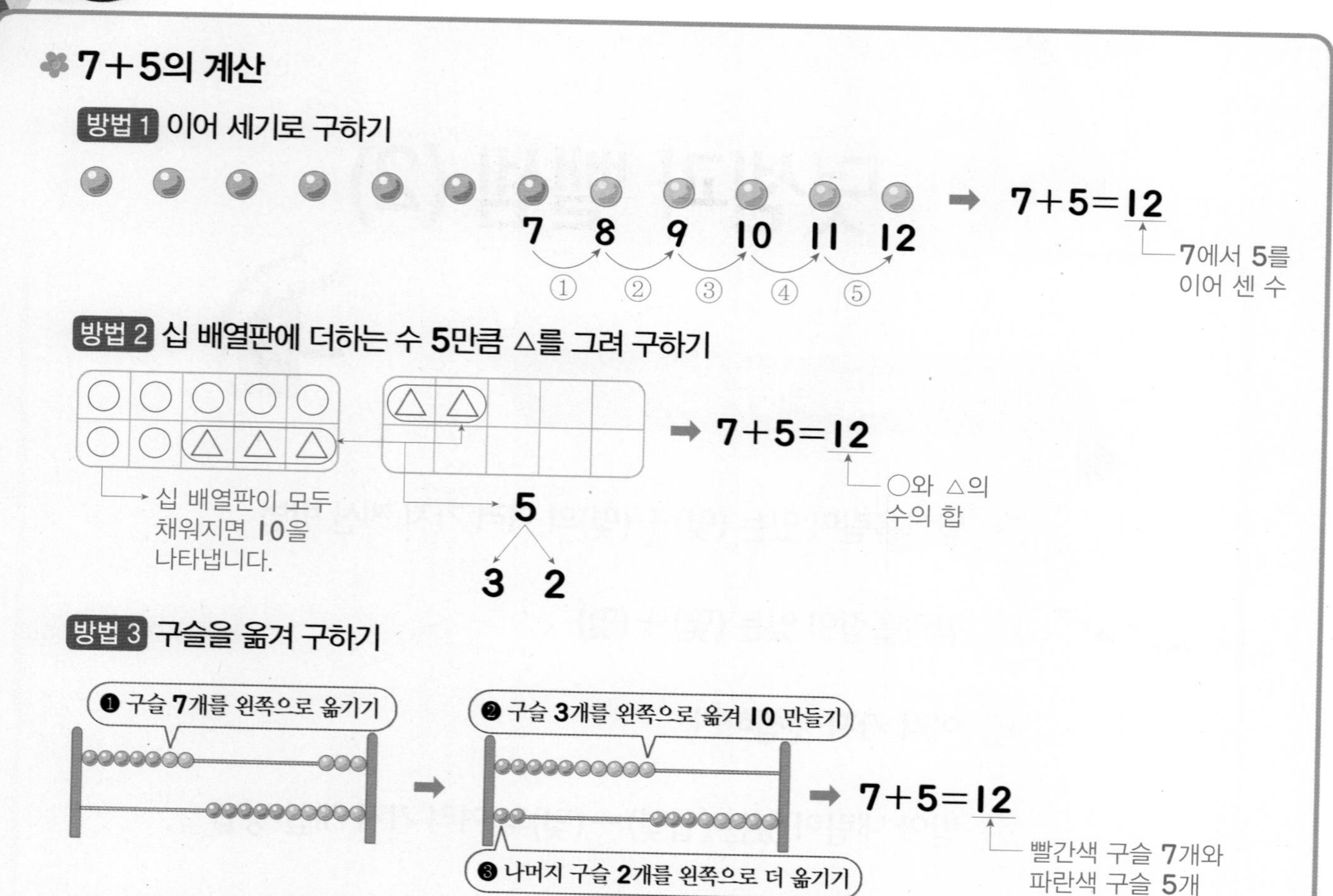

원리 확인 1

9+4는 얼마인지 여러 가지 방법으로 알아보세요.

(1) **9**에서 **4**를 이어 세어 보세요.

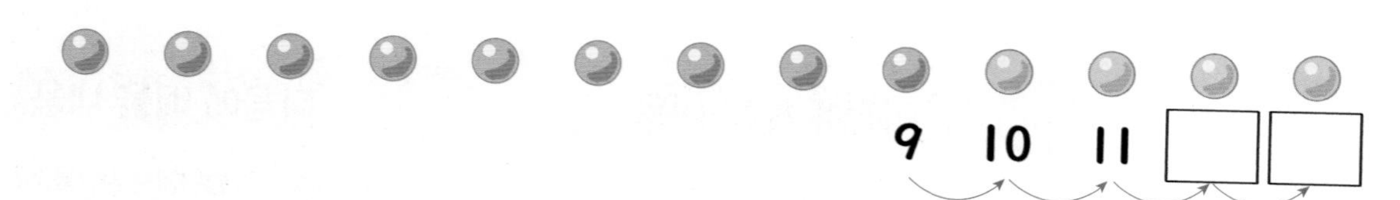

(2) 십 배열판에 더하는 수 **4**만큼 △를 그려 보세요.

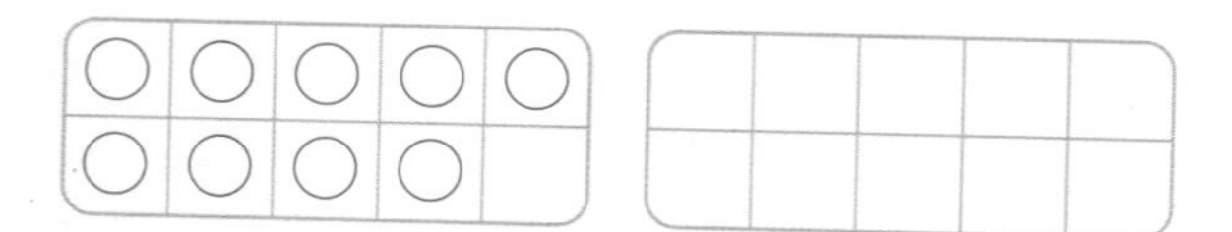

(3) **9+4**는 얼마인가요?

9+4=☐

기본 문제를 통해 개념과 원리를 다져요.

1 밤은 모두 몇 개인지 알아보세요.

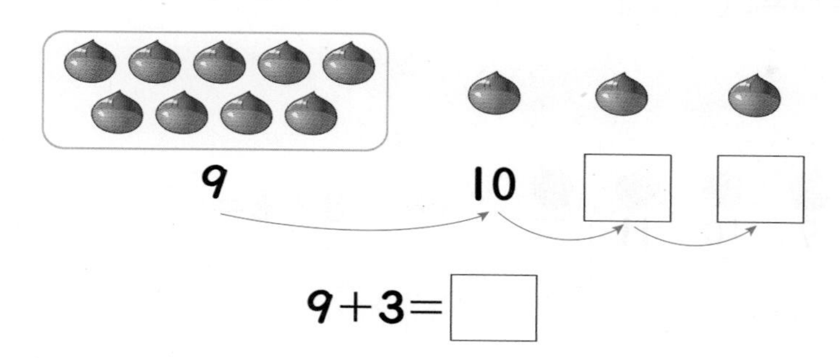

9+3=□

2 구슬은 모두 몇 개인지 알아보세요.

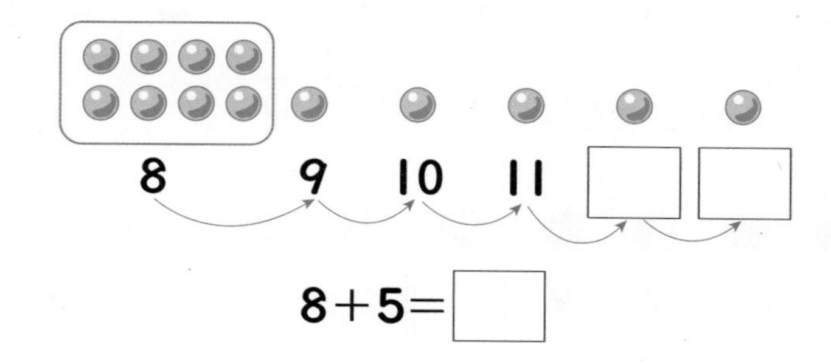

8+5=□

3 두 수를 바꾸어 더해 보세요.

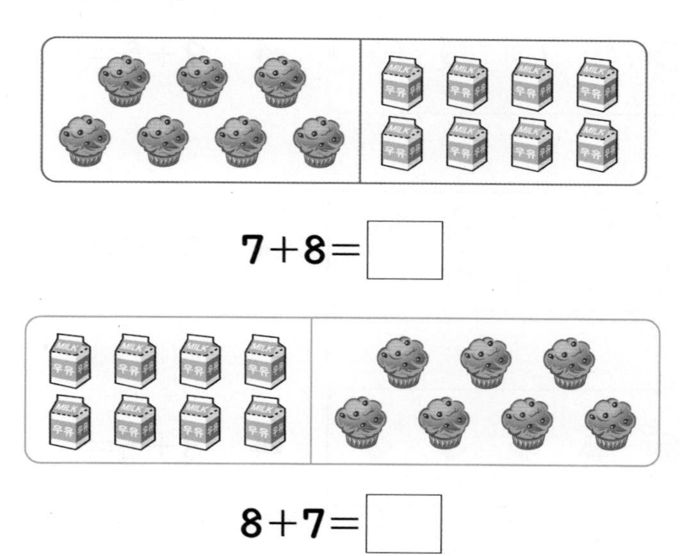

7+8=□

8+7=□

4 합이 같은 것끼리 선으로 이어 보세요.

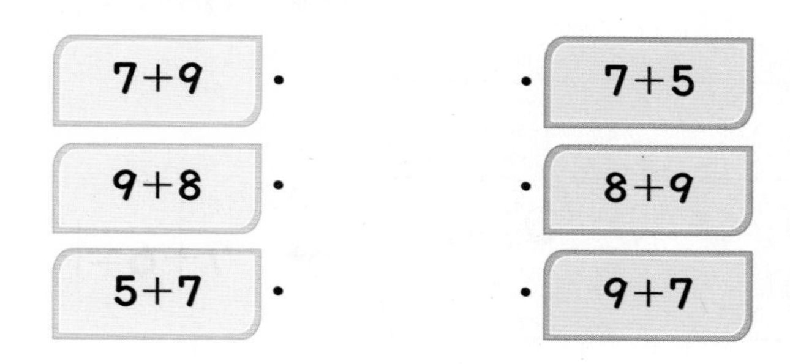

3. 두 수를 바꾸어 더해도 결과는 같습니다.

4. 두 수 중 큰 수부터 작은 수 만큼 이어 세기 하면 편리합니다.

4 단원

□ 안에 알맞은 수를 써넣으세요. [1~8]

1

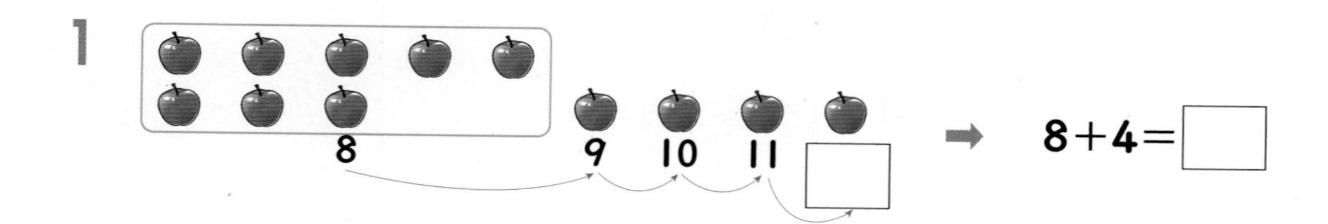

➡ 8+4=□

2

4 5 6 7 8 9 10 11 □ ➡ 4+8=□

3

7 8 9 □ □ □ ➡ 7+5=□

4

➡ 9+5=□

5

➡ 3+9=□

6

➡ 8+5=□

7

➡ 6+7=□

8

➡ 7+6=□

10을 이용하여 모으기를 해 보세요. [9~10]

9

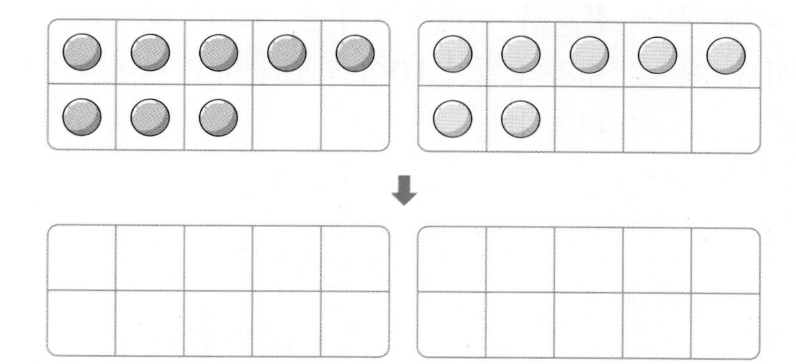

8 7

10

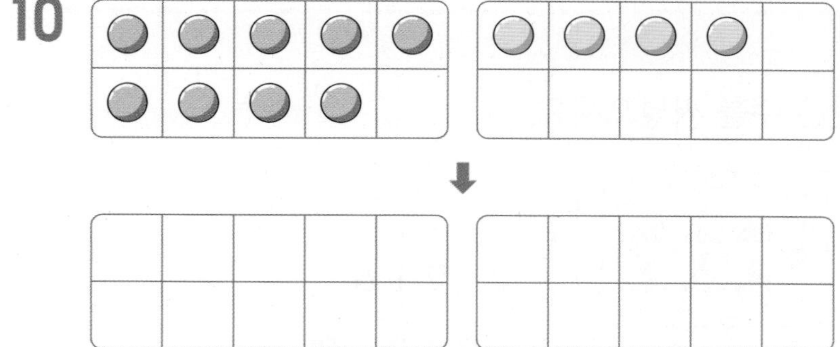

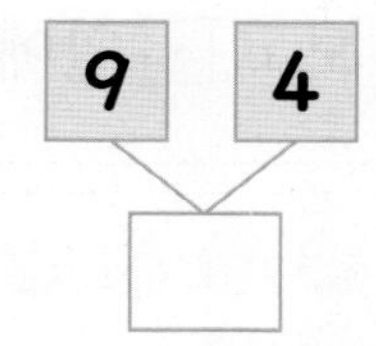

11 두 수를 바꾸어 더해 보세요.

➡ 5+8=□

➡ 8+5=□

□ 안에 알맞은 수를 써넣으세요. [12~15]

12 8+6=□ ⟷ 6+8=□

13 7+4=□ ⟷ 4+7=□

14 9+5=□ ⟷ 5+9=□

15 8+7=□ ⟷ 7+8=□

원리 꼼꼼

2. 받아올림이 있는 (몇)+(몇)

8+7의 계산

방법 1 더하는 수를 가르기 하여 더해지는 수와의 합이 10이 되도록 하고 나머지 수를 더합니다.

$$8+7$$
$$8+2+5$$
$$10+5=15$$

- 먼저 **8**에 **2**를 더하여 **10**을 만든 뒤 **5**를 더하면 **15**입니다.

방법 2 더해지는 수를 가르기 하여 더하는 수와의 합이 10이 되도록 하고 나머지 수를 더합니다.

$$8+7$$
$$5+3+7$$
$$5+10=15$$

- 먼저 **7**에 **3**을 더하여 **10**을 만든 뒤 **5**를 더하면 **15**입니다.

원리 확인 1 그림을 보고 □ 안에 알맞은 수를 써넣으세요.

(1)

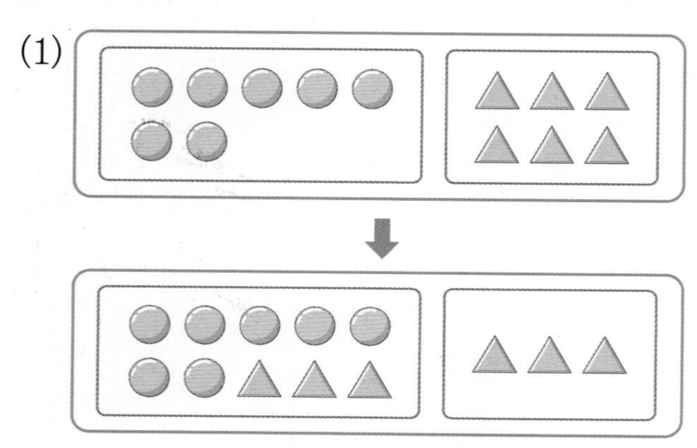

$$7+6$$
$$7+3+3$$
$$\square+3=\square$$

(2)

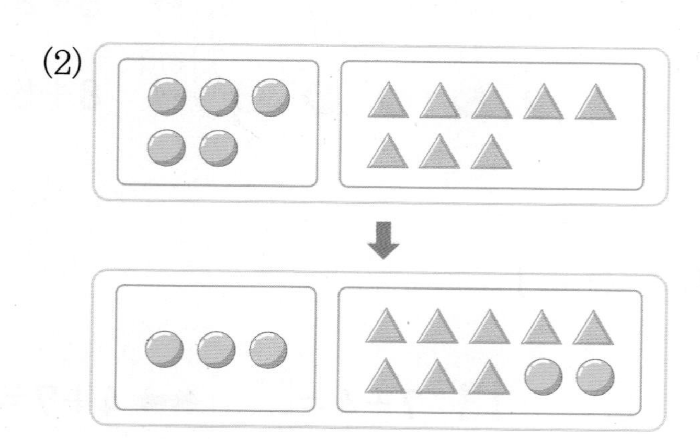

$$5+8$$
$$3+2+8$$
$$3+\square=\square$$

원리 탄탄

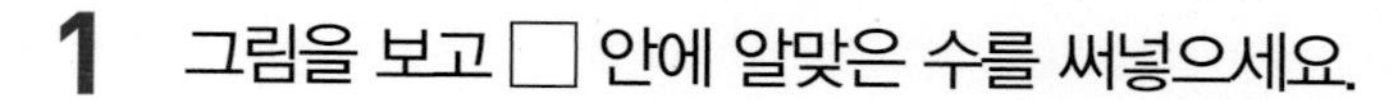

1 그림을 보고 □ 안에 알맞은 수를 써넣으세요.

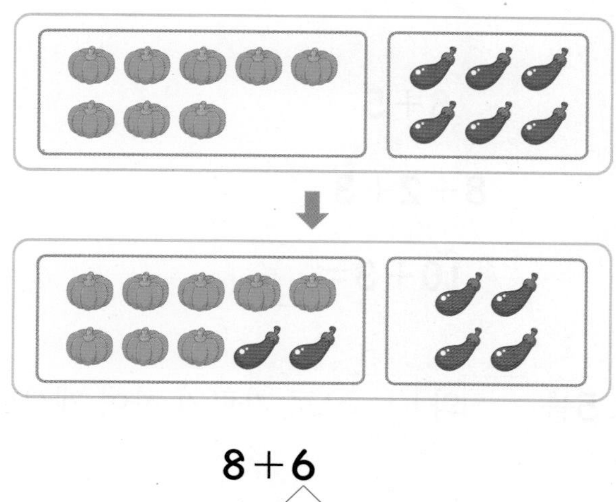

$8+6$

$8+2+4=$ □

2 □ 안에 알맞은 수를 써넣으세요.

(1) $9+3$

$9+$ □ $+2$

□ $+2=$ □

(2) $6+8$

$4+$ □ $+8$

$4+$ □ $=$ □

(3) $8+4$

$8+$ □ $+2=$ □

(4) $6+9$

$5+$ □ $+9=$ □

3 덧셈을 해 보세요.

(1) $8+7=$ □

(2) $6+5=$ □

3. 더해지는 수가 10이 되도록 더하는 수를 두 수로 가르기 하여 더합니다.

4 유승이는 파란 구슬 4개와 빨간 구슬 9개를 가지고 있습니다. 유승이가 가지고 있는 구슬은 모두 몇 개인가요?

( )개

4 단원

□ 안에 알맞은 수나 말을 써넣으세요. [1~7]

1

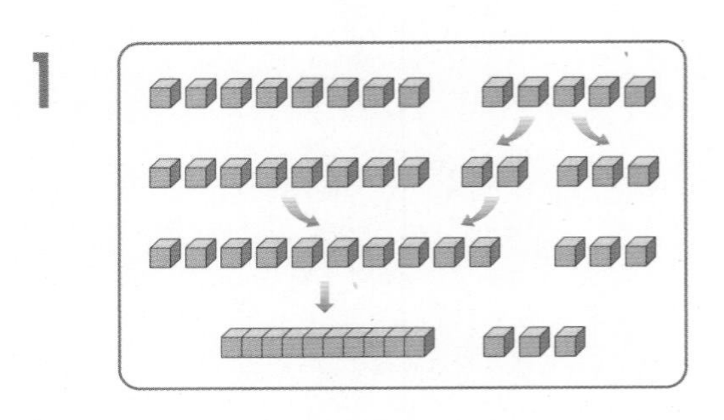

8+5

8+2+3

10+3=□

8에 □를 더하면 10이 되므로 5를 □와 □으로 가르기 하여 계산합니다.

2

8+7

8+2+5

□+5=□

3

7+6

7+3+3

□+3=□

4

6+6

6+□+2

□+2=□

5

9+5

9+□+4

□+4=□

6

8+6

8+□+□

□+4=□

7

9+7

9+□+□

□+6=□

□ 안에 알맞은 수나 말을 써넣으세요. [8~14]

8

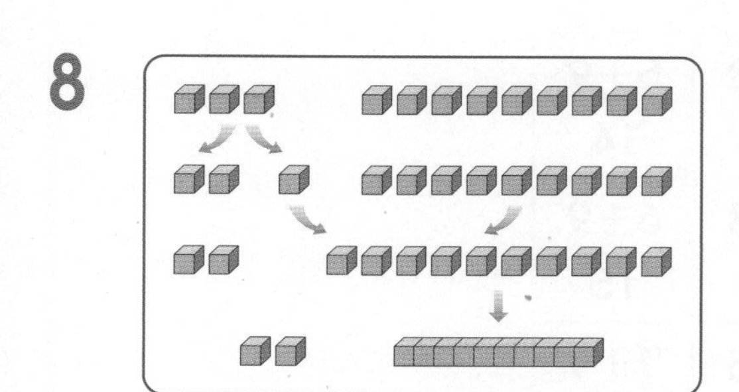

3+9

2+1+9

2+10=□

9에 □을 더하면 10이 되므로 3을 □와 □로 가르기 하여 계산합니다.

9

5+9

4+1+9

4+□=□

10

6+8

4+2+8

4+□=□

11

7+9

6+□+9

6+□=□

12

5+7

2+□+7

2+□=□

13

4+7

□+□+7

1+□=□

14

8+9

□+□+9

7+□=□

3. 여러 가지 덧셈하기

(몇)+(몇)=(십몇)의 표에서 규칙 찾기

5+5 10	5+6 11	5+7 12	5+8 13	5+9 14
6+5 11	6+6 12	6+7 13	6+8 14	6+9 15
7+5 12	7+6 13	7+7 14	7+8 15	7+9 16
8+5 13	8+6 14	8+7 15	8+8 16	8+9 17
9+5 14	9+6 15	9+7 16	9+8 17	9+9 18

→ : 더하는 수가 1씩 커지면 합은 1씩 커집니다.

↓ : 더해지는 수가 1씩 커지면 합은 1씩 커집니다.

↘ : 더해지는 수와 더하는 수가 각각 1씩 커지면 합은 2씩 커집니다.

↙ : 더해지는 수가 1씩 커지고, 더하는 수가 1씩 작아지면 합은 항상 똑같습니다.

두 수를 서로 바꾸어 더해도 합은 같습니다. ➡ **8+6=6+8=14**

원리 확인 1 □ 안에 알맞은 수를 써넣으세요.

5+6=□ 5+7=□ 5+8=□

➡ 더해지는 수는 같고, 더하는 수가 □씩 커지면 합은 □씩 커집니다.

원리 확인 2 □ 안에 알맞은 수를 써넣으세요.

6+8=□ 7+8=□ 8+8=□

➡ 더해지는 수는 같고, 더하는 수가 □씩 커지면 합은 □씩 커집니다.

1 □ 안에 알맞은 수를 써넣으세요.

$7+6=\square$

$8+7=\square$

$9+8=\square$

➡ 더해지는 수와 더하는 수가 각각 □씩 커지면 합은 □씩 커집니다.

2 □ 안에 알맞은 수를 써넣으세요.

$7+9=\square$

$8+8=\square$

$9+7=\square$

➡ 더해지는 수가 □씩 커지고, 더하는 수가 □씩 작아지면 합은 은 항상 똑같습니다.

3 합이 같은 것끼리 선으로 이어 보세요.

7+5 •	• 6+8
8+6 •	• 5+7
9+7 •	• 7+9

3. 두 수를 서로 바꾸어 더해도 합은 같습니다.

4 빈 곳에 알맞은 수를 써넣으세요.

원리 척척

□ 안에 알맞은 수나 말을 써넣으세요. [1~6]

1

7+5=□

7+6=□

7+7=□

7+8=□

더해지는 수는 같고, 1씩 큰 수를 더하면 합도 □씩 커집니다.

2

9+2=□

9+4=□

9+6=□

9+8=□

더해지는 수는 같고, 2씩 큰 수를 더하면 합도 □씩 커집니다.

3

6+6=□

7+6=□

8+6=□

9+6=□

더하는 수는 같고, 더해지는 수가 □씩 커지면 합도 □씩 커집니다.

4

3+8=□

5+8=□

7+8=□

9+8=□

더하는 수는 같고, 더해지는 수가 □씩 커지면 합도 □씩 커집니다.

5

5+6=□

6+7=□

7+8=□

8+9=□

더해지는 수와 더하는 수가 각각 □씩 커지면 합도 □씩 커집니다.

6

9+5=□

8+6=□

7+7=□

6+8=□

더해지는 수가 □씩 작아지고, 더하는 수가 □씩 커지면 합은 항상 똑같습니다.

빈 곳에 알맞은 수를 써넣으세요. [7~10]

7

6	7	8	9

+6

8

6	7	8	9

+7

9

6	7	8	9

+8

10

6	7	8	9

+9

빈칸에 알맞은 수를 써넣으세요. [11~12]

11

+	4	5	6	7
9	13			
8		13		
7			13	
6				13

12

+	5	6	7	8
6				14
7			14	
8		14		
9	14			

step 1 원리 꼼꼼

4. 받아내림이 있는 (십몇)−(몇)의 여러 가지 계산 방법

13−4의 계산

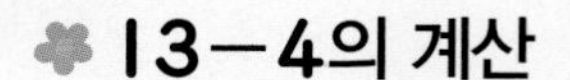

방법 1 거꾸로 세어 구하기

➡ $13-4=9$

9 10 11 12 13

④ ③ ② ①

13에서 4를 거꾸로 센 수

방법 2 연결 모형에서 빼고 남는 것을 세어 구하기

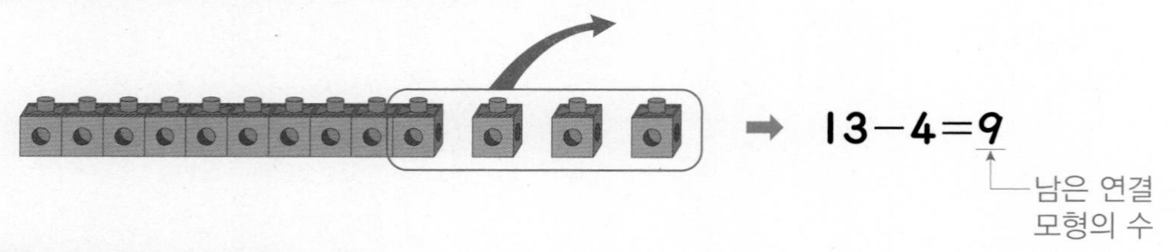

➡ $13-4=9$

남은 연결 모형의 수

방법 3 구슬을 옮겨 구하기

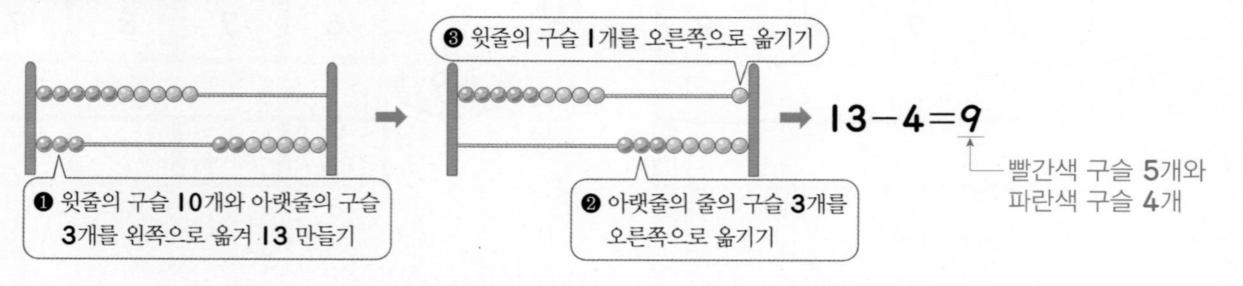

➡ $13-4=9$

빨간색 구슬 5개와 파란색 구슬 4개

원리 확인 1 14−8은 얼마인지 여러 가지 방법으로 알아보세요.

(1) 바둑돌을 하나씩 짝지어 보세요.

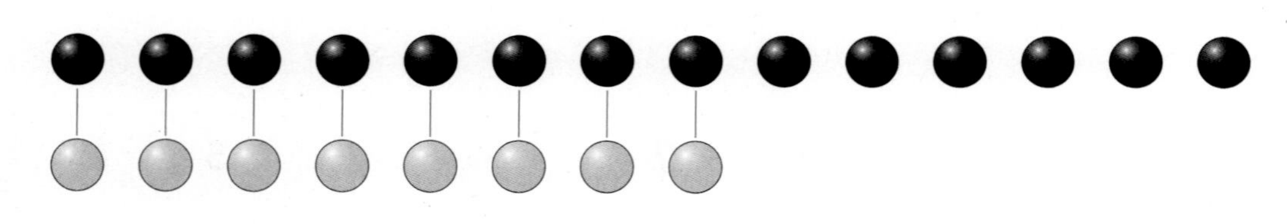

➡ 검은 바둑돌이 ☐개 더 많습니다.

(2) 빨간색 연결 모형 14개에서 8개를 빼고 남는 것을 세어 보세요.

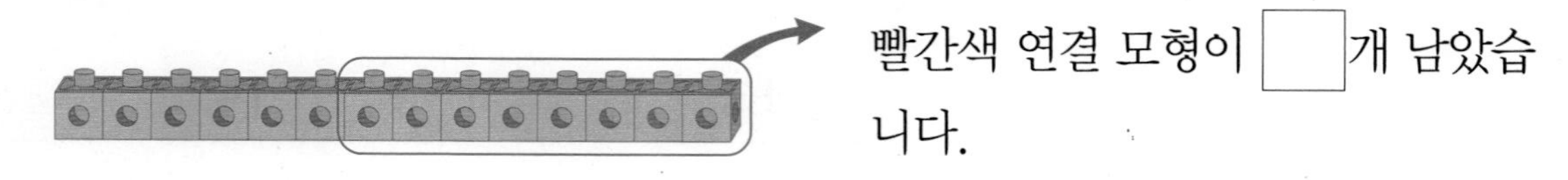

빨간색 연결 모형이 ☐개 남았습니다.

(3) 14−8은 얼마인가요?

$14-8=$ ☐

 □ 안에 알맞은 수를 써넣으세요. [1~3]

1

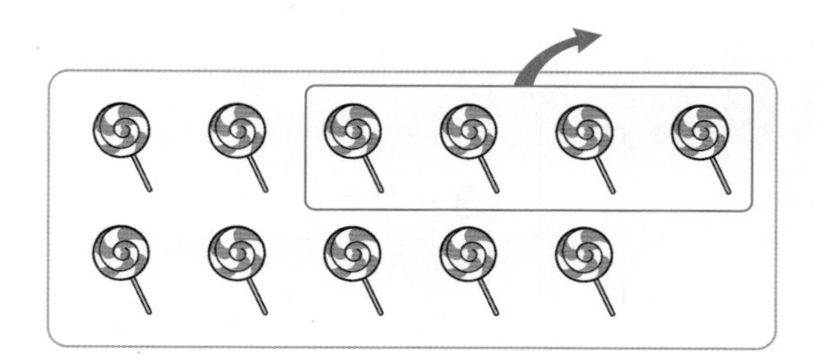

$11-4=$ □

➡ 사탕 11개에서 4개를 먹으면 남은 사탕은 □개입니다.

1. 전체 사탕의 개수에서 먹은 사탕의 개수를 빼면 남은 사탕의 개수입니다.

2

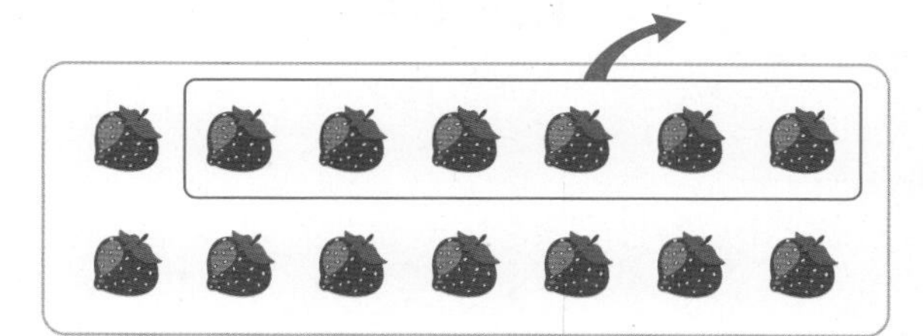

$14-6=$ □

➡ 딸기 14개에서 6개를 먹으면 남은 딸기는 □개입니다.

3

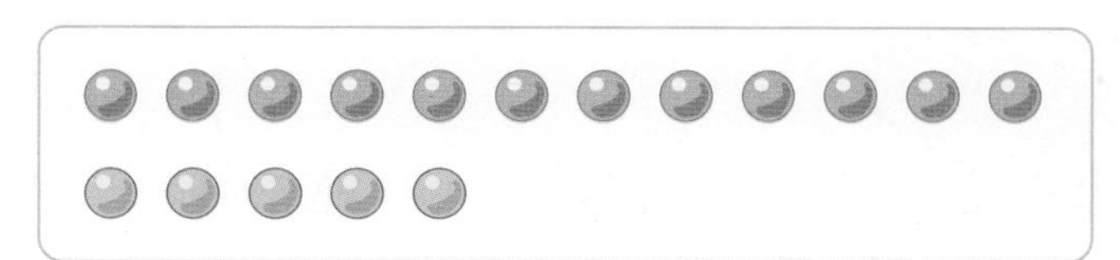

$12-5=$ □

➡ 빨간색 구슬은 파란색 구슬보다 □개 더 많습니다.

3. 빨간색 구슬과 파란색 구슬을 짝짓기하고 남은 구슬의 개수를 알아봅니다.

4

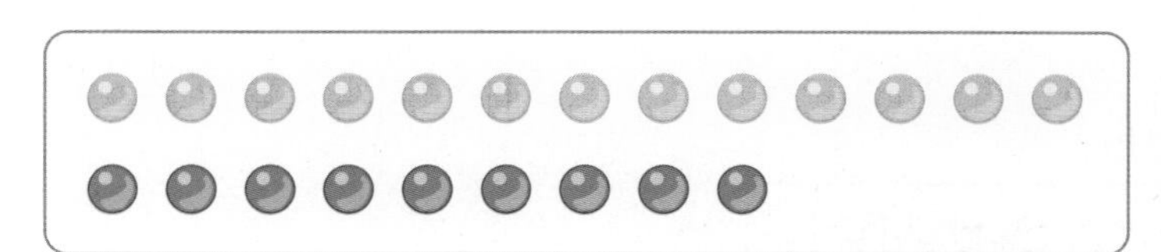

$13-9=$ □

➡ 노란색 구슬은 초록색 구슬보다 □개 더 많습니다.

step 3 원리 척척

□ 안에 알맞은 수를 써넣으세요. [1~5]

1

13－7＝□

2

12－5＝□

3

13－6＝□

4

15－7＝□

5

16－8＝□

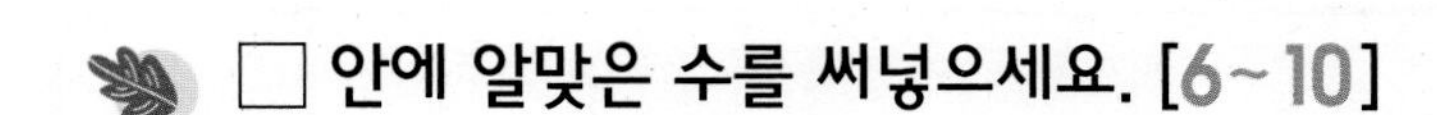

□ 안에 알맞은 수를 써넣으세요. [6~10]

6

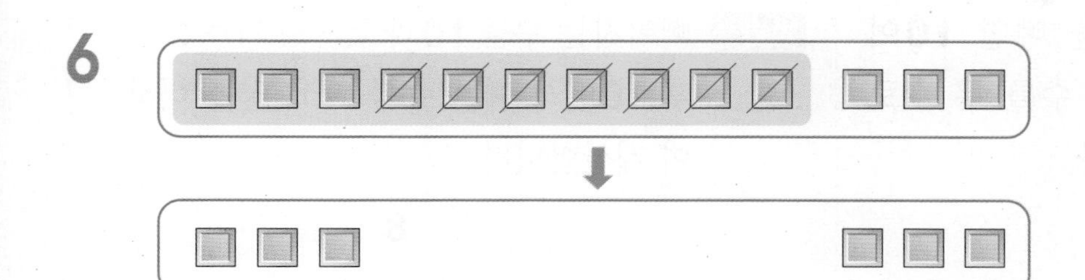

$13-7=\square$

7

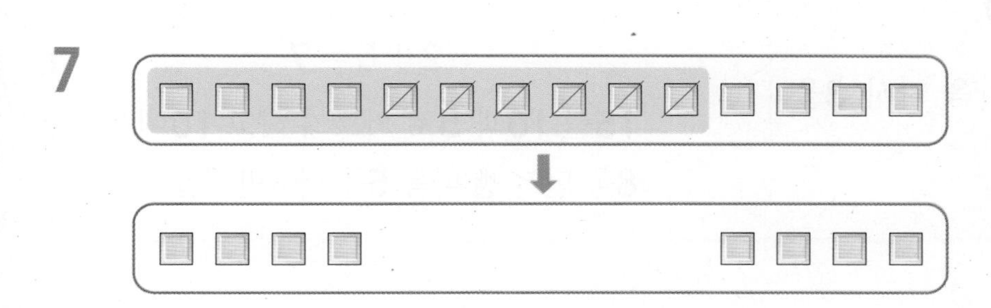

$14-6=\square$

8

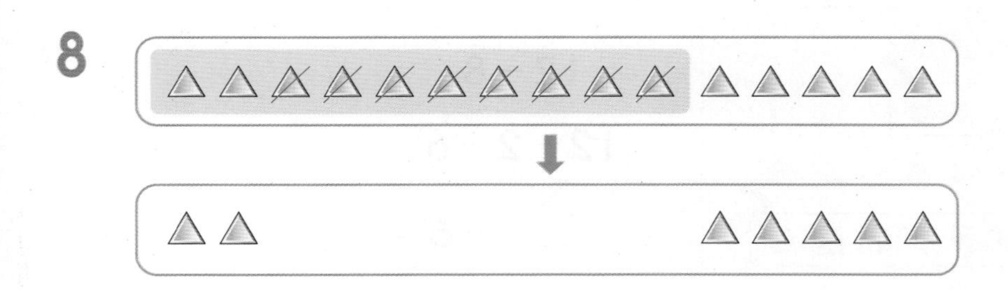

$15-8=\square$

9

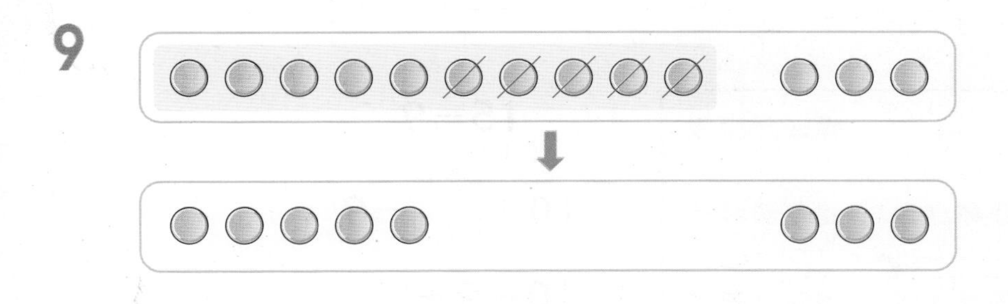

$13-5=\square$

10

$16-7=\square$

5. 받아내림이 있는 (십몇)−(몇)

15−8의 계산

방법 1 빼어지는 수에서 몇을 빼면 10이 되는지 생각하여 빼는 수를 두 수로 가르기 하여 계산합니다.

15−8

15−5−3

10−3=7

15에서 5를 먼저 뺀 다음 다시 3을 빼면 7입니다.

방법 2 빼어지는 수를 10과 몇으로 가르기 한 후 10에서 빼는 수를 빼고 몇을 더하여 계산합니다.

15−8

10+5−8

10−8+5

2+5=7

15를 10과 5로 가르기 하고 10에서 8을 먼저 뺀 다음 5를 더하면 7입니다.

원리 확인 1 그림을 보고 □ 안에 알맞은 수를 써넣으세요.

(1)

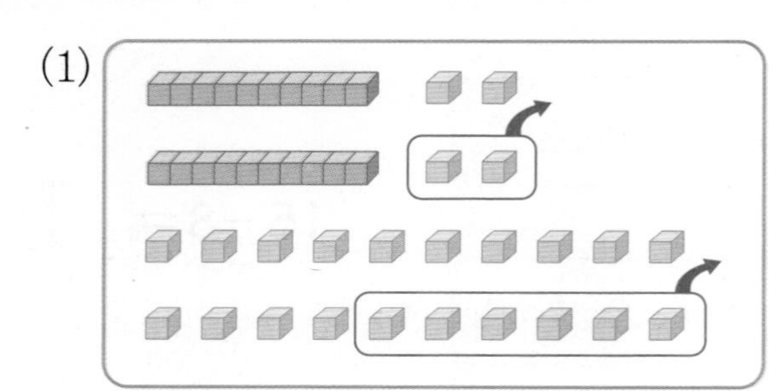

12−8

12−2−6

□−6=□

➡ 12에서 □를 먼저 뺀 다음 다시 □을 빼면 □입니다.

(2)

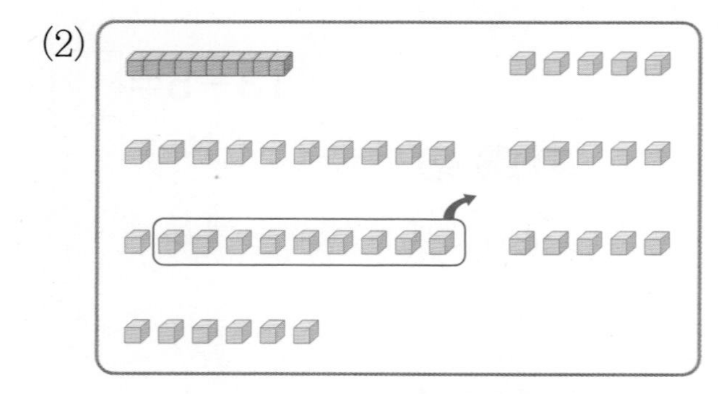

15−9

10+□−9

10−9+□

1+□=□

➡ 15를 10과 □로 가르기 하고 10에서 □를 먼저 뺀 다음 □를 더하면 □입니다.

원리 탄탄

기본 문제를 통해 개념과 원리를 다져요.

1 그림을 보고 □ 안에 알맞은 수를 써넣으세요.

(1)

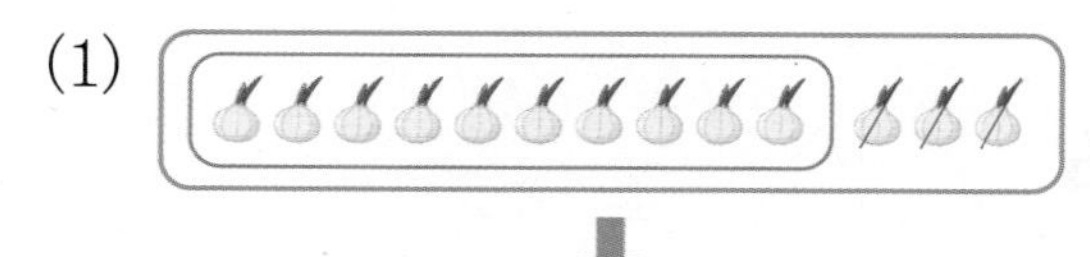

$13-7$

$13-3-4=\square$

➡ 13을 □을 먼저 뺀 다음 다시 □를 빼면 □입니다.

(2)

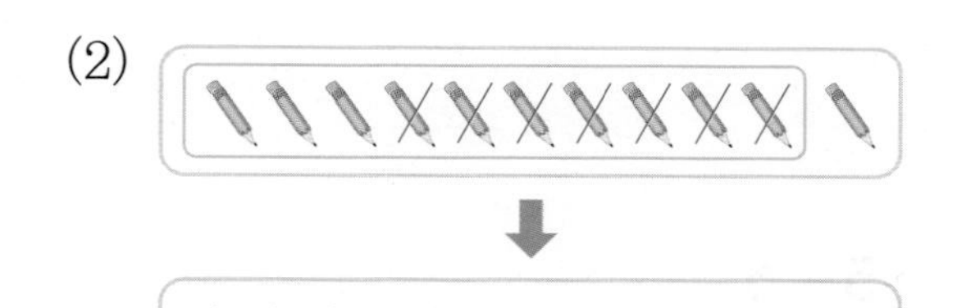

$11-7$

$10-7+1=\square$

➡ 11을 10과 □로 가르기 하고 □에서 □을 먼저 뺀 다음 □을 더하면 □입니다.

2 □ 안에 알맞은 수를 써넣으세요.

(1) $13-5=13-\square-2$
$=\square-2$
$=\square$

(2) $16-9=10+\square-9$
$=10-9+\square$
$=\square+\square$
$=\square$

3 뺄셈을 해 보세요.

(1) $14-9=\square$　　(2) $11-5=\square$

> **3.** 빼어지는 수에서 몇을 빼면 10이 되는지 생각해 봅니다.

4 은지는 사탕 13개 중에서 4개를 먹었습니다. 은지에게 남은 사탕은 몇 개인가요?

(　　　　　　)개

원리 척척

□ 안에 알맞은 수를 써넣으세요. [1~7]

1

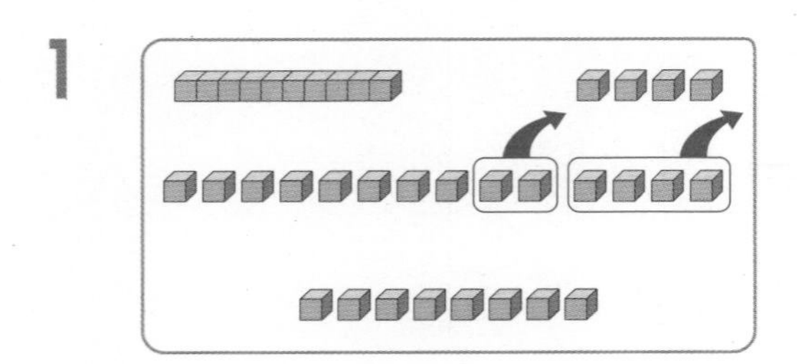

$14-6$

$14-4-2$

$10-2=\square$

2

$11-4$

$11-1-3$

$\square-3=\square$

3

$15-6$

$15-5-1$

$\square-1=\square$

4

$13-5$

$13-\square-2$

$\square-2=\square$

5

$12-8$

$12-\square-6$

$\square-6=\square$

6

$17-8$

$17-\square-\square$

$\square-1=\square$

7

$16-9$

$16-\square-\square$

$\square-3=\square$

□ 안에 알맞은 수를 써넣으세요. [8~14]

8

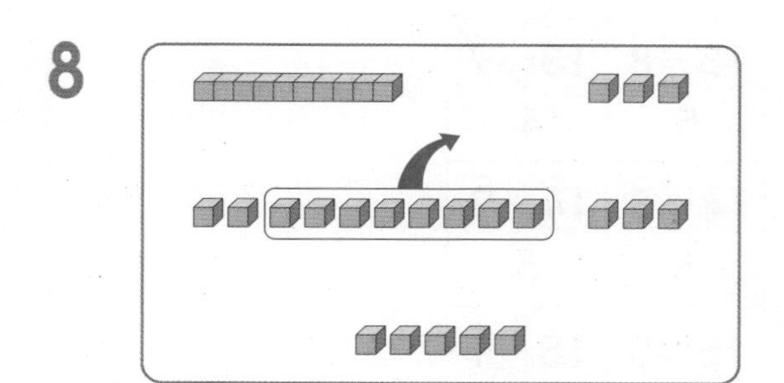

13−8

10−8+3

2+3=□

9

12−4

10−4+2

□+2=□

10

14−5

10−5+4

□+4=□

11

13−7

10−7+□

3+□=□

12

15−9

10−9+□

1+□=□

13

17−8

10−□+□

□+7=□

14

18−9

10−□+□

□+8=□

step 1 원리 꼼꼼

6. 여러 가지 뺄셈하기

(십몇)−(몇)=(몇)의 표에서 규칙 찾기

13−4	13−5	13−6	13−7	13−8	13−9
9	8	7	6	5	4
	14−5	14−6	14−7	14−8	14−9
	9	8	7	6	5
		15−6	15−7	15−8	15−9
		9	8	7	6
			16−7	16−8	16−9
			9	8	7
				17−8	17−9
				9	8
					18−9
					9

→ : 빼는 수가 1씩 커지면 차는 1씩 작아집니다.

↓ : 빼지는 수가 1씩 커지면 차도 1씩 커집니다.

↘ : 빼지는 수와 빼는 수가 각각 1씩 커지면 차가 같습니다.

↙ : 빼지는 수가 1씩 커지고, 빼는 수가 1씩 작아지면 차는 **2**씩 커집니다.

원리 확인 **1** □ 안에 알맞은 수를 써넣으세요.

13−4=□　　13−5=□　　13−6=□

➡ 빼지는 수는 모두 □으로 같고, 빼는 수가 1씩 커지면 차는 □씩 작아집니다.

원리 확인 **2** □ 안에 알맞은 수를 써넣으세요.

14−8=□　　15−8=□　　16−8=□

➡ 빼는 수는 모두 □로 같고, 빼지는 수가 1씩 커지면 차는 □씩 커집니다.

1 □ 안에 알맞은 수를 써넣으세요.

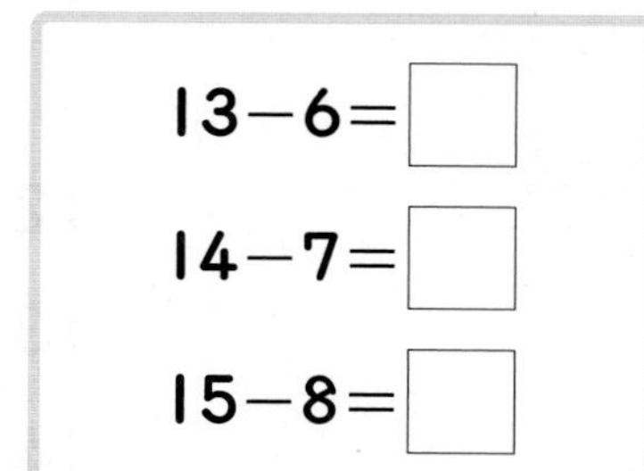

➡ 빼지는 수와 빼는 수가 모두 □씩 커지면 차가 같습니다.

2 □ 안에 알맞은 수를 써넣으세요.

$10-7=\square$

$11-6=\square$

$12-5=\square$

➡ 빼지는 수가 □씩 커지고, 빼는 수가 □씩 작아지면 차는 □씩 커집니다.

3 차가 같은 것끼리 선으로 이어 보세요.

13−5 •	• 16−9
18−9 •	• 12−4
15−8 •	• 17−8

4 빈 곳에 알맞은 수를 써넣으세요.

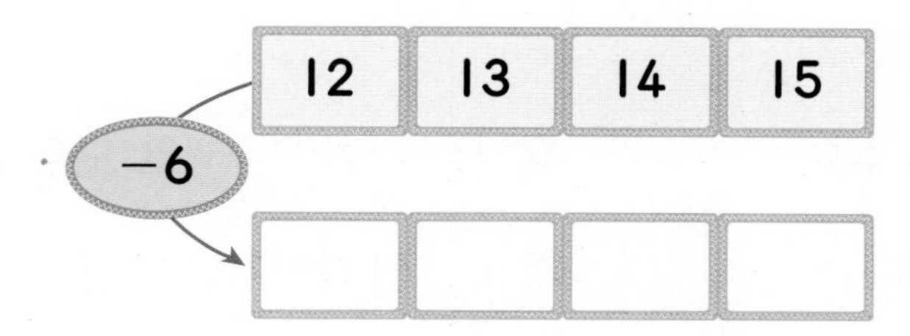

1. 빼지는 수와 빼는 수가 똑같이 커지면 차는 항상 같습니다.

4 단원

원리 척척

□ 안에 알맞은 수나 말을 써넣으세요. [1~6]

1

13−4=□
13−5=□
13−6=□
13−7=□

빼지는 수는 같고 빼는 수가 □씩 커지면 차는 □씩 작아집니다.

2

12−6=□
13−6=□
14−6=□
15−6=□

빼는 수는 □으로 모두 같고 빼지는 수가 1씩 커지면 차는 □씩 커집니다.

3

15−9=□
14−8=□
13−7=□
12−6=□

빼지는 수가 □씩 작아지고 빼는 수도 □씩 작아지면 차는 모두 같습니다.

4

12−9=□
13−8=□
14−7=□
15−6=□

빼지는 수가 □씩 커지고 빼는 수가 □씩 작아지면 차는 □씩 커집니다.

5

13−5=□
14−6=□
15−7=□
16−8=□

빼지는 수가 □씩 커지고 빼는 수도 □씩 커지면 차는 모두 같습니다.

6

12−9=□
12−8=□
12−7=□
12−6=□

빼지는 수가 □로 모두 같고 빼는 수가 □씩 작아지면 차는 □씩 커집니다.

빈 곳에 알맞은 수를 써넣으세요. [7~10]

7

−8

12	13	14	15
□	□	□	□

8

−9

15	16	17	18
□	□	□	□

9

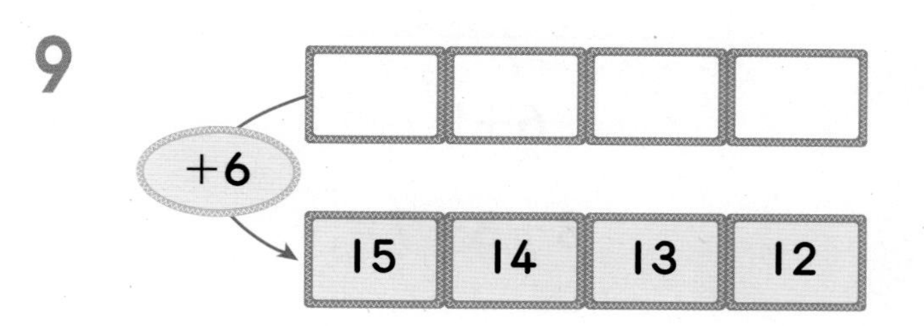

10

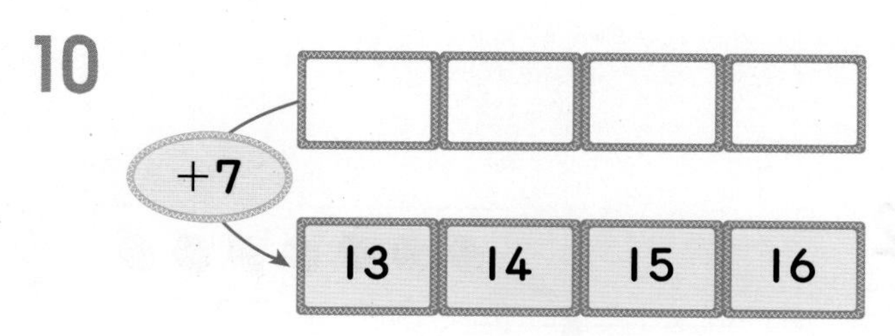

□ 안에 알맞은 수를 써넣으세요. [11~12]

11

17−9 8			
16−9 7	16−8 8		
15−9 6	15−8 □	15−7 □	
14−9 □	14−8 □	14−7 □	14−6 □

→ : 빼는 수가 **1**씩 작아지면 차는 □씩 커집니다.

↓ : 빼지는 수가 **1**씩 작아지면 차는 □씩 작아집니다.

12

12−3 9	12−4 8	12−5 7	12−6 6
	13−4 9	13−5 □	13−6 □
		14−5 □	14−6 □
			15−6 □

→ : 빼는 수가 **1**씩 커지면 차는 □씩 작아집니다.

↙ : 빼지는 수가 **1**씩 커지고 빼는 수가 **1**씩 작아지면 차는 □씩 커집니다.

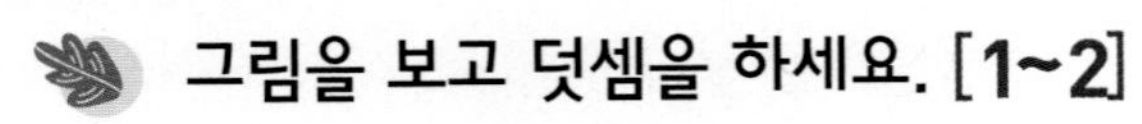
그림을 보고 덧셈을 하세요. [1~2]

01

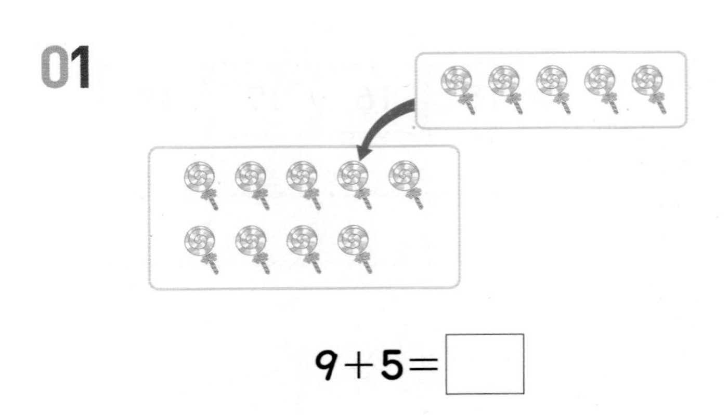

$9+5=$ □

02

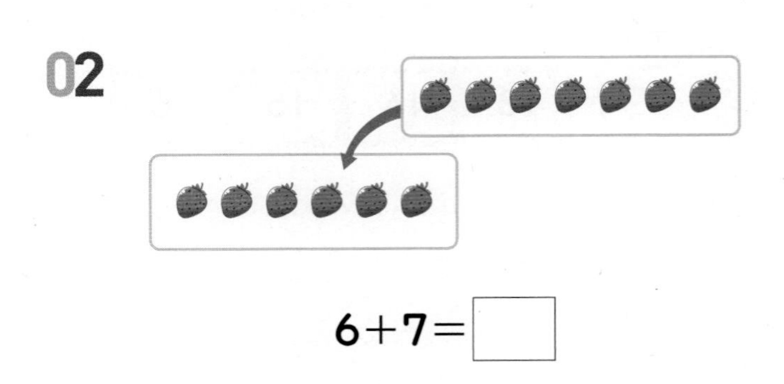

$6+7=$ □

03 그림을 보고 □ 안에 알맞은 수를 써넣으세요.

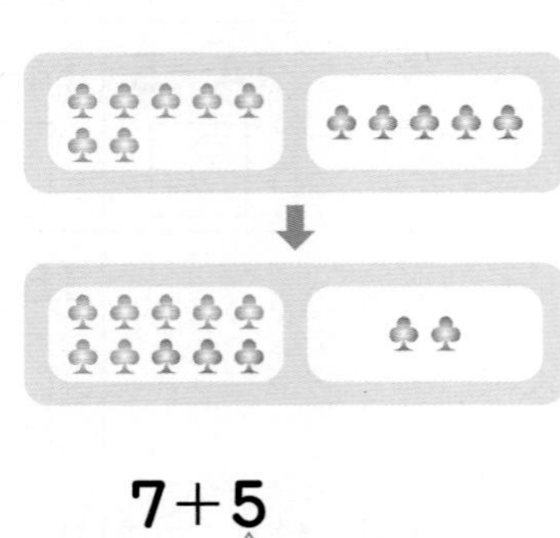

$7+5$

$7+3+2=$ □

04 그림을 보고 □ 안에 알맞은 수를 써넣으세요.

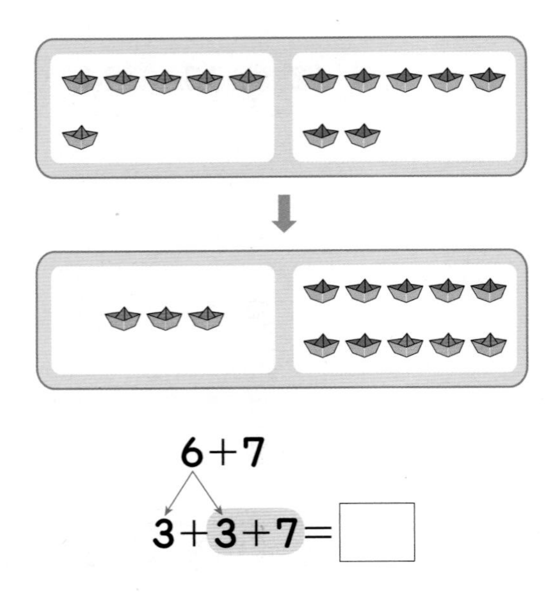

$6+7$

$3+3+7=$ □

05 같은 것끼리 선으로 이어 보세요.

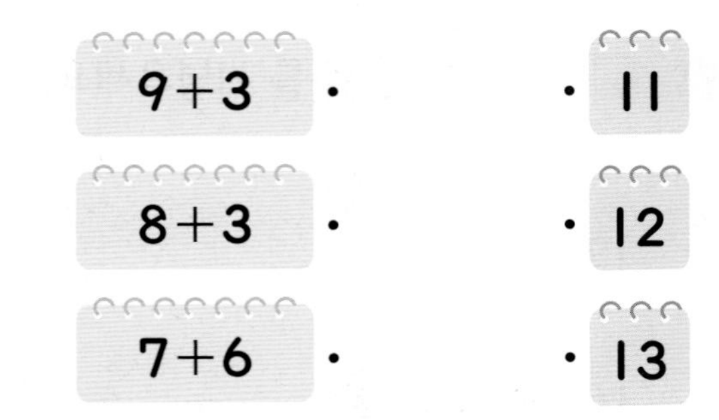

06 ○ 안에 >, <를 알맞게 써넣으세요.

$3+9$ ○ $6+5$

07 바구니에 달걀 8개가 있습니다. 그 옆에 달걀 4개가 있습니다. 달걀은 모두 몇 개인가요?

( )개

08 그림을 보고 □ 안에 알맞은 수를 써넣으세요.

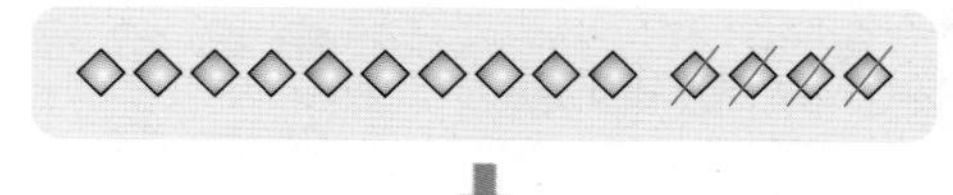

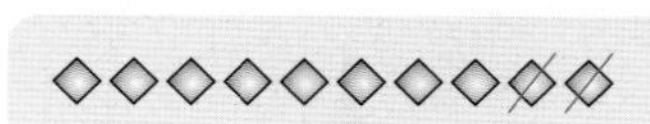

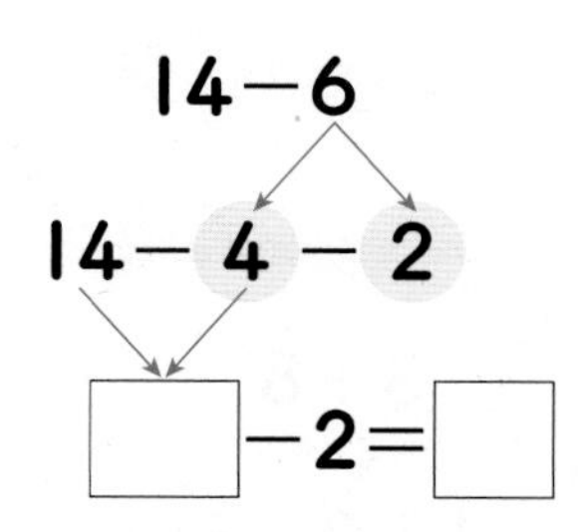

09 빈칸에 알맞은 수를 써넣으세요.

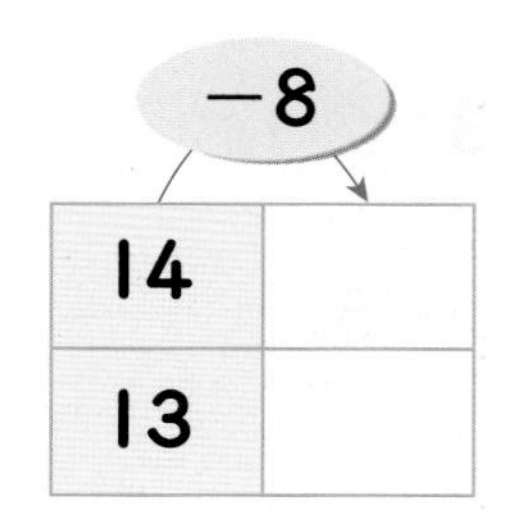

10 다음 중 계산 결과가 가장 작은 것은 어느 것인가요? (　　　)

① 13－5　　② 16－9
③ 12－7　　④ 17－8
⑤ 11－7

11 접시에 곶감 15개가 있었습니다. 그중에서 지혜가 7개를 먹었습니다. 남은 곶감은 몇 개인가요?

(　　　　　　)개

12 □ 안에 알맞은 수를 써넣으세요.

13－7＝10－□＋3
＝□＋□＝□

13 □ 안에 알맞은 수를 써넣으세요.

12－3＝□
12－4＝□
12－5＝□

➡ 빼지는 수는 □로 모두 같고, 빼는 수가 1씩 커지면 차는 □씩 작아집니다.

14 □ 안에 알맞은 수를 써넣으세요.

13－7＝□
14－7＝□
15－7＝□

➡ 빼는 수는 □로 모두 같고, 빼지는 수가 1씩 커지면 차는 □씩 커집니다.

15 차가 같은 것끼리 선으로 이어 보세요.

점수

그림을 보고 □ 안에 알맞은 수를 써넣으세요. [1~2]

01

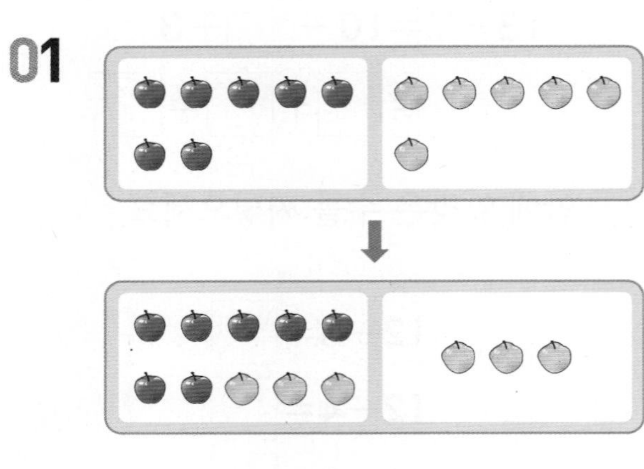

7+6

7+3+3=□

02

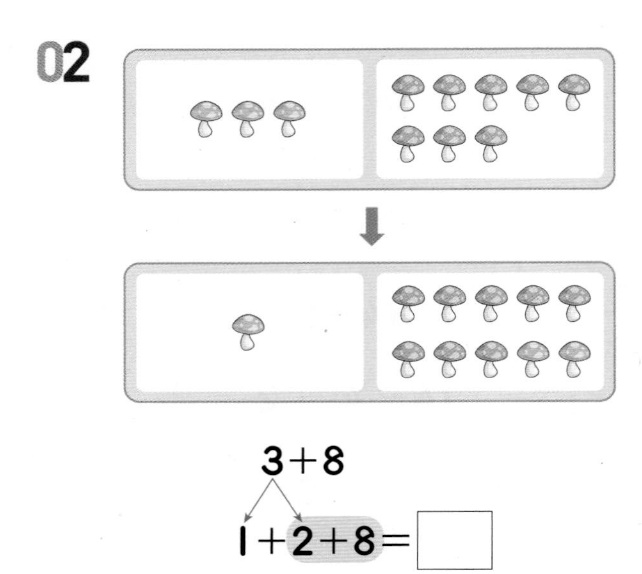

3+8

1+2+8=□

03 □ 안에 알맞은 수를 써넣으세요.

(1)

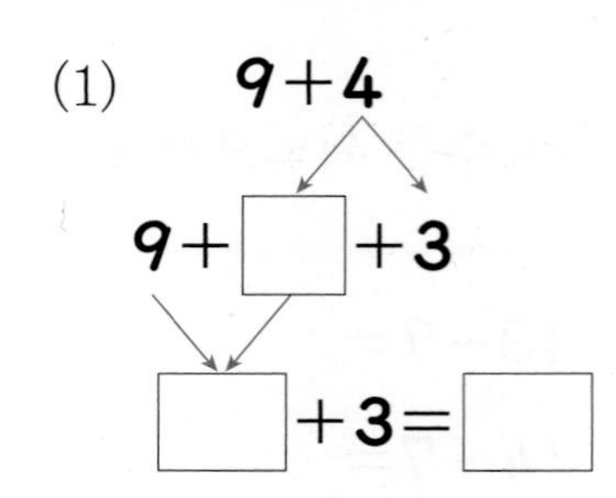

9+4

9+□+3

□+3=□

(2)

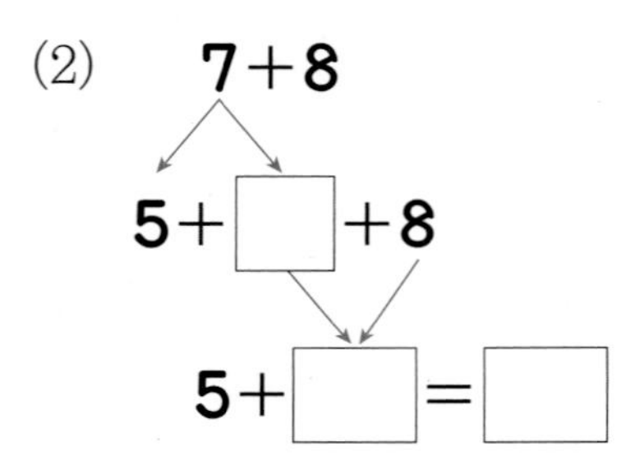

7+8

5+□+8

5+□=□

04 덧셈을 하세요.

(1) 9+6=□

(2) 5+8=□

(3) 7+4=□

(4) 9+9=□

05 합이 15인 덧셈식을 모두 찾아 기호를 쓰세요.

㉠ 8+8	㉡ 8+7
㉢ 6+9	㉣ 9+8

(　　　　　　　　)

06 ○ 안에 >, <를 알맞게 써넣으세요.

(1) $5+6$ ○ $4+8$　　　(2) $7+7$ ○ $9+4$

07 계산한 값이 다른 하나를 찾아 ○표 하세요.

6+8	5+9	7+6
(　　　)	(　　　)	(　　　)

4 단원

08 상자에 노란 구슬 **9**개와 빨간 구슬 **3**개가 들어 있습니다. 상자에 들어 있는 구슬은 모두 몇 개인가요?

(　　　　　　)개

09 그림을 보고 □ 안에 알맞은 수를 써넣으세요.

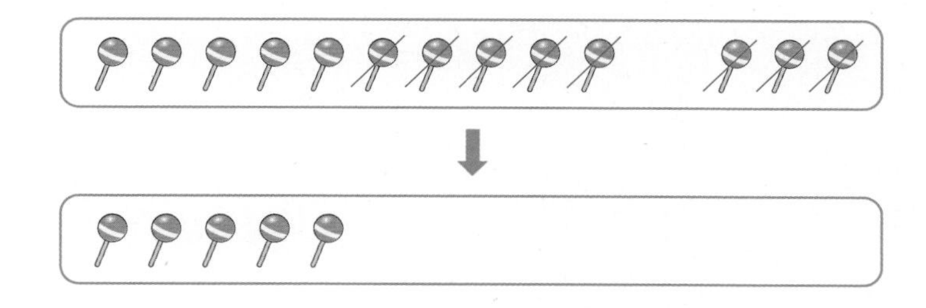

$13-8$

$13-3-5=\square$

10 □ 안에 알맞은 수를 써넣으세요.

(1)
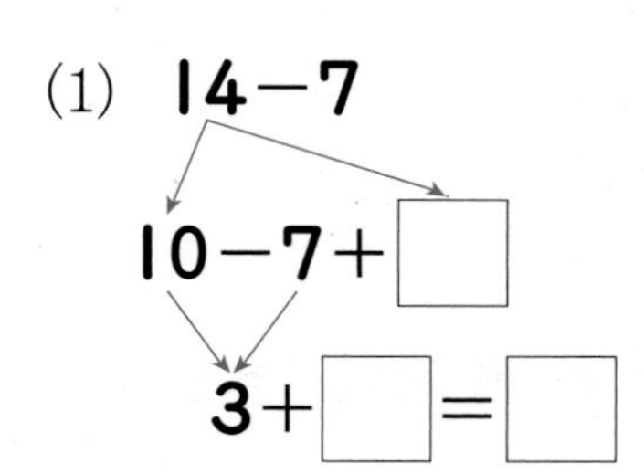

(2)
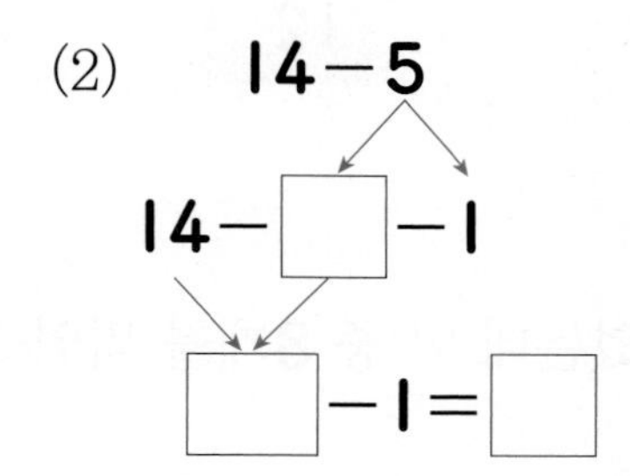

11 □ 안에 알맞은 수를 써넣으세요.

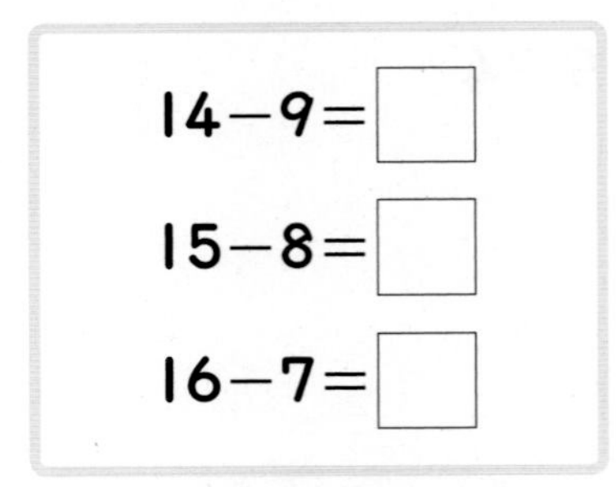

➡ 빼지는 수가 □씩 커지고 빼는 수가 □씩 작아지면 차는 □씩 커집니다.

12 차가 **6**인 뺄셈식을 모두 찾아 기호를 쓰세요.

㉠ 11－5　㉡ 12－7
㉢ 14－9　㉣ 13－7

(　　　　　　　)

13 ○ 안에 ＞, ＝, ＜를 알맞게 써넣으세요.

(1) 12－9 ○ 11－8

(2) 15－6 ○ 13－5

(3) 17－8 ○ 16－9

14 빈 곳에 알맞은 수를 써넣으세요.

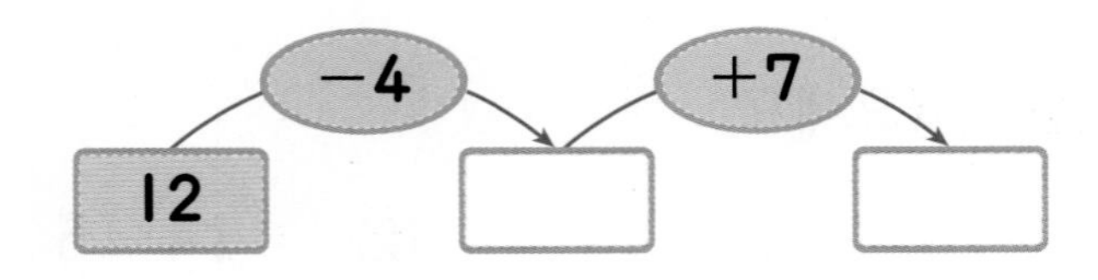

15 사탕이 **15**개 있었는데 이 중 **8**개를 먹었습니다. 먹고 남은 사탕은 몇 개인가요?

(　　　　　　　)개

단원 5

규칙 찾기

이번에 배울 내용

1. 규칙 찾기
2. 규칙 만들기(1)
3. 규칙 만들기(2)
4. 수 배열에서 규칙 찾기
5. 수 배열표에서 규칙 찾기
6. 규칙을 여러 가지 방법으로 나타내기

다음에 배울 내용

- 무늬에서 규칙 찾기
- 쌓은 모양에서 규칙 찾기
- 덧셈표, 곱셈표에서 규칙 찾기

step 1 원리 꼼꼼

1. 규칙 찾기

색이 반복되는 규칙

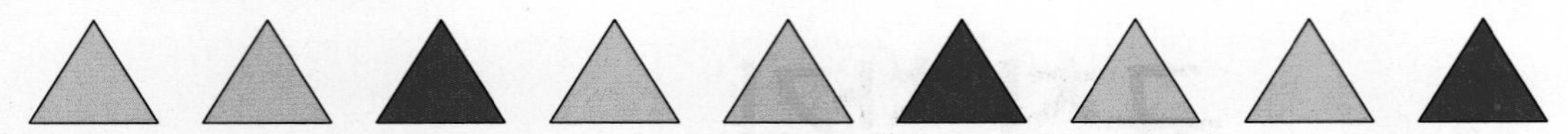

➡ 규칙 : △, △, ▲이 반복되는 규칙입니다.

모양이 반복되는 규칙

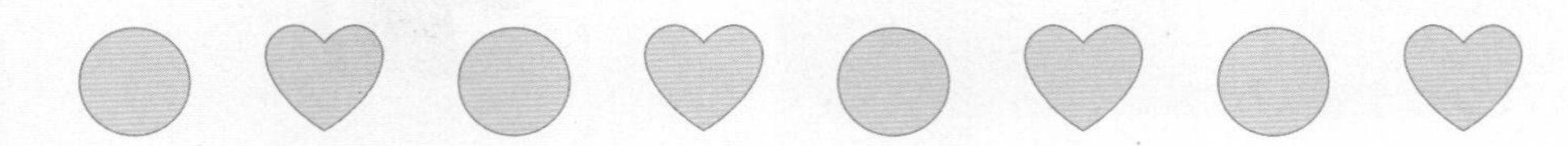

➡ ○, ♡가 반복되는 규칙입니다.

원리 확인 1 규칙에 따라 □ 안에 들어갈 모양을 알아보려고 합니다. 물음에 답하세요.

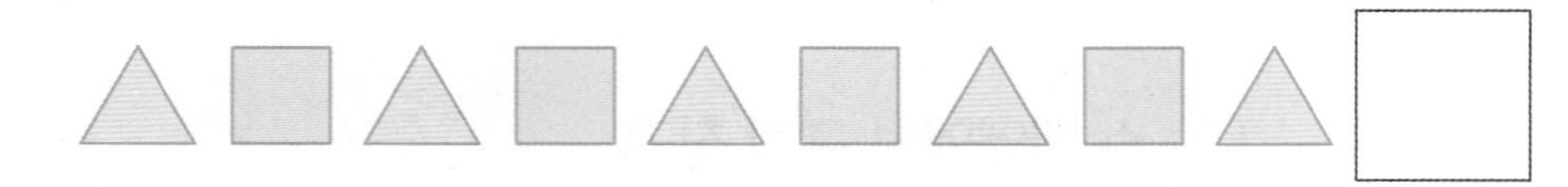

(1) 어떤 규칙이 있는지 찾아보세요.

____

(2) □ 안에 들어갈 모양을 그려 넣으세요.

원리 확인 2 규칙에 따라 □ 안에 알맞은 모양을 그려 넣으세요.

(1) △ ♡ □ △ ♡ □ △ ♡ □ △ ♡ □

(2)

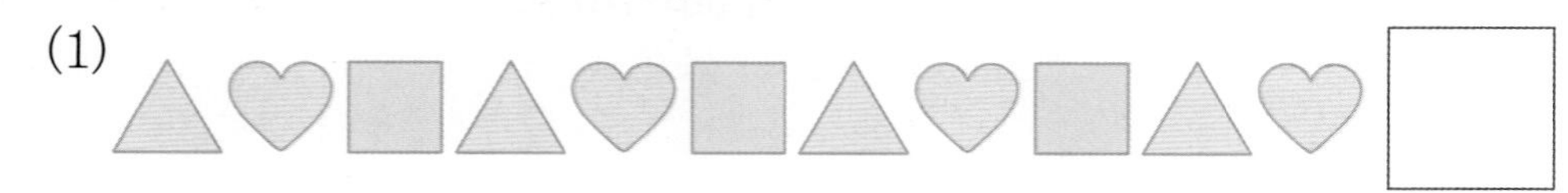

원리 탄탄

기본 문제를 통해 개념과 원리를 다져요.

1 규칙을 찾아 물음에 답해 보세요.

(1) 컵과 접시는 어떤 규칙으로 늘어놓은 것인지 써 보세요.

(2) □ 안에 알맞은 물건의 이름을 써 보세요.

(　　　　　　　　)

2 규칙에 따라 □ 안에 들어갈 알맞은 모양을 그려 넣으세요.

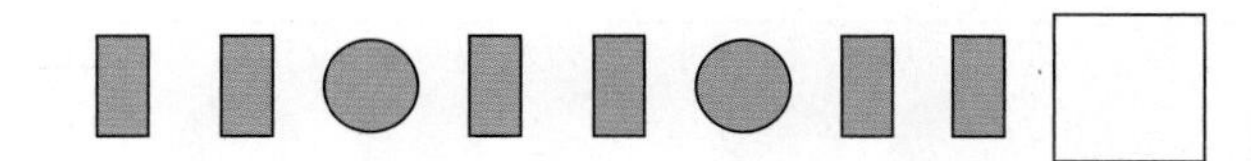

2. 반복되는 모양을 알아봅니다.

3 규칙에 따라 □ 안에 들어갈 알맞은 과일의 이름을 써 보세요.

(　　　　　　　　)

4 규칙에 따라 □ 안에 들어갈 알맞은 모양을 그려 보세요.

(1)

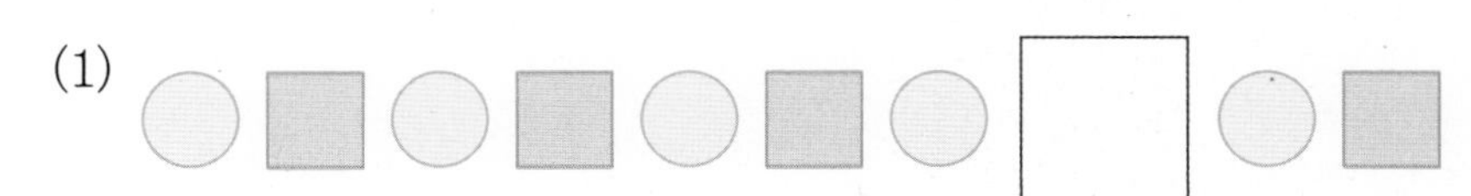

(2)

5
단원

□ 안에 알맞은 모양을 그려 넣으세요. [1~6]

1

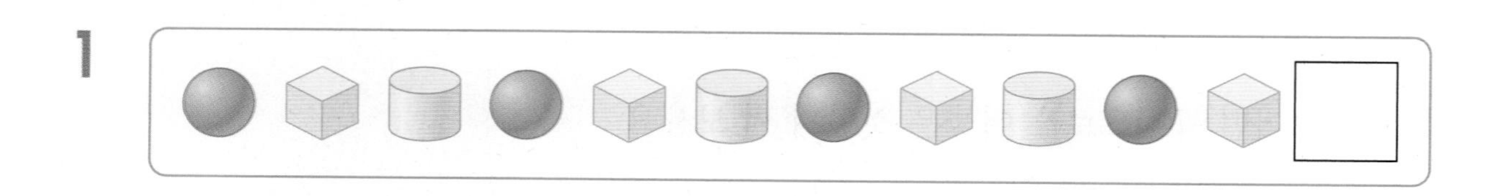

2

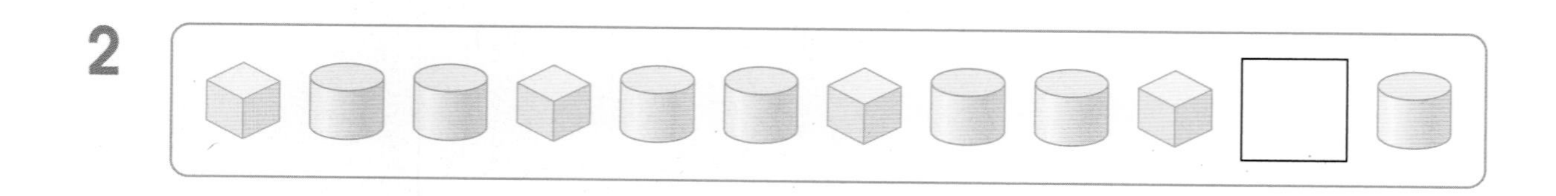

3

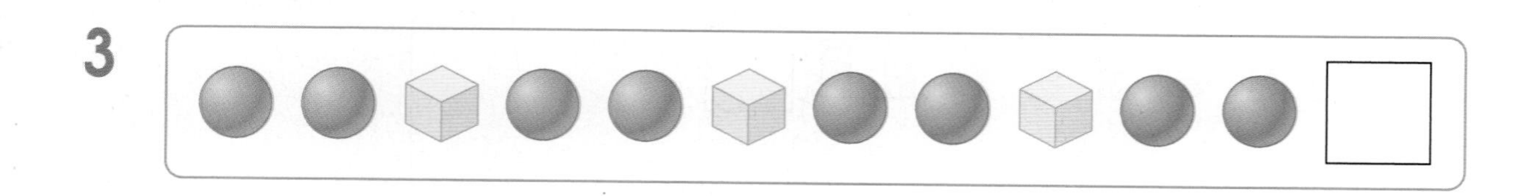

4

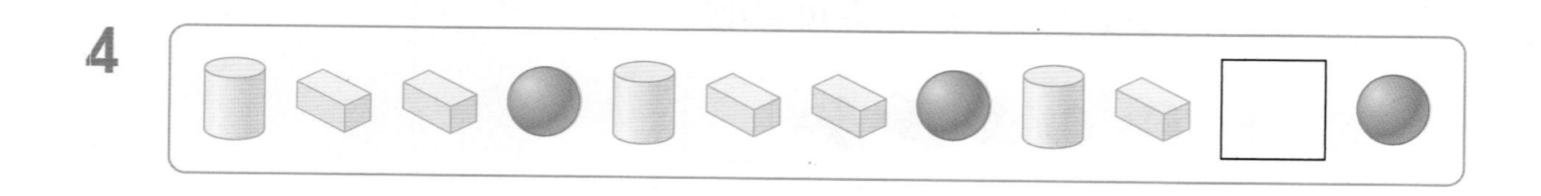

5

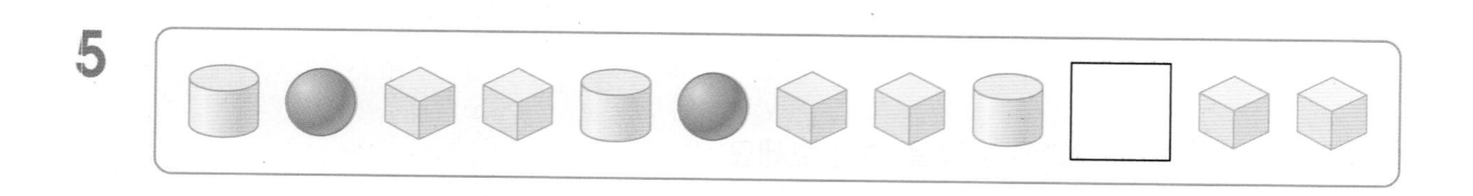

6

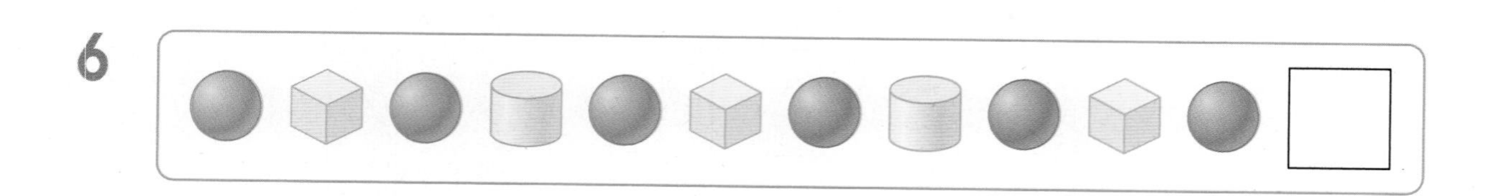

규칙에 따라 □ 안에 알맞은 모양에 ○ 하고, 그 규칙을 말해 보세요. [7~11]

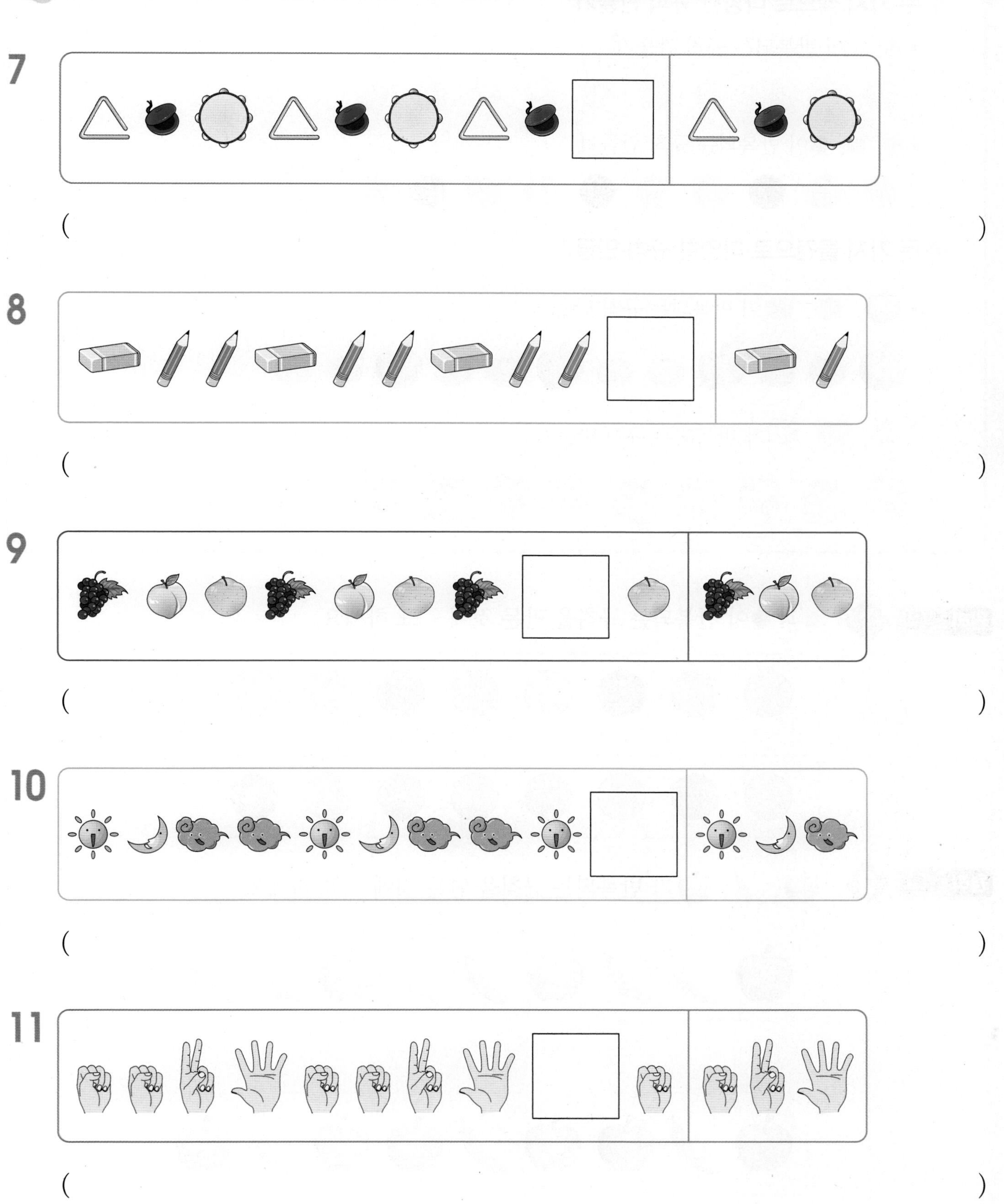

7

(   )

8

(   )

9

(   )

10

(   )

11

(   )

2. 규칙 만들기(1)

두 가지 색으로 다양한 규칙 만들기

- ●, ●이 반복되는 규칙 만들기

●●●●●●●●●●

- ●, ●, ●이 반복되는 규칙 만들기

●●●●●●●●●●

두 가지 물건으로 다양한 규칙 만들기

- 사과, 귤, 귤이 반복되는 규칙 만들기

- 우유, 컵, 우유가 반복되는 규칙 만들기

원리 확인 **1** ●과 ●이 반복되는 규칙을 만든 것에 ○표 하세요.

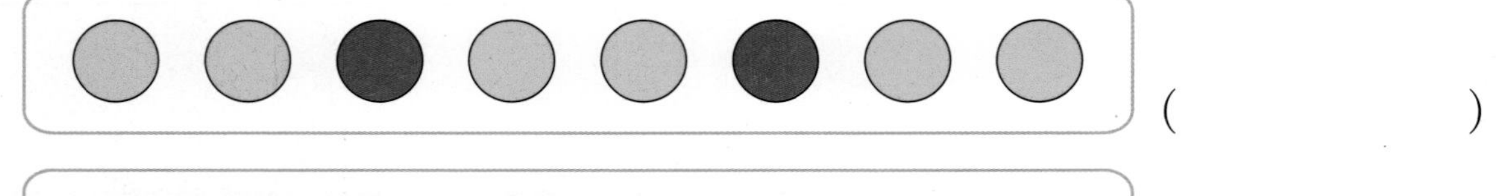

( )

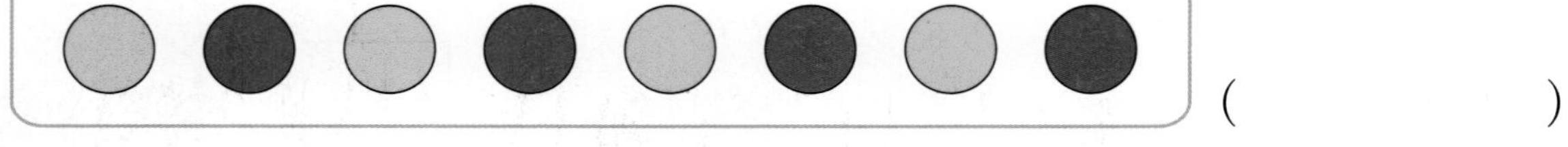

( )

원리 확인 **2** 사과, 바나나, 사과가 반복되는 규칙을 만든 것에 ○표 하세요.

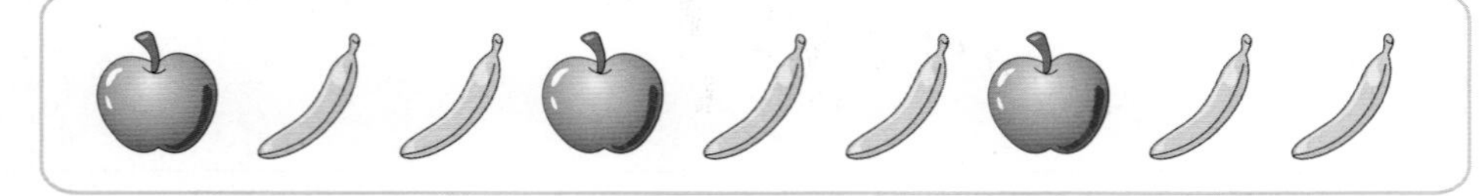

( )

( )

1 반복되는 규칙을 바르게 만든 사람에 ○표 하세요.

유승 나는 농구공, 축구공, 농구공이 반복되는 규칙으로 만들었어.

( )

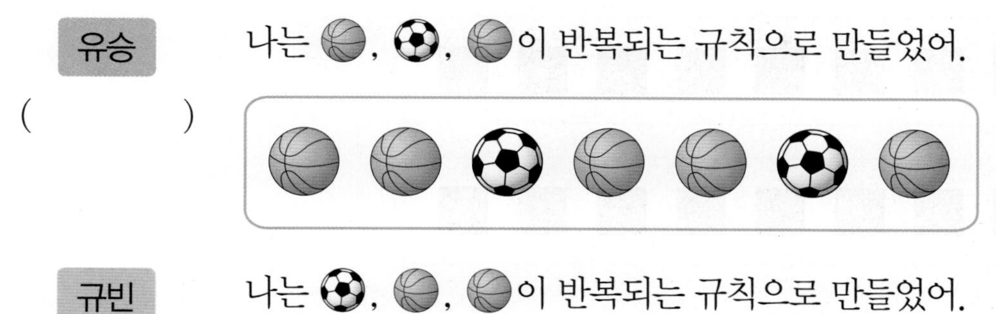

규빈 나는 축구공, 농구공, 농구공이 반복되는 규칙으로 만들었어.

( )

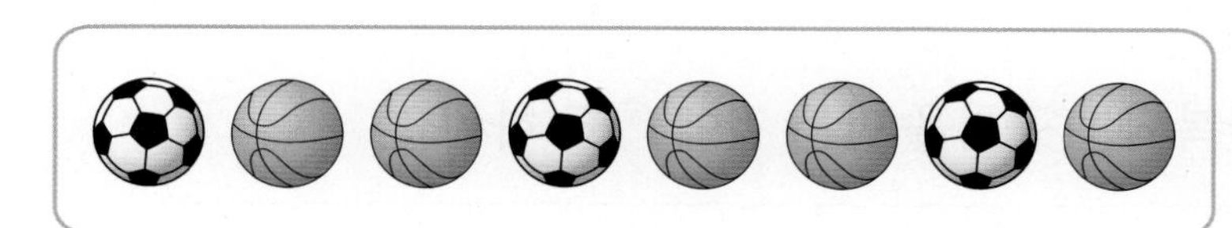

2 바둑돌을 규칙에 따라 색칠해 보세요.

규칙 ➡ ●, ●, ●이 반복되는 규칙입니다.

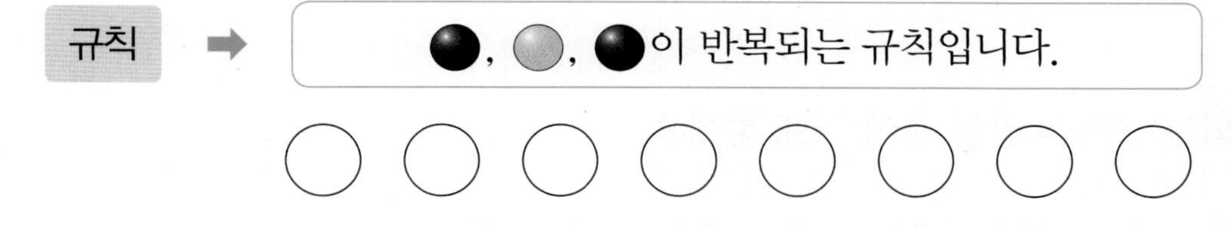

3 서로 규칙을 만들어 연결 큐브에 색칠해 보세요.

(1)

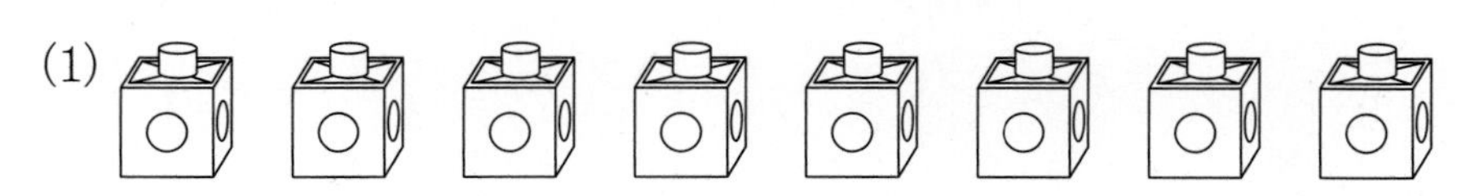

(2)

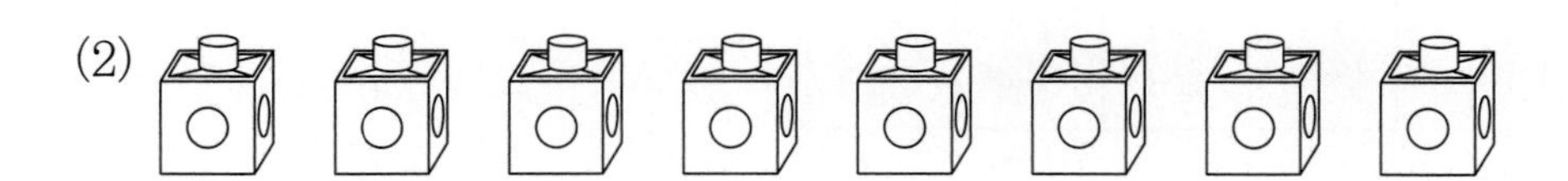

1. 각자가 말한 규칙에 따라 늘어놓은 모양을 확인해 봅니다.

3. 다양한 규칙을 만들어 색칠해 봅니다.

step 3 원리 척척

1 ■, ■이 반복되는 규칙을 만든 것에 ○표 하세요.

(　　　　　)

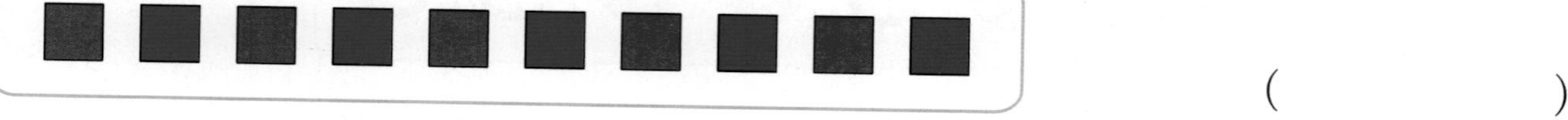

(　　　　　)

2 ♥, ♡, ♥이 반복되는 규칙을 만든 것에 ○표 하세요.

(　　　　　)

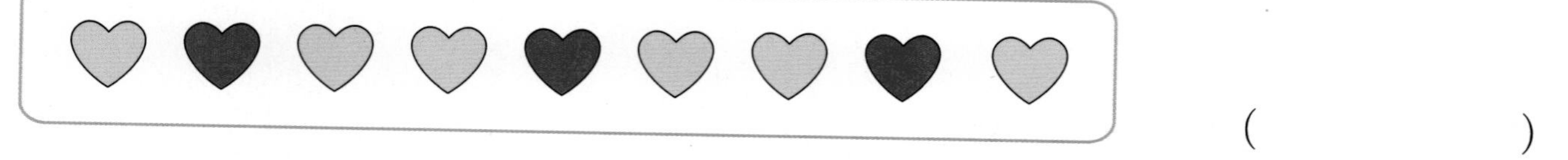

(　　　　　)

3 ⚽, 🏀이 반복되는 규칙을 만든 것에 ○표 하세요.

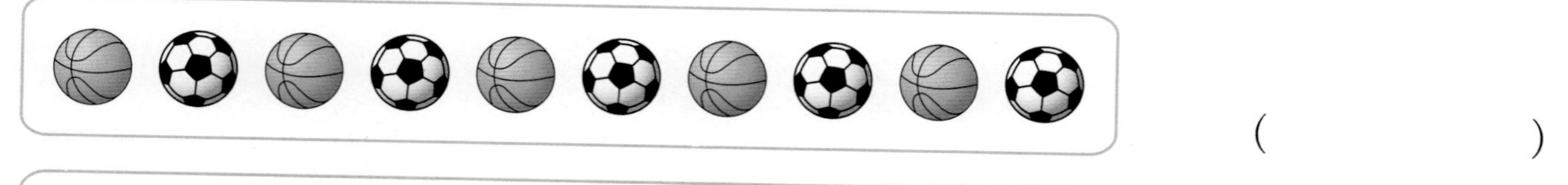

(　　　　　)

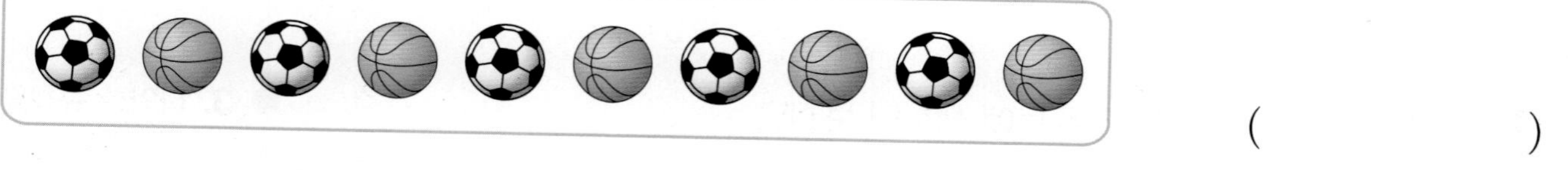

(　　　　　)

4 ☆, ☆, ☾이 반복되는 규칙으로 무늬를 꾸민 것에 ○표 하세요.

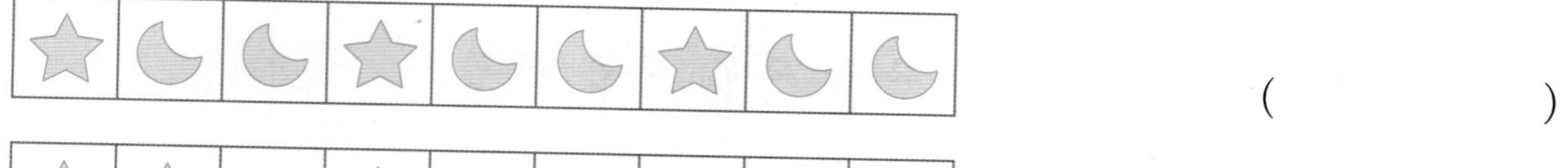

(　　　　　)

(　　　　　)

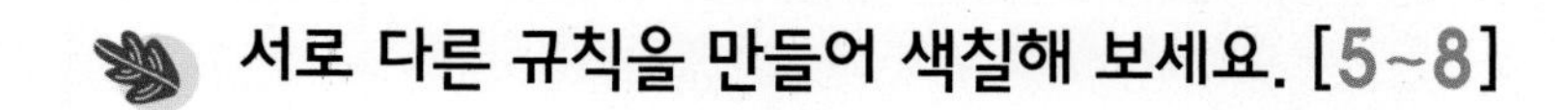

서로 다른 규칙을 만들어 색칠해 보세요. [5~8]

5 규칙 ➡

6 규칙 ➡

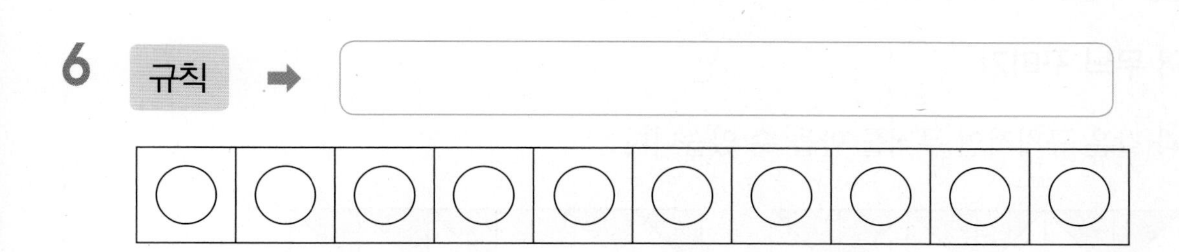

7 규칙 ➡

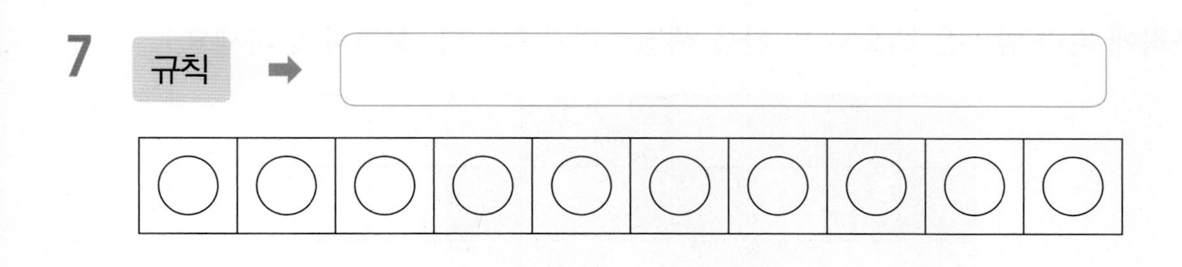

8 규칙 ➡

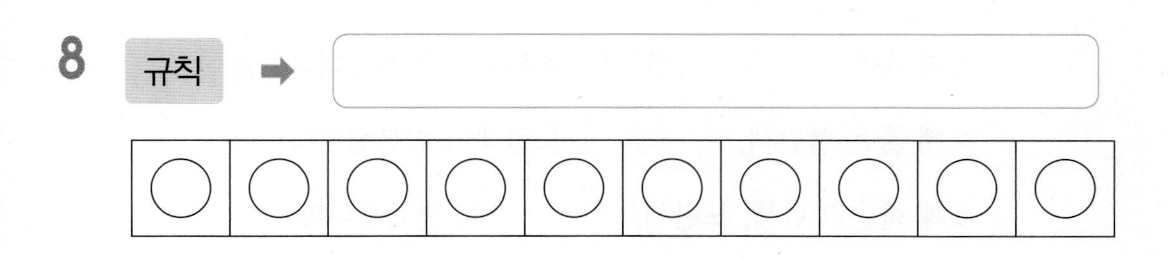

5 단원

3. 규칙 만들기(2)

무늬에서 규칙을 찾아 색칠하기

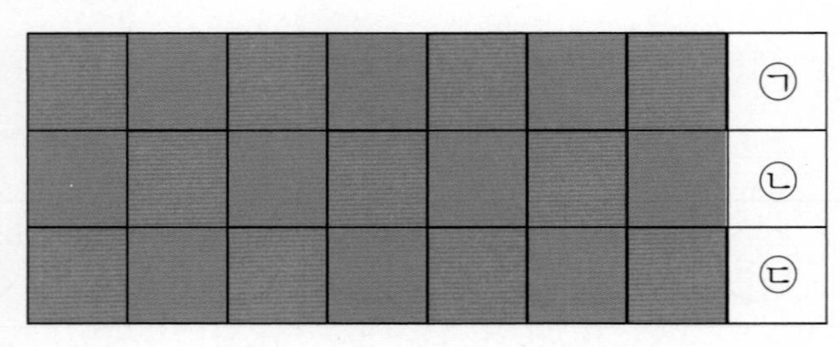

- 첫째 줄은 과 이 반복되는 규칙이므로 ㉠에는 을 색칠합니다.
- 둘째 줄은 과 이 반복되는 규칙이므로 ㉡에는 을 색칠합니다.
- 셋째 줄은 과 이 반복되는 규칙이므로 ㉢에는 을 색칠합니다.

규칙을 만들어 무늬 꾸미기

로 다음과 같은 규칙적인 무늬를 만들 수 있습니다.

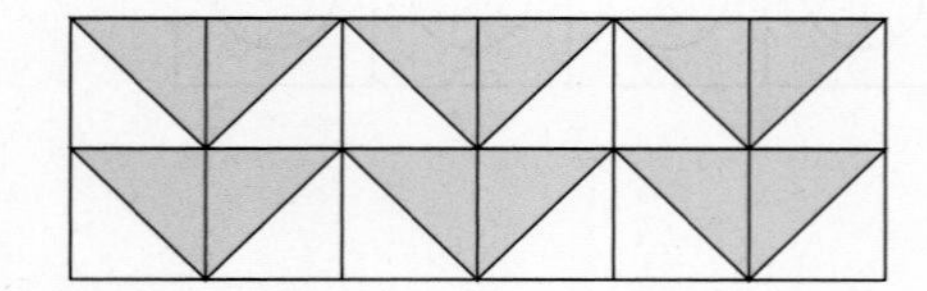

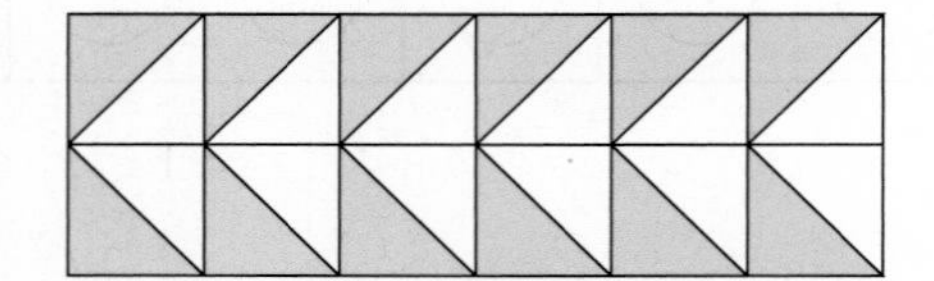

원리 확인 1 규칙에 따라 알맞은 색으로 빈 칸을 색칠하려고 합니다. 물음에 답하세요.

(1) 어떤 규칙을 찾았는지 □ 안에 알맞은 말을 써넣으세요.

첫째 줄은 □, 빨간색, 파란색이 반복됩니다.
둘째 줄은 빨간색, □, 노란색이 반복됩니다.
셋째 줄은 파란색, 노란색, □이 반복됩니다.

(2) 규칙에 따라 빈칸에 알맞게 색칠해 보세요.

기본 문제를 통해 개념과 원리를 다져요.

1 규칙에 따라 빈칸을 알맞은 색으로 색칠하려고 합니다. 물음에 답하세요.

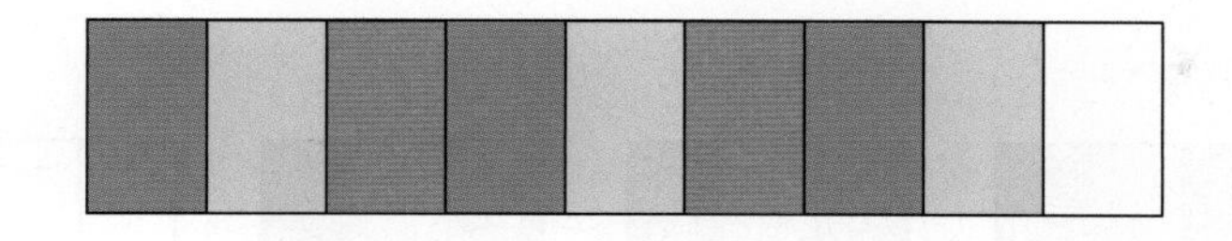

(1) 어떤 규칙에 따라 색칠한 것인지 써 보세요.

(2) 규칙에 따라 빈칸에 알맞게 색칠해 보세요.

2 규칙에 따라 빈칸에 알맞은 모양을 그리고 색칠해 보세요.

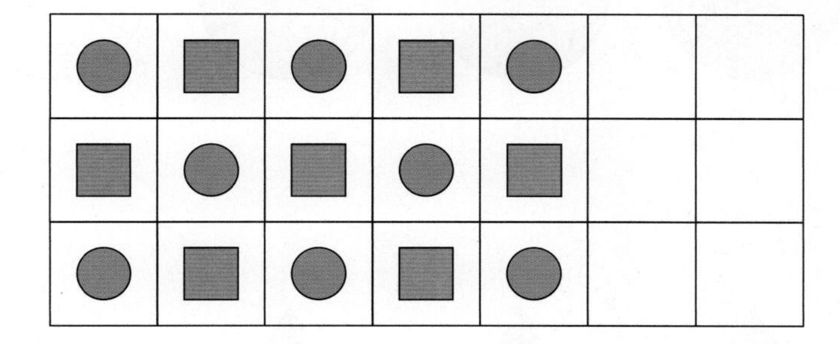

3 보기 를 이용하여 규칙에 따라 무늬를 알맞게 꾸며 보세요.

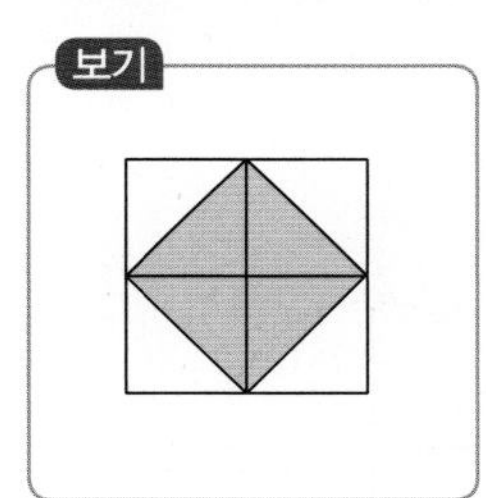

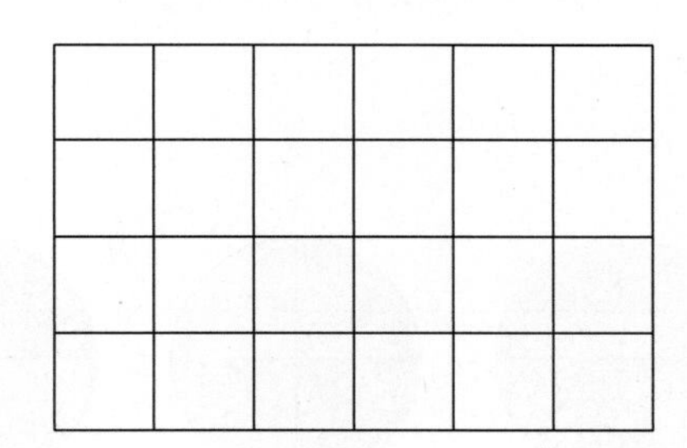

4 △, ○, □ 모양으로 규칙을 만들어 무늬를 꾸며 보세요.

5 단원

원리 척척

 **규칙에 따라 알맞게 색칠하세요. [1~5]**

1

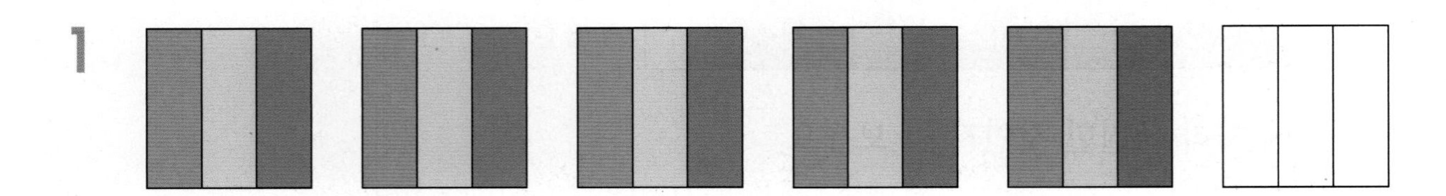

2

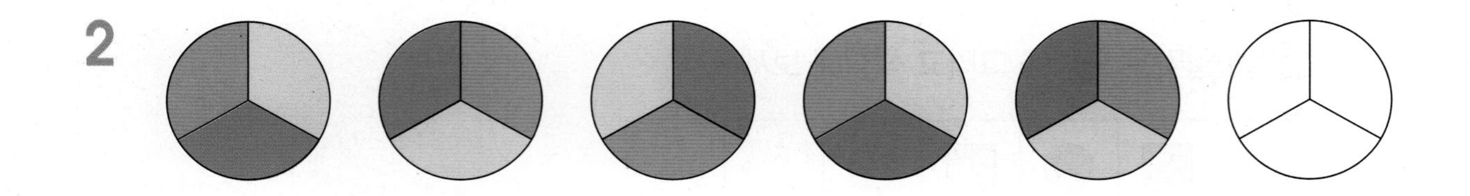

3

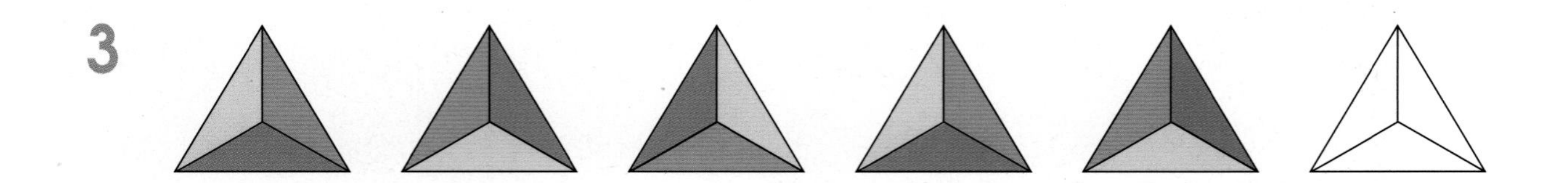

4

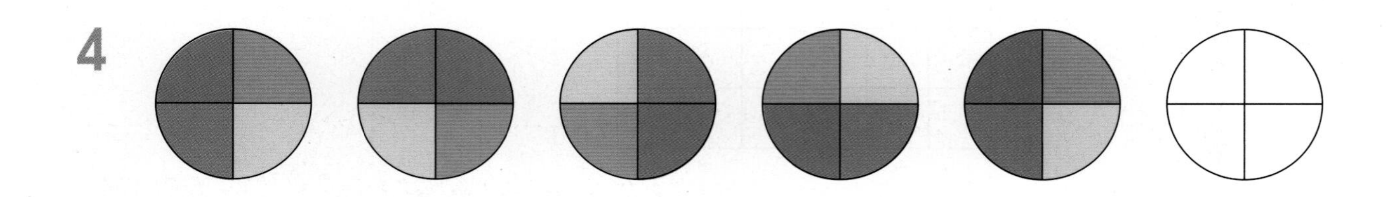

5

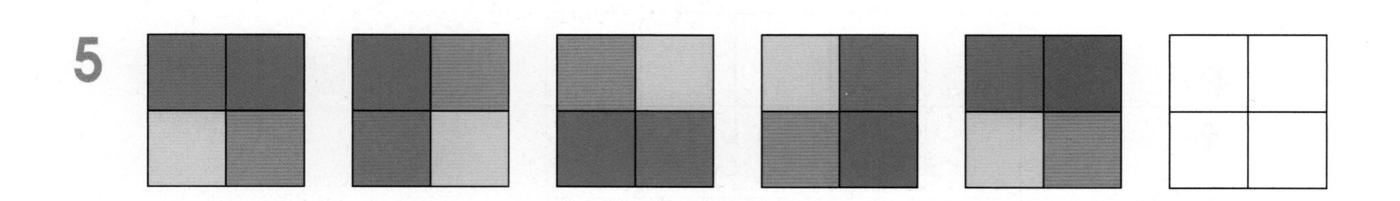

규칙에 따라 무늬를 꾸며 보세요. [6~10]

6

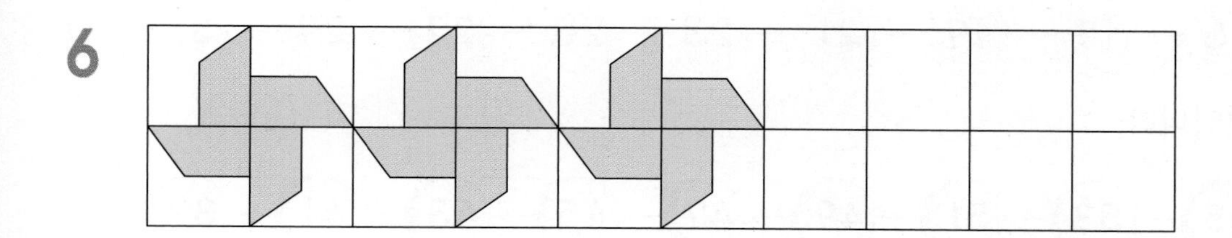

7

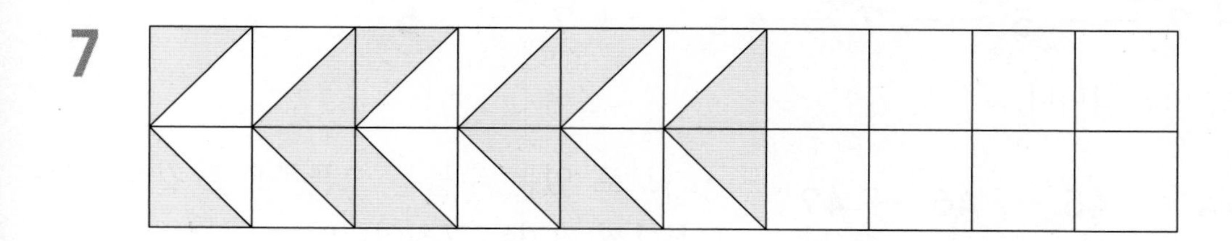

8

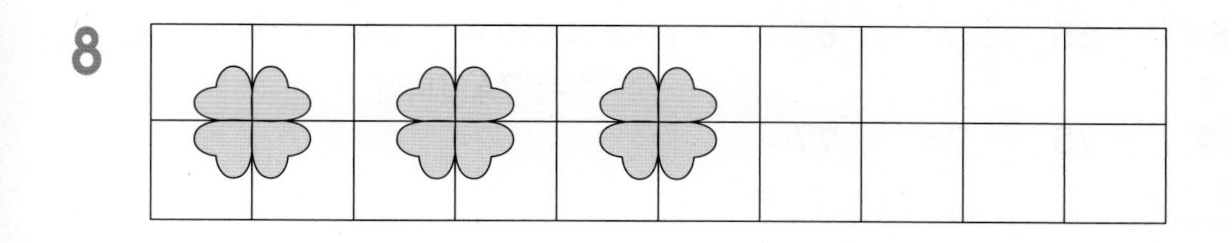

9

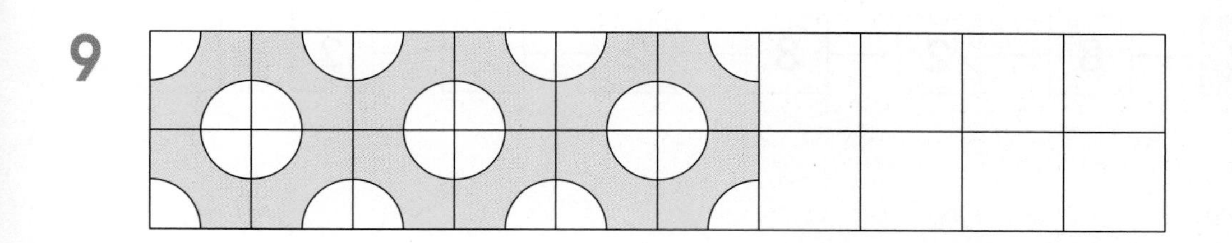

10

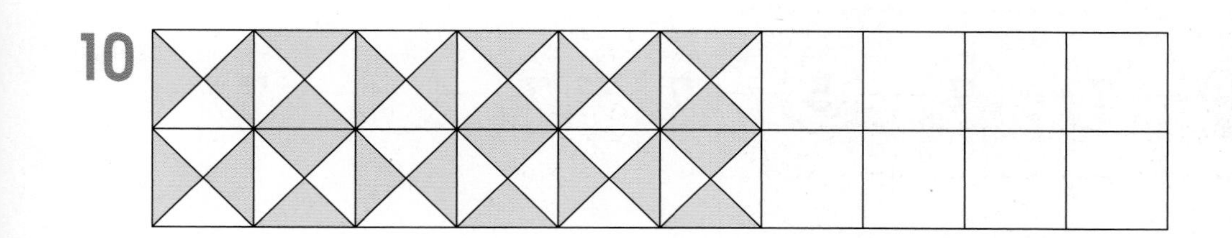

step 1 원리 꼼꼼

4. 수 배열에서 규칙 찾기

수 배열에서 규칙 찾기

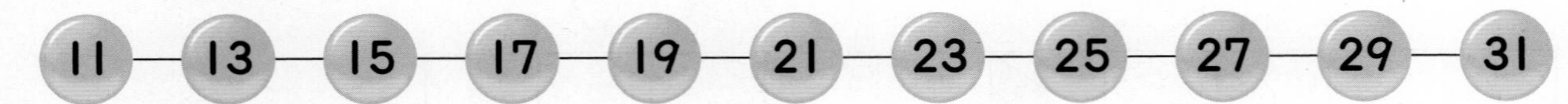

➡ 2씩 커지는 규칙입니다.

➡ 2씩 작아지는 규칙입니다.

7 — 5 — 7 — 5 — 7 — 5 — 7 — 5 — 7

➡ 7과 5가 반복되는 규칙입니다.

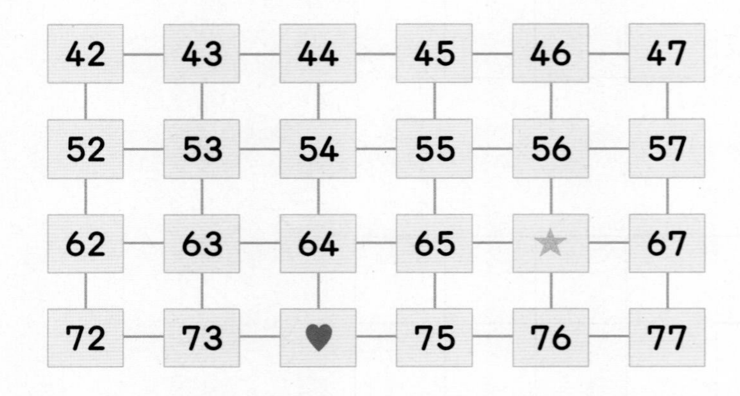

- 가로로 있는 수들은 오른쪽으로 갈수록 1씩 커지는 규칙입니다.
- 세로로 있는 수들은 아래로 내려갈수록 10씩 커지는 규칙입니다.
- ★에 알맞은 수는 66이고 ♥에 알맞은 수는 74입니다.

원리 확인 1 규칙을 찾아 빈 곳에 알맞은 수를 써넣으세요.

(1)
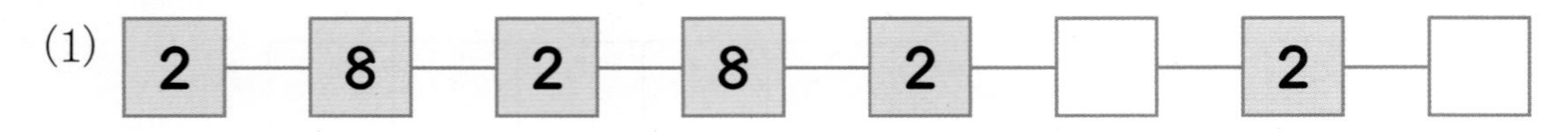

(2)

(3)

(4)
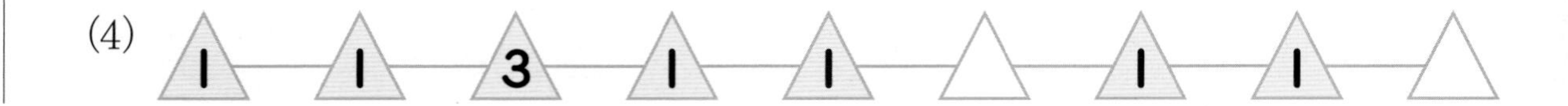

기본 문제를 통해 개념과 원리를 다져요.

1 규칙을 찾아 빈 곳에 알맞은 수를 써넣으세요.

(1) 

(2) 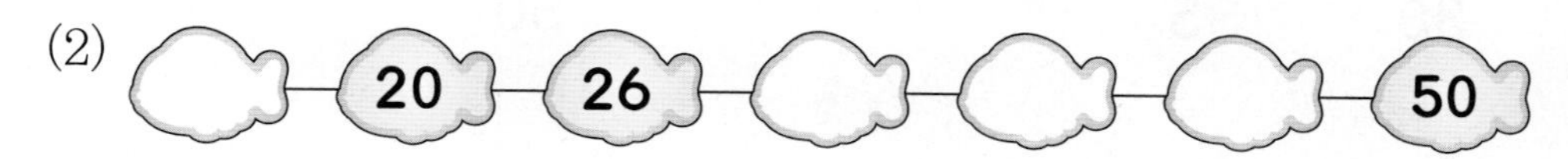

(3) 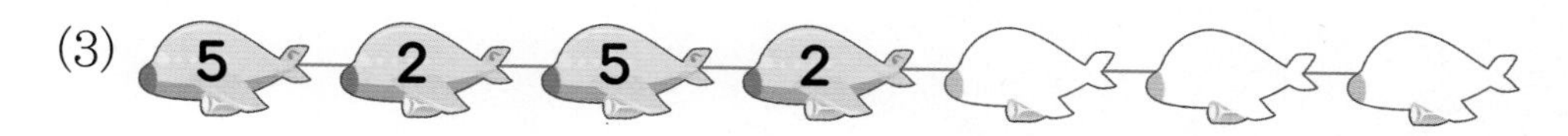

> **1.** 수의 배열을 보고 얼마씩 커졌는지 얼마씩 작아졌는지 알아봅니다.

2 수들의 규칙을 찾아 써 보세요.

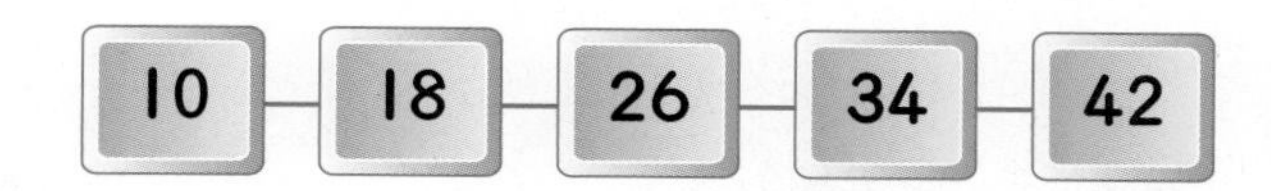

규칙을 찾아 물음에 답하세요. [3~4]

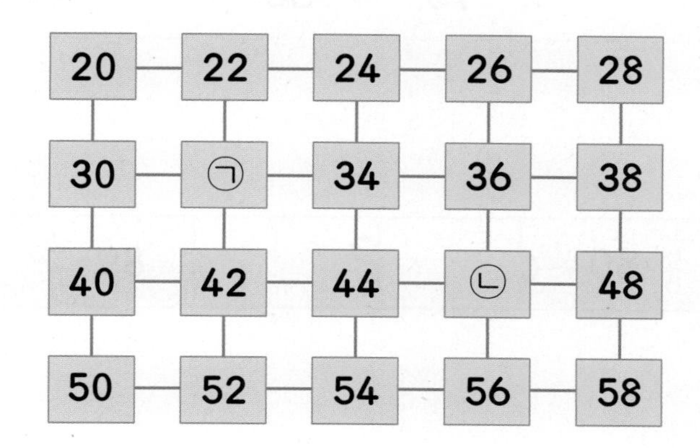

3 ㉠과 ㉡에 알맞은 수를 각각 구하세요.

㉠ ( ), ㉡ ( )

4 □ 안의 수들은 어떤 규칙으로 놓여 있나요?

규칙을 찾아 빈 곳에 알맞은 수를 써넣으세요. [1~7]

1

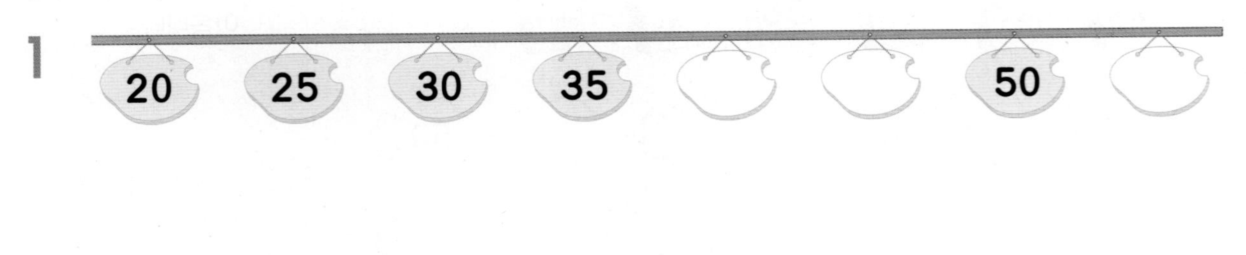

2

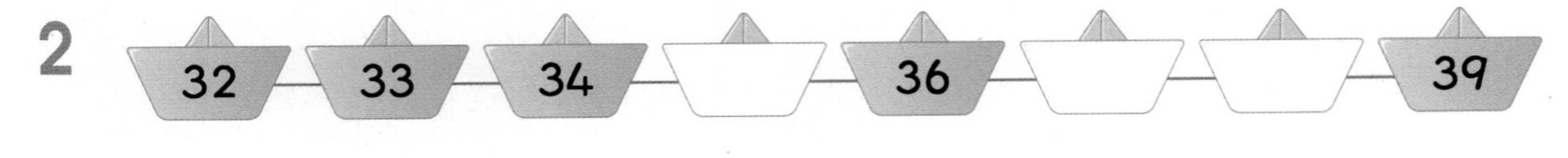

3

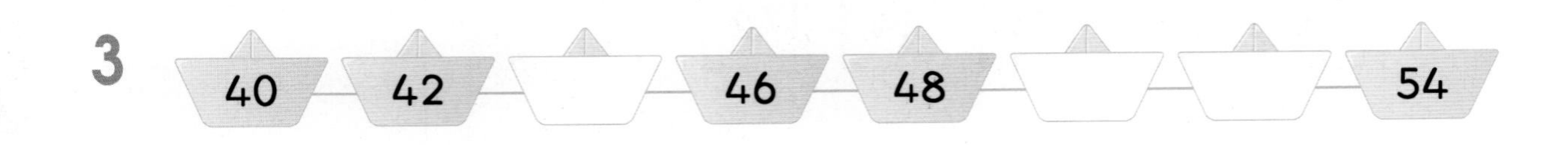

4

5

6

7

25 35 65 95

규칙을 찾아 빈 곳에 알맞은 수를 써넣으세요. [8~14]

8

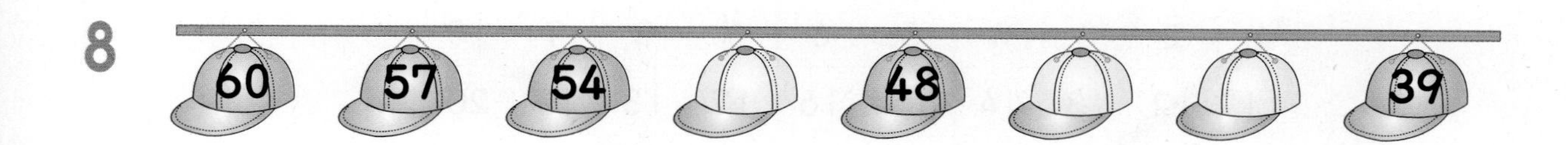

9

10

11

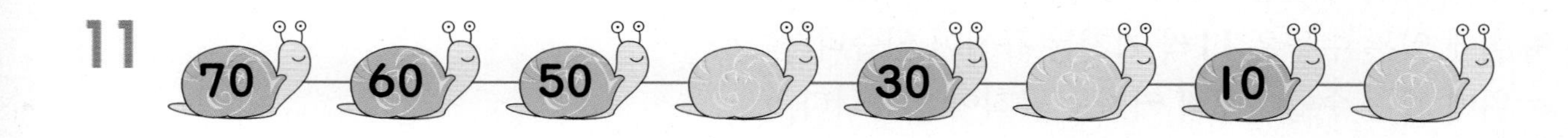

12

13

14

원리 꼼꼼

5. 수 배열표에서 규칙 찾기

수 배열표에서 규칙 찾기

1	2	3	4	5	6	7	8	9	10
11	12	13	14	15	16	17	18	19	20
21	22	23	24	25	26	27	28	29	30
31	32	33	34	35	36	37	38	39	40
41	42	43	44	45	46	47	48	49	50
51	52	53	54	55	56	57	58	59	60
61	62	63	64	65	66	67	68	69	70
71	72	73	74	75	76	77	78	79	80
81	82	83	84	85	86	87	88	89	90
91	92	93	94	95	96	97	98	99	100

- ➡ 위에 있는 수들은 1씩 커지는 규칙이 있습니다.
- ⬇ 위에 있는 수들은 10씩 커지는 규칙이 있습니다.
- ↘ 위에 있는 수들은 11씩 커지는 규칙이 있습니다.
- ↙ 위에 있는 수들은 9씩 커지는 규칙이 있습니다.

수 배열표의 규칙
① 가로줄의 규칙 : 낱개의 수가 1씩 커지는 규칙입니다.
② 세로줄의 규칙 : 가로줄의 칸 수만큼 커지는 규칙입니다.

원리 확인 1 수 배열표를 보고 □ 안에 알맞은 수를 써넣으세요.

51	52	53	54	55	56	57	58	59	60
61	62	63	64	65	66	67	68	69	70
71	72	73	74	75	76	77	78	79	80
81	82	83	84	85	86	87	88	89	90
91	92	93	94	95	96	97	98	99	100

(1) ➡ 위에 있는 수들은 □씩 커지는 규칙이 있습니다.

(2) ➡ 위에 있는 수들은 □씩 커지는 규칙이 있습니다.

수 배열표를 보고 물음에 답하세요. [1~2]

51	52	53	54	55	56	57	58	59	60
61	62	63	64	65	66	67	68	69	70
71	72	73	74	75	76	77	78	79	80
81	82	83	84	85	86	87	88	89	90

1 ■으로 색칠한 규칙에 따라 나머지 부분에 알맞게 색칠하고, 규칙을 써 보세요.

____

2 ■으로 색칠한 수들은 어떤 규칙이 있나요?

____

수 배열표를 보고 물음에 답하세요. [3~4]

32	33	34	35	36	37	38
39	40	41	42	43	44	45
46	47	48	49	50	51	52
53	54	55	56	57	58	59

3 ➡ 위에 있는 수들과 같은 규칙으로 빈 곳에 알맞은 수를 써넣으세요.

4 ⬇ 위에 있는 수들과 같은 규칙으로 빈 곳에 알맞은 수를 써넣으세요.

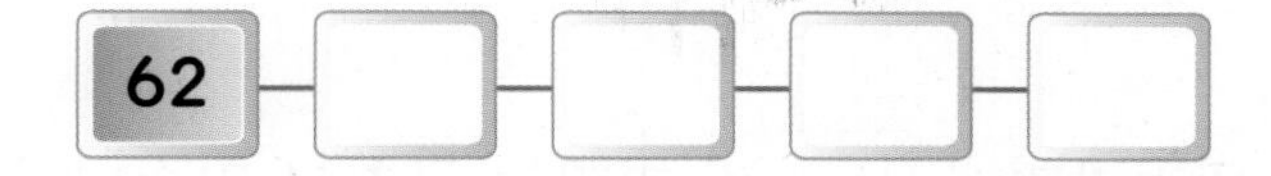

3. 가로줄에 놓인 수들은 어떤 규칙이 있는지 알아봅니다.

4. 세로줄에 놓인 수는 어떤 규칙이 있는지 알아봅니다.

수 배열표에서 규칙을 찾아 □ 안에 알맞은 수를 써넣으세요. [1~2]

50	51	52	53	54	55	56	57	58	59
60	61	62	63	64	65	66	67	68	69
70	71	72	73	74	75	76	77	78	79

1 □로 둘러싸인 수들은 오른쪽으로 가면서 □씩 커지는 규칙이 있습니다.

2 □로 둘러싸인 수들은 아래로 내려가면서 □씩 커지는 규칙이 있습니다.

수 배열표에서 규칙을 찾아 □ 안에 알맞은 수를 써넣으세요. [3~5]

1	2	3	4	5	6	7	8	9	10
11	12	13	14	15	16	17	18	19	20
21	22	23	24	25	26	27	28	29	30
31	32	33	34	35	36	37	38	39	40
41	42	43	44	45	46	47	48	49	50
51	52	53	54	55	56	57	58	59	60
61	62	63	64	65	66	67	68	69	70
71	72	73	74	75	76	77	78	79	80
81	82	83	84	85	86	87	88	89	90
91	92	93	94	95	96	97	98	99	100

3 □로 둘러싸인 수들은 오른쪽으로 가면서 □씩 커지는 규칙이 있습니다.

4 □로 둘러싸인 수들은 아래쪽으로 내려가면서 □씩 커지는 규칙이 있습니다.

5 ■로 색칠한 수들은 아래쪽으로 내려가면서 □씩 커지는 규칙이 있습니다.

수 배열표에서 색칠한 규칙에 따라 나머지 부분에 색칠하세요. [6~10]

6

31	32	33	34	35	36	37	38	39	40
41	42	43	44	45	46	47	48	49	50
51	52	53	54	55	56	57	58	59	60

7

1	2	3	4	5	6	7	8	9	10
11	12	13	14	15	16	17	18	19	20
21	22	23	24	25	26	27	28	29	30
31	32	33	34	35	36	37	38	39	40

8

61	62	63	64	65	66	67	68	69	70
71	72	73	74	75	76	77	78	79	80
81	82	83	84	85	86	87	88	89	90
91	92	93	94	95	96	97	98	99	100

9

30	31	32	33	34	35	36	37	38	39
40	41	42	43	44	45	46	47	48	49
50	51	52	53	54	55	56	57	58	59
60	61	62	63	64	65	66	67	68	69

10

10	11	12	13	14	15	16	17	18	19
20	21	22	23	24	25	26	27	28	29
30	31	32	33	34	35	36	37	38	39
40	41	42	43	44	45	46	47	48	49

step 1 원리 꼼꼼

6. 규칙을 여러 가지 방법으로 나타내기

규칙을 찾아 여러 가지 방법으로 나타내기

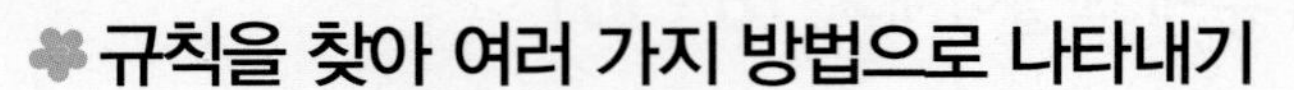

➡ 축구공을 ◎, 농구공을 ○라고 정하여 다음과 같이 나타낼 수 있습니다.

◎	○	○	◎	○	○	◎	○	○

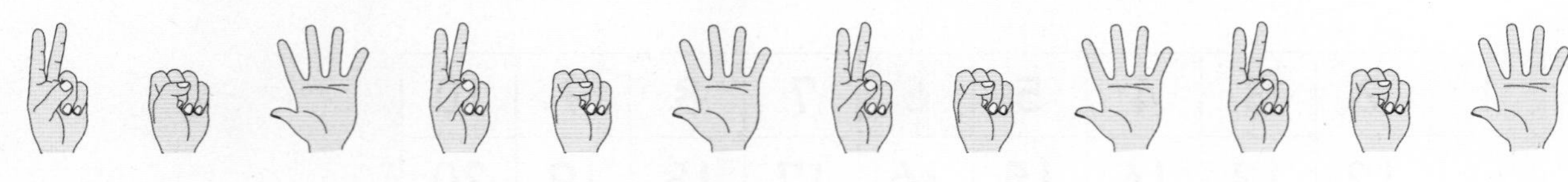

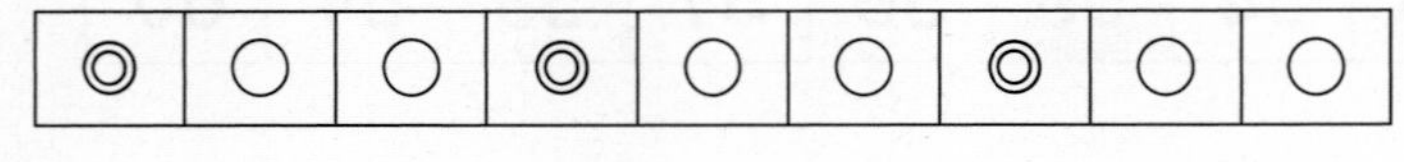

➡ 가위를 **2**, 바위를 **0**, 보를 **5**라고 정하여 다음과 같이 나타낼 수 있습니다.

2	0	5	2	0	5	2	0	5

원리 확인 1 보기와 같은 규칙으로 □ 안에 알맞은 모양을 그려 넣으세요.

보기

➡ ▲ ● ● ▲ ● ● □ □ □

원리 확인 2 보기와 같은 규칙으로 □ 안에 알맞은 수를 써넣으세요.

보기

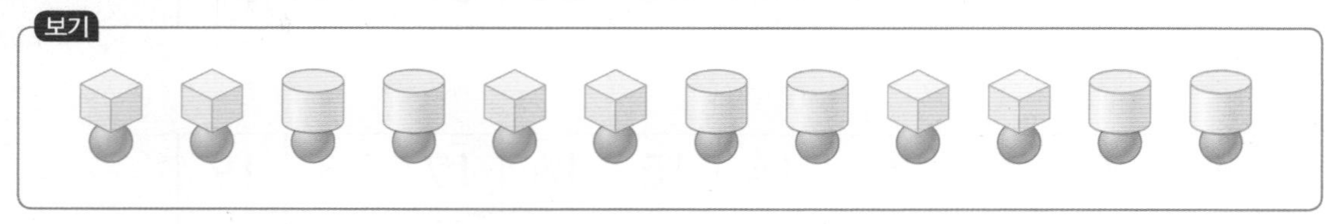

➡ 0 0 1 1 0 0 1 1 □ □ □ □

기본 문제를 통해 개념과 원리를 다져요.

1 보기 와 같은 규칙으로 □ 안에 알맞은 모양을 그려 넣으세요.

○ □ ○ □ ○ □ [ ] [ ]

2 보기 와 같은 규칙으로 □ 안에 알맞은 수를 써넣으세요.

1 2 1 1 2 1 [ ] [ ] [ ]

상연이가 규칙을 만들어 ☆, ♡를 다음과 같이 늘어놓았습니다. 물음에 답하세요. [3~5]

3 상연이가 만든 규칙에 따라 빈 곳에 알맞은 모양을 그려 넣고, 규칙을 말해 보세요.

4 상연이가 만든 규칙에 따라 빈칸에 1과 2를 알맞게 써넣으세요.

1	2	2						

5 다른 규칙을 만들어 ☆과 ♡를 늘어놓고, 규칙을 말해 보세요.

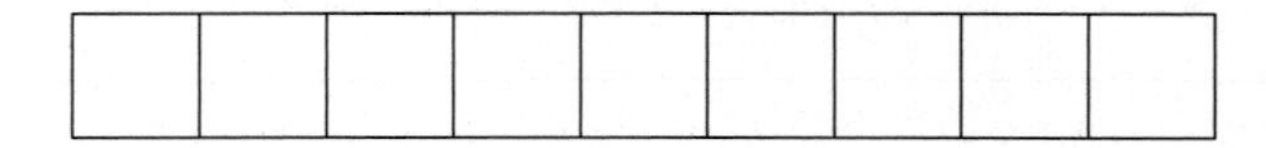

5 단원

주어진 그림과 같은 규칙으로 □ 안에 알맞은 수를 써넣으세요. [1~5]

1

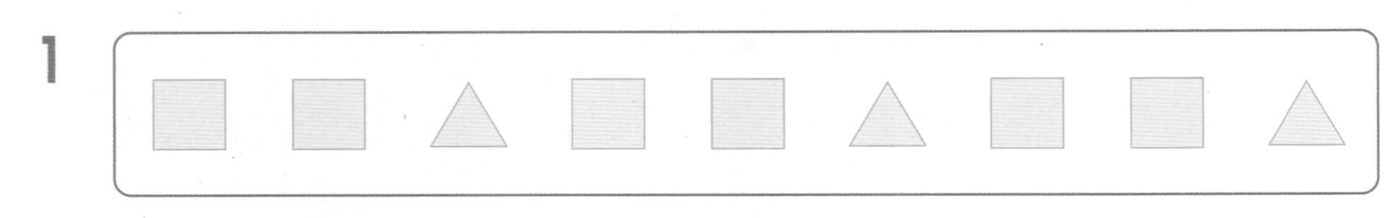

➡ 4 4 3 4 4 3 □ □ □

2

➡ 0 3 4 0 3 4 □ □ □

3

➡ 1 2 2 1 2 2 □ □ □

4

➡ 1 1 2 2 1 1 □ □ □

5

➡ 1 2 2 3 1 2 2 □ □ □

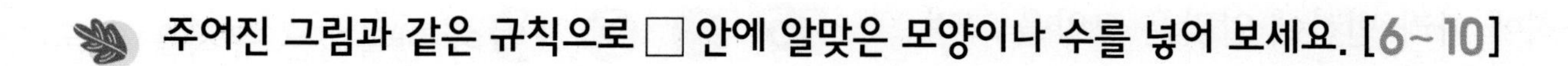

주어진 그림과 같은 규칙으로 □ 안에 알맞은 모양이나 수를 넣어 보세요. [6~10]

6

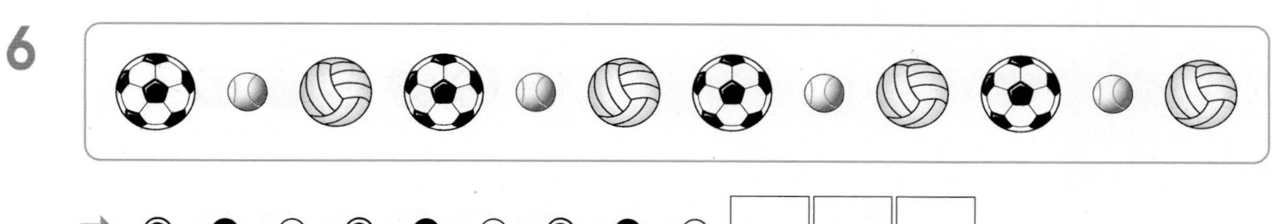

➡ 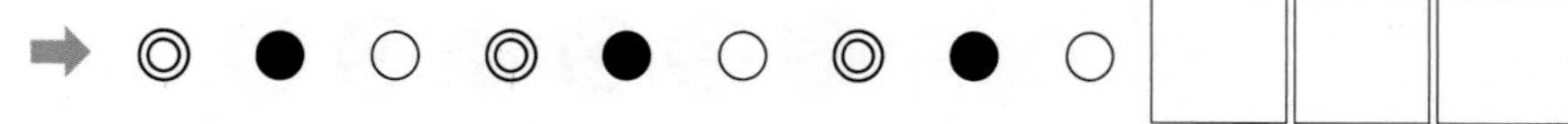

◎ ● ○ ◎ ● ○ ◎ ● ○ □ □ □

7

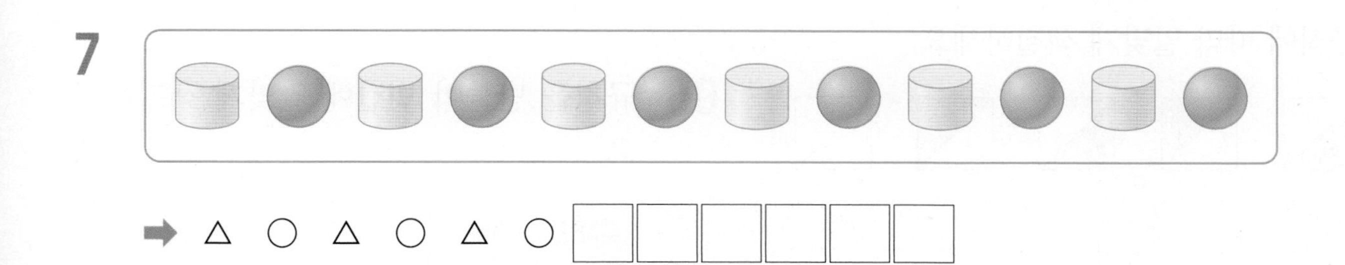

➡ △ ○ △ ○ △ ○ □ □ □ □ □ □

8

➡ A A B A A B □ □ □ □ □ □

9

➡ ☆ ☆ ♥ ♥ ☆ ☆ □ □ □ □ □ □

10

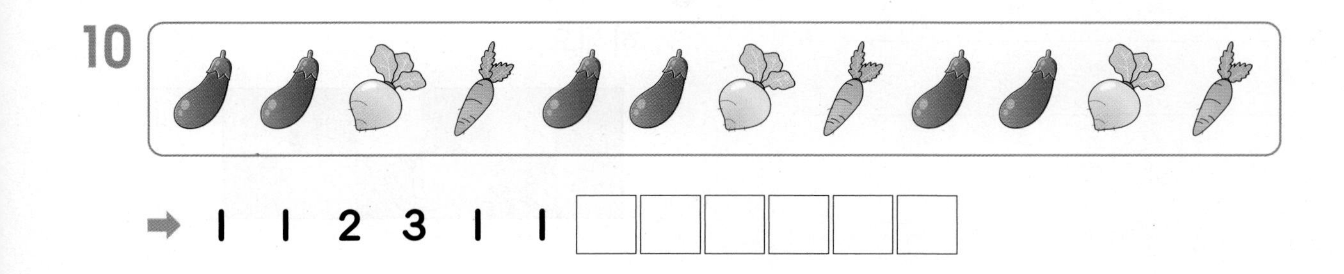

➡ 1 1 2 3 1 1 □ □ □ □ □ □

step 4 유형 콕콕

01 규칙에 따라 빈칸에 알맞은 모양을 그려 넣으세요.

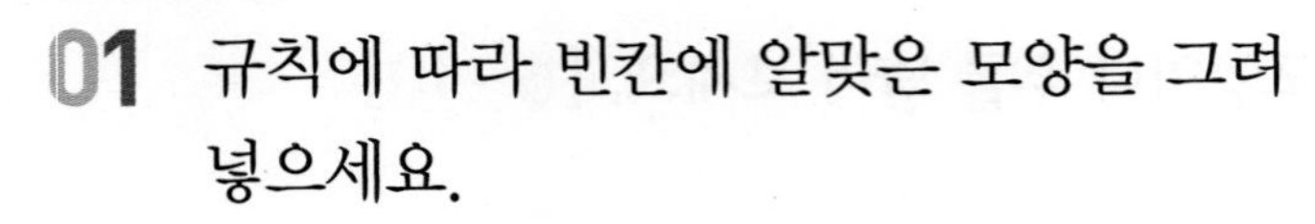

02 규칙에 따라 알맞게 색칠하세요.

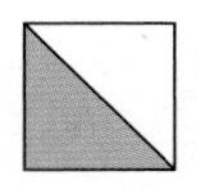 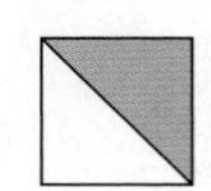 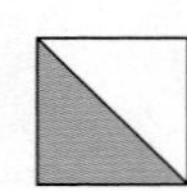 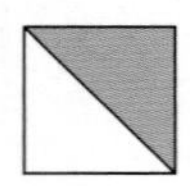 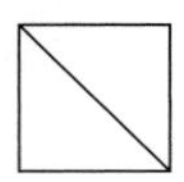

03 반복되는 부분을 ⬭로 묶어 보세요.

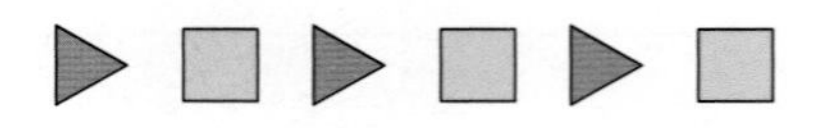

04 규칙에 따라 □ 안에 알맞은 모양을 그려 넣고, 규칙을 써 보세요.

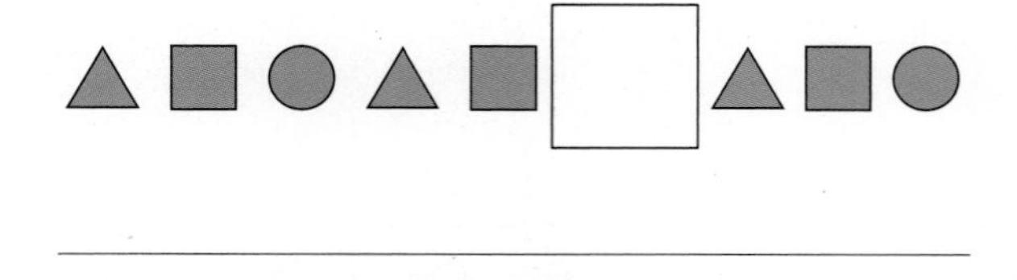

____

____

05 농구공, 축구공, 축구공이 반복되는 규칙을 만든 것에 ○표 하세요.

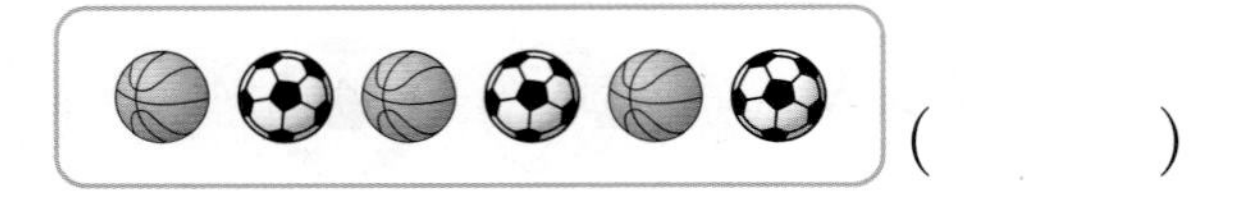 (　　　)

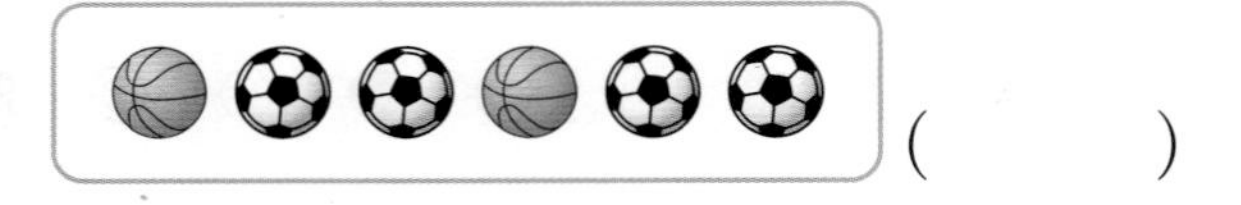 (　　　)

06 규칙을 만들어 빈칸에 알맞게 색칠하세요.

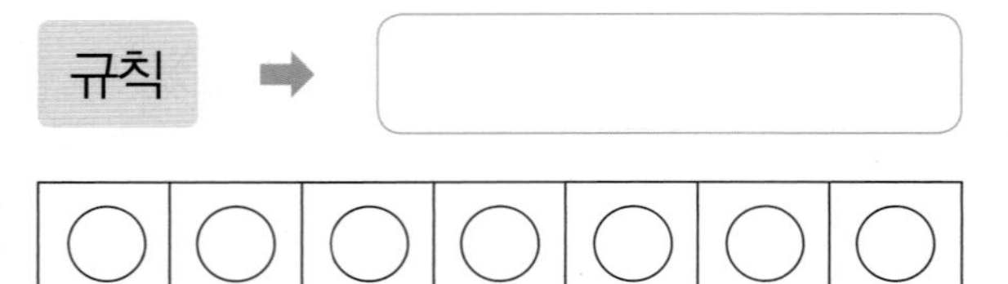

07 규칙에 따라 빈칸에 알맞은 색으로 색칠하세요.

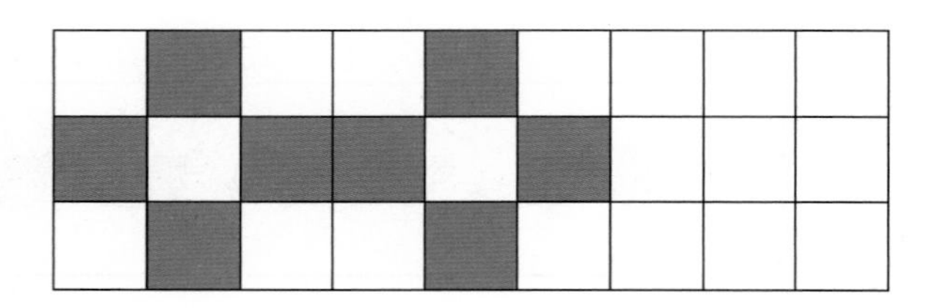

08 규칙에 따라 빈칸에 알맞은 색으로 색칠하세요.

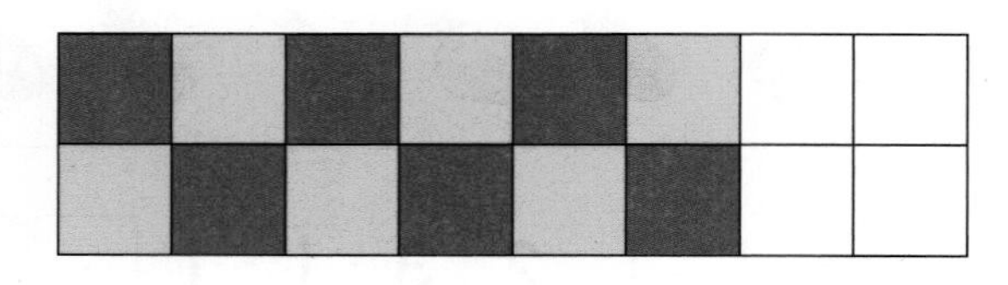

09 규칙에 따라 빈칸에 알맞은 수를 써넣으세요.

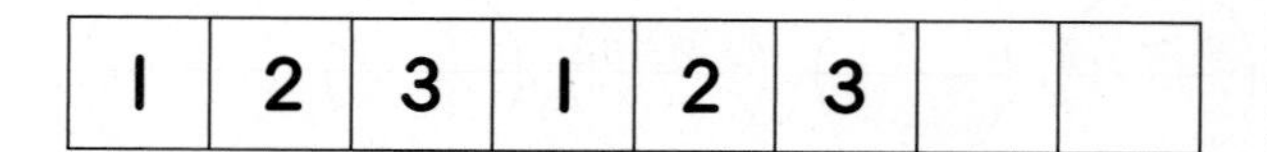

1	2	3	1	2	3		

10 규칙을 찾아 □ 안에 알맞은 수를 써넣으세요.

18 21 □ 27 □ 33

11 규칙을 찾아 빈 곳에 알맞은 수를 써넣으세요.

45 — 40 — 35 — □ — □

12 4씩 작아지는 규칙으로 수를 늘어놓으려고 합니다. ㉠에 알맞은 수를 구하세요.

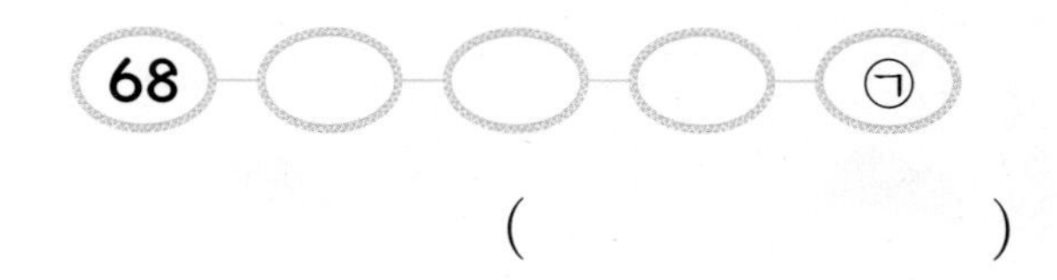

68 — ○ — ○ — ○ — ㉠

(　　　　　　　)

13 수 배열표를 보고 물음에 답하세요.

51	52	53	54	55	56	57	58	59	60
61	62	63	64	65	66	67	68	69	70
71	72	73	74	75	76	77	78	79	80
81	82	83	84	85	86	87	88	89	90

(1) ➡ 위에 있는 수들은 어떤 규칙이 있나요?

____

(2) ⬇ 위에 있는 수들은 어떤 규칙이 있나요?

____

14 보기와 같은 규칙으로 빈칸에 알맞은 모양을 그려 넣으세요.

보기

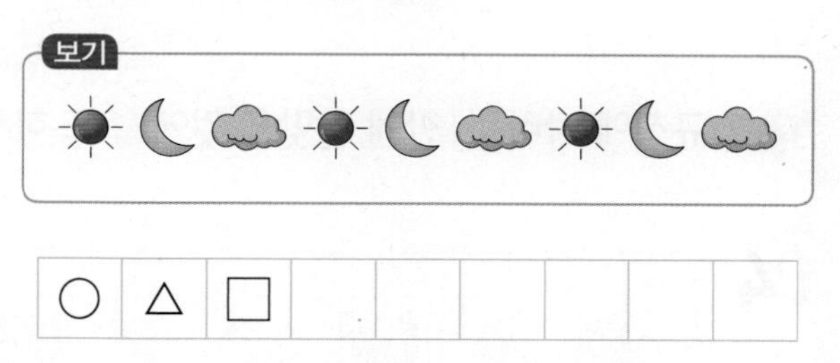

○	△	□						

15 규칙에 따라 빈칸에 알맞은 수를 써넣으세요.

농구공	축구공	배구공	농구공	축구공	배구공
5	11	6	5	11	

단원 평가

5. 규칙 찾기

점수

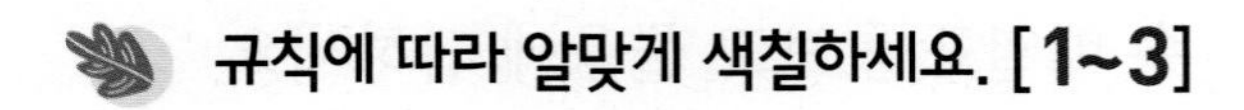

규칙에 따라 알맞게 색칠하세요. [1~3]

01

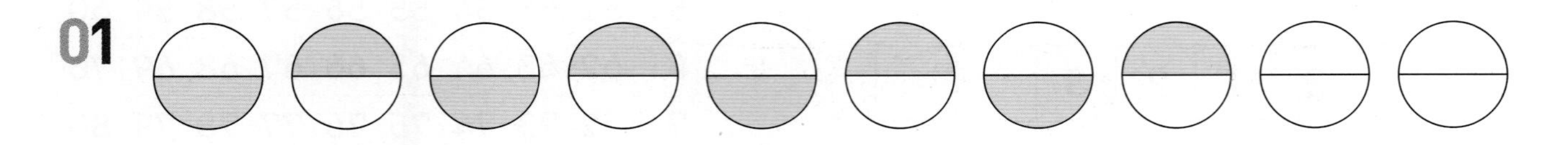

02

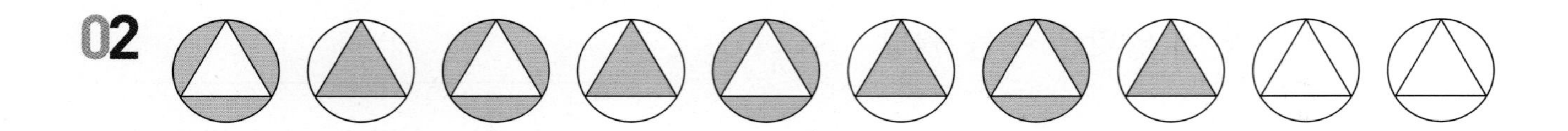

03

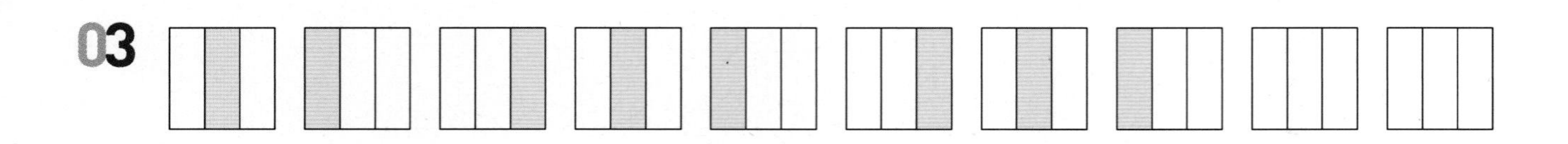

규칙에 따라 □ 안에 알맞은 것에 ○표 하세요. [4~5]

04

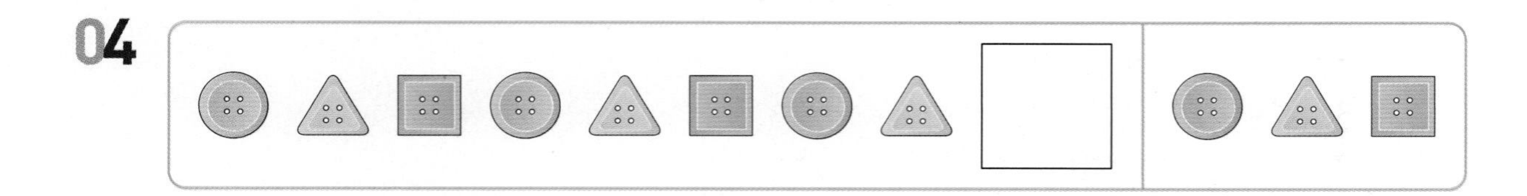

05

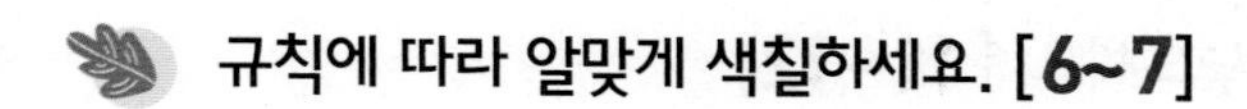

규칙에 따라 알맞게 색칠하세요. [6~7]

06

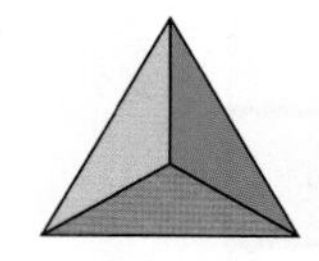 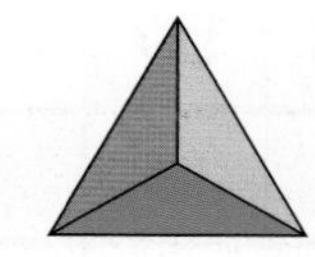 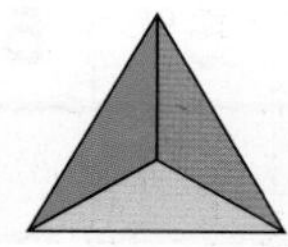 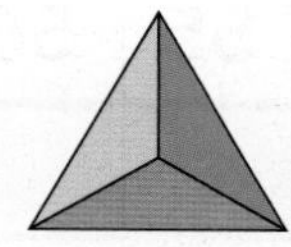 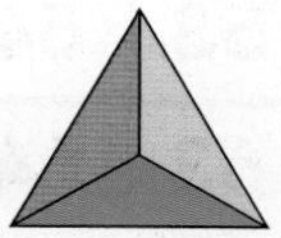 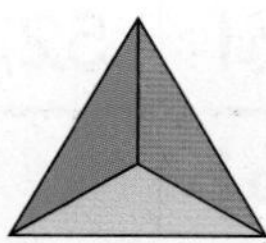 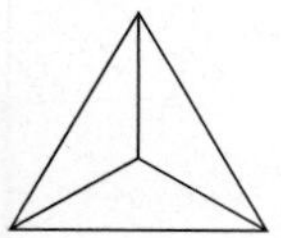

07

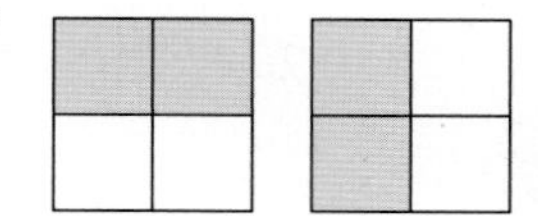 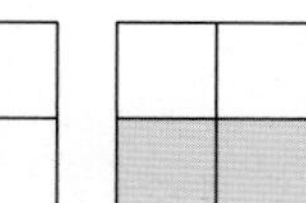 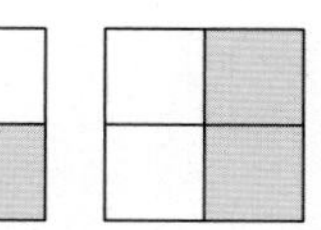 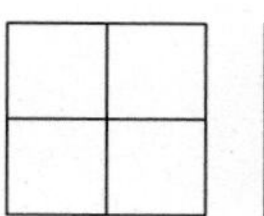 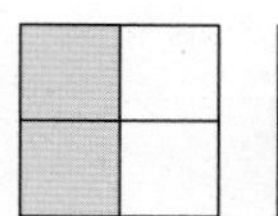 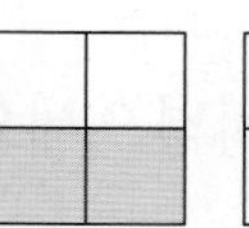 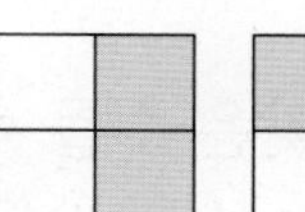 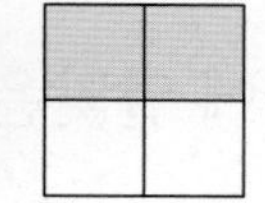

규칙을 찾아 빈 곳에 알맞은 수를 써넣으세요. [8~9]

08

19	24	29		39		49	

09

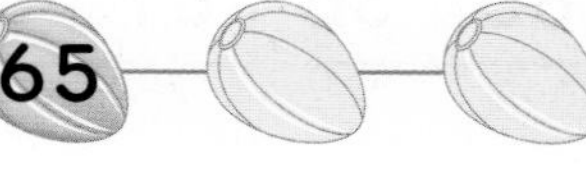

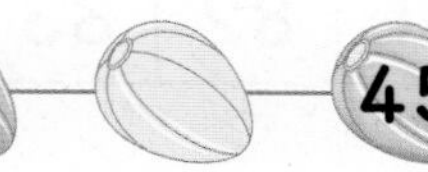

45

10 규칙에 따라 빈칸에 알맞은 수를 써넣으세요.

	12				16				20
			24				28		
	32								

수 배열표를 보고 물음에 답하거나 □ 안에 알맞은 수를 써넣으세요. [11~12]

51	52	53	54	55	56	57	58	59	
61		63	64						
	72						78		80
	82			85		87		89	90

11 빈칸에 알맞은 수를 써넣으세요.

12 □로 둘러싸인 수들은 오른쪽으로 가면서 □씩 커지고, □으로 둘러싸인 수들은 아래쪽으로 내려가면서 □씩 커지는 규칙이 있습니다.

13 색칠한 규칙에 따라 나머지 부분에 색칠해 보세요.

50	51	52	53	54	55	56	57	58	59
60	61	62	63	64	65	66	67	68	69
70	71	72	73	74	75	76	77	78	79
80	81	82	83	84	85	86	87	88	89

14 규칙에 따라 빈칸에 알맞은 주사위 모양을 그리고 수를 써넣으세요.

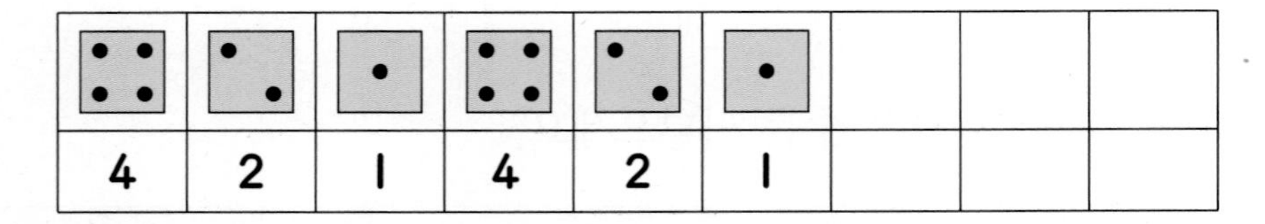

4	2	1	4	2	1			

15 주어진 그림과 같은 규칙으로 빈 곳에 알맞은 모양을 그려 넣으세요.

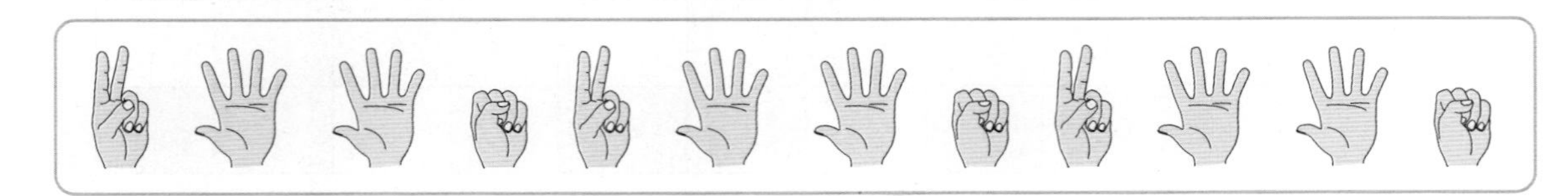

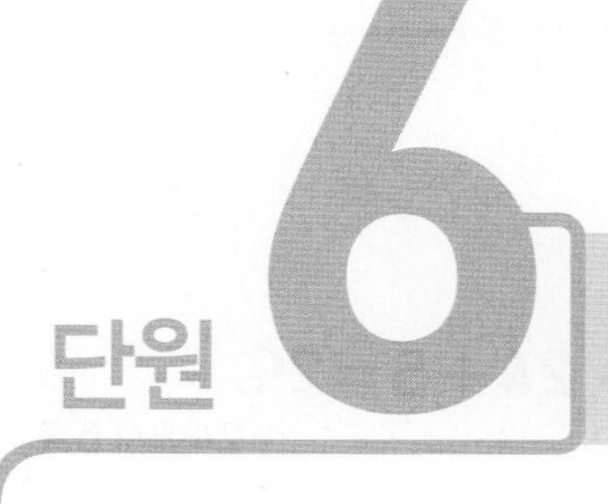

덧셈과 뺄셈(3)

이번에 배울 내용

1. (몇십몇)＋(몇)의 여러 가지 계산 방법
2. (몇십)＋(몇십), (몇십몇)＋(몇십몇) 알아보기
3. (몇십몇)－(몇)의 여러 가지 계산 방법
4. (몇십)－(몇십), (몇십몇)－(몇십몇) 알아보기
5. 덧셈과 뺄셈의 활용

이전에 배운 내용

- 받아올림이 있는 (몇)＋(몇)
- 받아내림이 있는 (십몇)－(몇)

다음에 배울 내용

- 받아올림이 있는 (몇십몇)＋(몇)
- 받아내림이 있는 (몇십몇)－(몇)
- 받아올림과 받아내림이 있는 두 자리 수의 덧셈과 뺄셈

1. (몇십몇)+(몇)의 여러 가지 계산 방법

24+5의 계산

방법1 이어 세기로 구하기

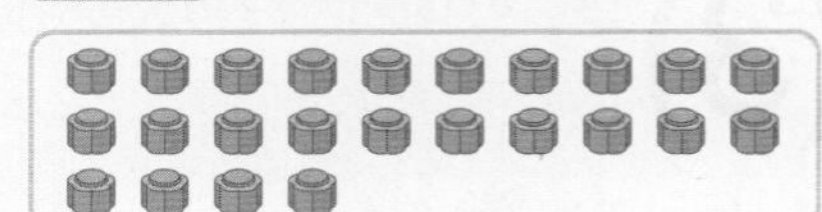

24 25 26 27 28 29

① ② ③ ④ ⑤

➡ 24+5=29

24에서 5를 이어 센 수

방법2 십 배열판에 더하는 수 5만큼 △를 그려 구하기

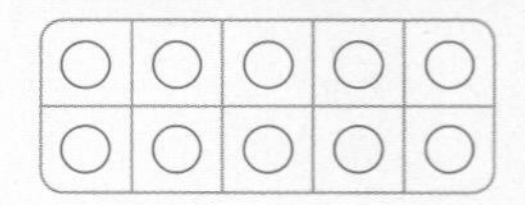

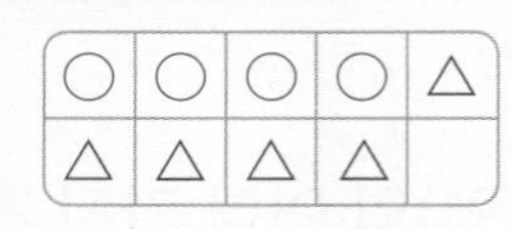

➡ 24+5=29

○와 △의 수의 합

방법3 수 모형으로 구하기

• 10개씩 묶음은 십 모형으로, 낱개는 일 모형으로 나타냅니다.

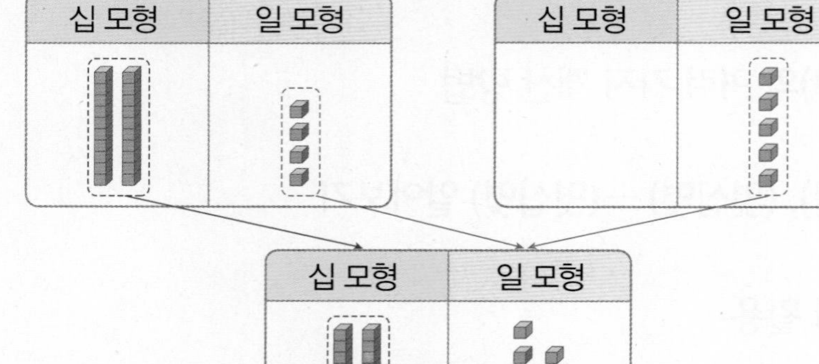

➡ 24+5=29

십 모형 2개와 일 모형 9개

원리 확인 1 21+6은 얼마인지 여러 가지 방법으로 알아보세요.

(1) 21에서 6을 이어 세어 보세요.

21 22 23 24 □ □ □

(2) 십 배열판에 더하는 수 6만큼 △를 그려 보세요.

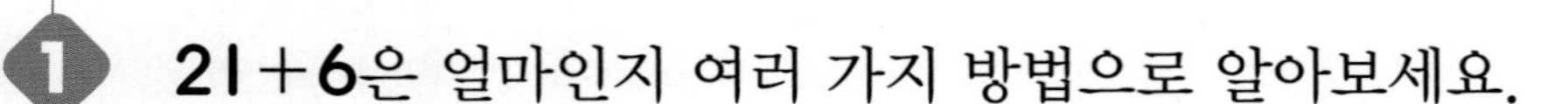

(3) 21+6은 얼마인가요?

21+6=□

1 그림을 보고 □ 안에 알맞은 수를 써넣으세요.

(1) 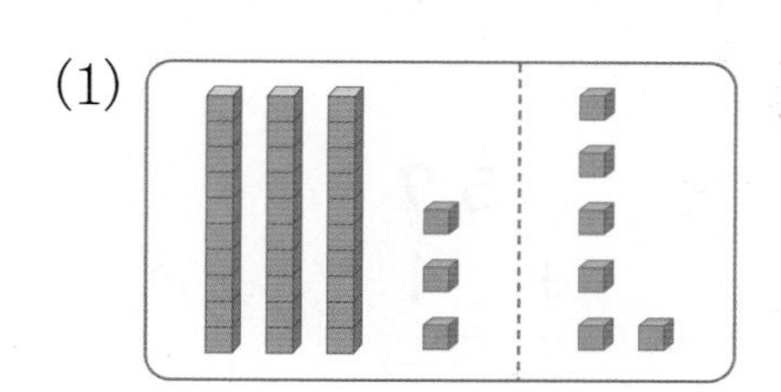

33+6=□

(2) 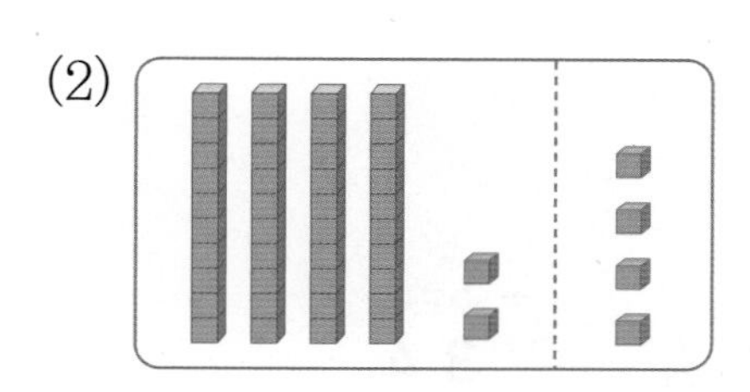

42+4=□

2 덧셈을 해 보세요.

(1)
$$\begin{array}{r} 62 \\ +\ \ 5 \\ \hline \square \end{array}$$

(2)
$$\begin{array}{r} 53 \\ +\ \ 6 \\ \hline \square \end{array}$$

(3) 94+3=□

(4) 74+5=□

(5) 85+2=□

(6) 21+7=□

3 덧셈을 하여 빈 곳에 알맞은 수를 써넣으세요.

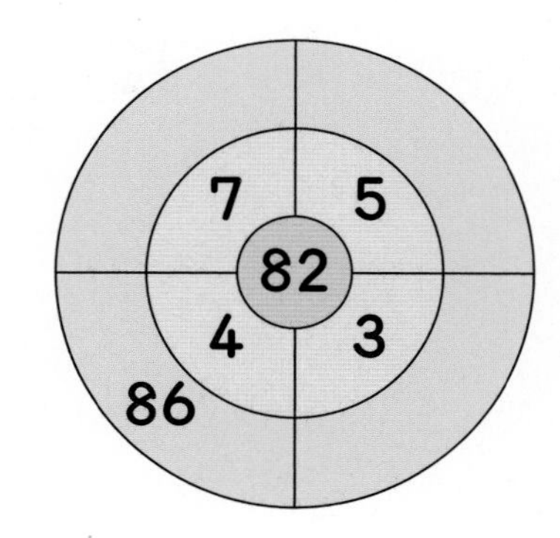

4 수진이는 구슬을 32개 가지고 있습니다. 내일 6개를 더 산다면 구슬은 모두 몇 개가 되나요?

(　　　　　　　　)개

2. 32+3의 세로셈

32 + 3	32 + 3 5	32 + 3 35

① 32는 10개씩 묶음과 낱개의 자리에, 3은 낱개의 자리에 쓰고, +의 자리도 맞춰 씁니다.
② 낱개의 수끼리 더한 5를 낱개의 자리에 씁니다.
③ 10개씩 묶음의 수 3은 30을 나타내므로 그대로 내려씁니다.

6 단원

원리 척척

덧셈을 하세요. [1 ~ 15]

1 $\begin{array}{r} 21 \\ +\ \ 5 \\ \hline \square \end{array}$

2 $\begin{array}{r} 75 \\ +\ \ 2 \\ \hline \square \end{array}$

3 $\begin{array}{r} 57 \\ +\ \ 1 \\ \hline \square \end{array}$

4 $\begin{array}{r} 62 \\ +\ \ 3 \\ \hline \square \end{array}$

5 $\begin{array}{r} 42 \\ +\ \ 5 \\ \hline \square \end{array}$

6 $\begin{array}{r} 34 \\ +\ \ 2 \\ \hline \square \end{array}$

7 $\begin{array}{r} 5 \\ +43 \\ \hline \square \end{array}$

8 $\begin{array}{r} 4 \\ +84 \\ \hline \square \end{array}$

9 $\begin{array}{r} 2 \\ +17 \\ \hline \square \end{array}$

10 $\begin{array}{r} 4 \\ +95 \\ \hline \square \end{array}$

11 $\begin{array}{r} 3 \\ +36 \\ \hline \square \end{array}$

12 $\begin{array}{r} 2 \\ +93 \\ \hline \square \end{array}$

13 $\begin{array}{r} 53 \\ +\ \ 6 \\ \hline \square \end{array}$

14 $\begin{array}{r} 7 \\ +52 \\ \hline \square \end{array}$

15 $\begin{array}{r} 33 \\ +\ \ 5 \\ \hline \square \end{array}$

덧셈을 하세요. [16~29]

16 $32+5=\square$

17 $64+2=\square$

18 $47+1=\square$

19 $53+3=\square$

20 $52+5=\square$

21 $13+6=\square$

22 $2+66=\square$

23 $4+81=\square$

24 $1+28=\square$

25 $4+34=\square$

26 $6+72=\square$

27 $6+91=\square$

28 $36+3=\square$

29 $7+22=\square$

step 1 원리 꼼꼼

2. (몇십)+(몇십), (몇십몇)+(몇십몇) 알아보기

25+33의 계산

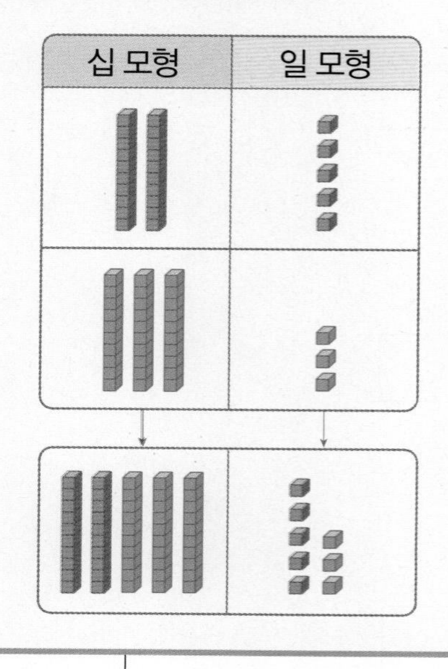

$$\begin{array}{r} 25 \\ +33 \\ \hline \end{array} \Rightarrow \begin{array}{r} 25 \\ +33 \\ \hline 58 \end{array}$$

십 모형의 수끼리, 일 모형의 수끼리 줄을 맞춰 씁니다.

일 모형의 수끼리 더한 수, 십 모형의 수끼리 더한 수를 내려씁니다.

참고 (몇십)+(몇십), (몇십몇)+(몇십), (몇십)+(몇십몇)의 계산 방법은 (몇십몇)+(몇십몇)의 계산 방법과 같은 방법으로 계산합니다.

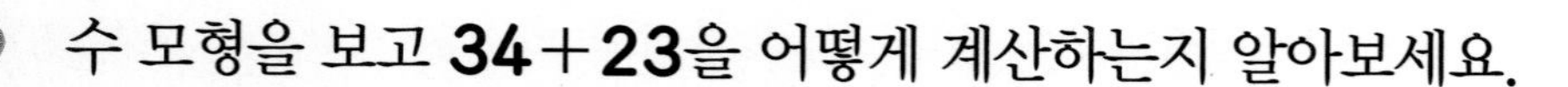

원리 확인 1 수 모형을 보고 34+23을 어떻게 계산하는지 알아보세요.

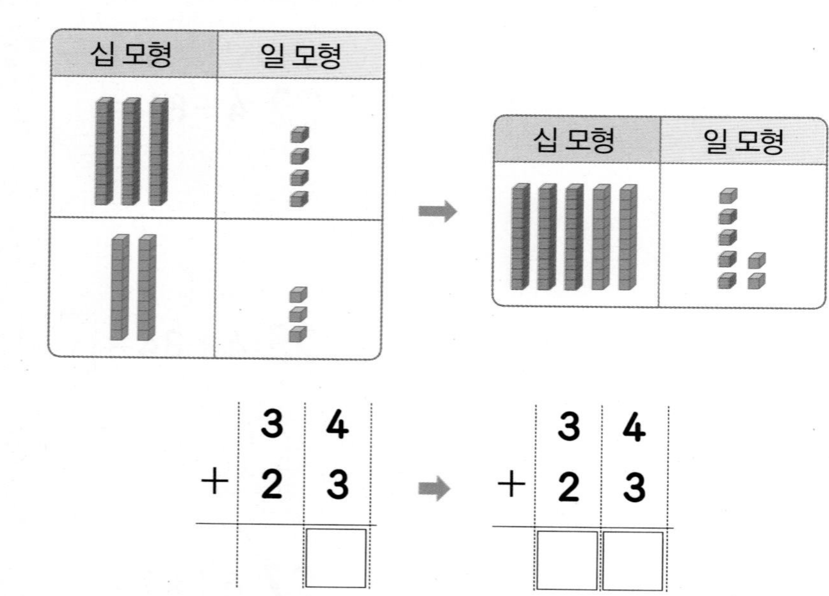

$$\begin{array}{r} 34 \\ +23 \\ \hline \square \end{array} \Rightarrow \begin{array}{r} 34 \\ +23 \\ \hline \square\square \end{array}$$

원리 확인 2 덧셈을 해 보세요.

(1) $\begin{array}{r} 30 \\ +50 \\ \hline \square\square \end{array}$

(2) $\begin{array}{r} 42 \\ +36 \\ \hline \square\square \end{array}$

1 그림을 보고 □ 안에 알맞은 수를 써넣으세요.

(1) 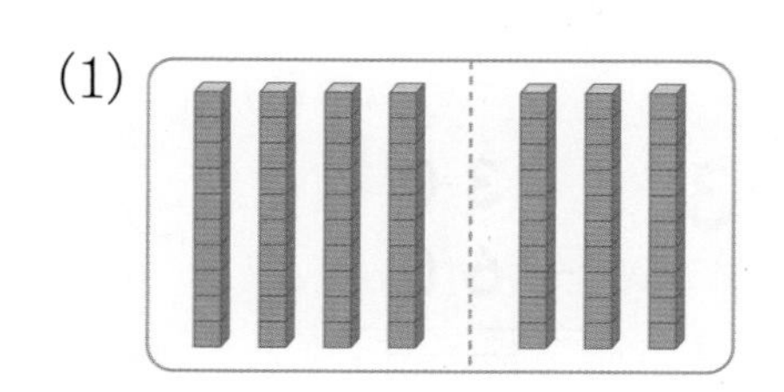

$40+30=$ □

(2) 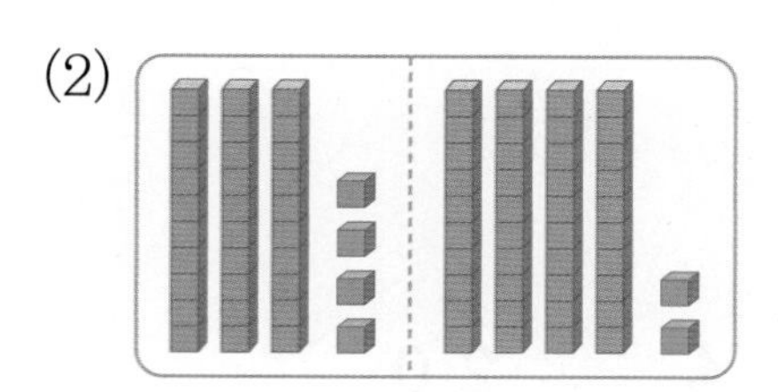

$34+42=$ □

2 덧셈을 해 보세요.

(1) $\begin{array}{r} 30 \\ +\,30 \\ \hline \square \end{array}$

(2) $\begin{array}{r} 43 \\ +\,25 \\ \hline \square \end{array}$

(3) $20+70=$ □

(4) $10+60=$ □

(5) $43+52=$ □

(6) $54+33=$ □

3 빈칸에 알맞은 수를 써넣으세요.

+	20	12	50	34
40	60			
14		26		
35				69

4 구슬을 예원이는 **32**개, 한샘이는 **26**개 가지고 있습니다. 두 사람이 가지고 있는 구슬은 모두 몇 개인가요?

( )개

1. 십 모형은 십 모형끼리, 낱개 모형은 낱개 모형끼리 세어 봅니다.

6
단원

원리 척척

 덧셈을 하세요. [1 ~ 15]

1 $\begin{array}{r} 20 \\ +20 \\ \hline \end{array}$ □

2 $\begin{array}{r} 40 \\ +30 \\ \hline \end{array}$ □

3 $\begin{array}{r} 30 \\ +60 \\ \hline \end{array}$ □

4 $\begin{array}{r} 30 \\ +14 \\ \hline \end{array}$ □

5 $\begin{array}{r} 50 \\ +27 \\ \hline \end{array}$ □

6 $\begin{array}{r} 20 \\ +31 \\ \hline \end{array}$ □

7 $\begin{array}{r} 44 \\ +30 \\ \hline \end{array}$ □

8 $\begin{array}{r} 67 \\ +20 \\ \hline \end{array}$ □

9 $\begin{array}{r} 73 \\ +20 \\ \hline \end{array}$ □

10 $\begin{array}{r} 36 \\ +32 \\ \hline \end{array}$ □

11 $\begin{array}{r} 12 \\ +61 \\ \hline \end{array}$ □

12 $\begin{array}{r} 63 \\ +35 \\ \hline \end{array}$ □

13 $\begin{array}{r} 24 \\ +53 \\ \hline \end{array}$ □

14 $\begin{array}{r} 33 \\ +46 \\ \hline \end{array}$ □

15 $\begin{array}{r} 64 \\ +25 \\ \hline \end{array}$ □

덧셈을 하세요. [16~29]

16 $30+10=\square$

17 $20+50=\square$

18 $50+26=\square$

19 $30+27=\square$

20 $43+30=\square$

21 $82+10=\square$

22 $25+42=\square$

23 $66+33=\square$

24 $62+24=\square$

25 $13+54=\square$

26 $76+22=\square$

27 $55+34=\square$

28 $64+22=\square$

29 $16+42=\square$

원리 꼼꼼

3. (몇십몇)−(몇)의 여러 가지 계산 방법

24−3의 계산

방법1 비교하여 구하기

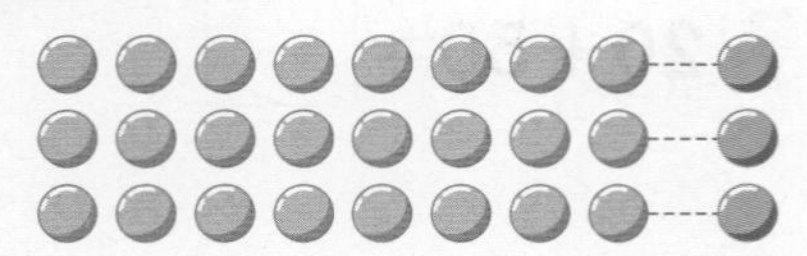

➡ **24−3=21** (21: 짝지어지지 않은 ●의 수)

방법2 십 배열판에 빼는 수 **3**만큼 /을 그려 구하기

○	○	○	○	○
○	○	○	○	○

○	○	○	○	○
○	○	○	○	○

○	∅	∅	∅	

➡ **24−3=21** (21: 남은 ○의 수)

방법3 수 모형으로 구하기

십 모형	일 모형

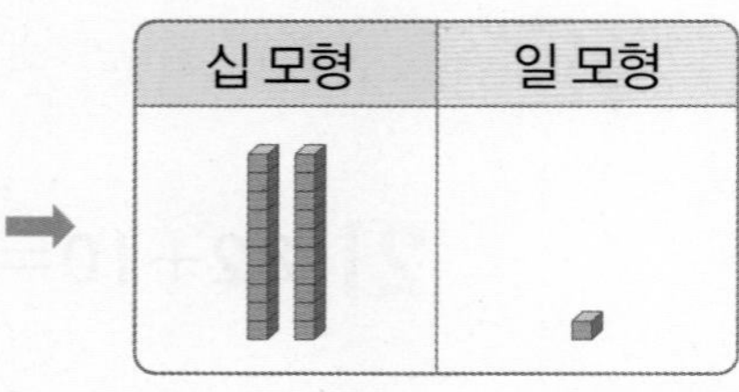

➡ **24−3=21** (21: 십 모형 **2**개와 일 모형 **1**개)

원리 확인 1 **36−3**은 얼마인지 여러 가지 방법으로 알아보세요.

(1) 구슬을 하나씩 짝지어 보세요.

(2) 십 배열판에 빼는 수 **3**만큼 /을 그려 보세요.

○	○	○	○	○
○	○	○	○	○

○	○	○	○	○
○	○	○	○	○

○	○	○	○	○
○	○	○	○	○

○	○	○	○	○
○				

(3) **36−3**은 얼마인가요?

36−3=☐

1 그림을 보고 □ 안에 알맞은 수를 써넣으세요.

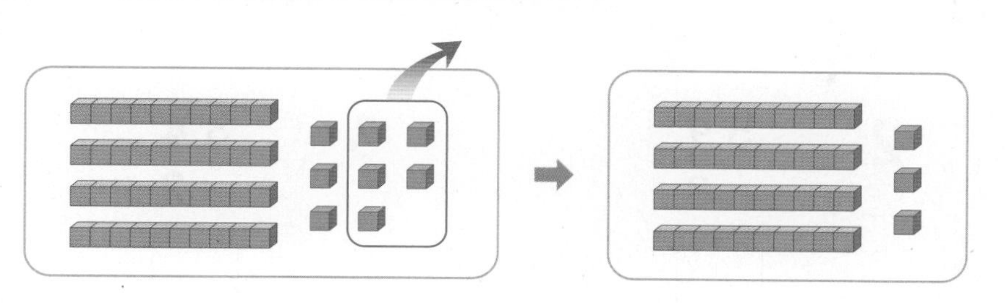

$48-5=\square$

2 뺄셈을 하세요.

(1)
$$\begin{array}{r} 68 \\ -\ \ 4 \\ \hline \square \end{array}$$

(2)
$$\begin{array}{r} 47 \\ -\ \ 6 \\ \hline \square \end{array}$$

(3) $58-5=\square$

(4) $35-3=\square$

(5) $78-8=\square$

(6) $96-2=\square$

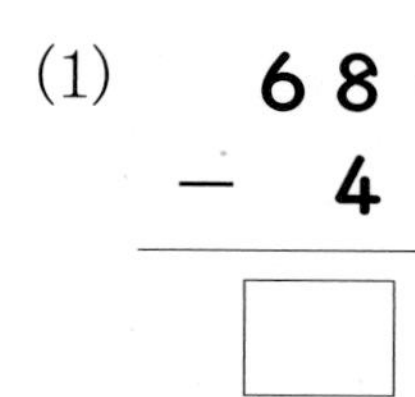

3 빈 곳에 알맞은 수를 써넣으세요.

(1)

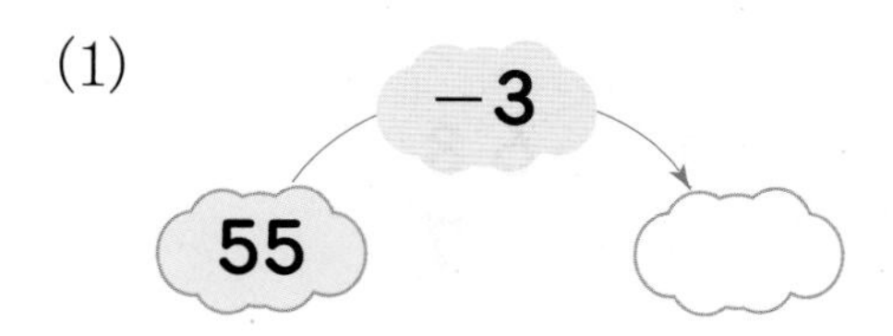

(2)

(3)

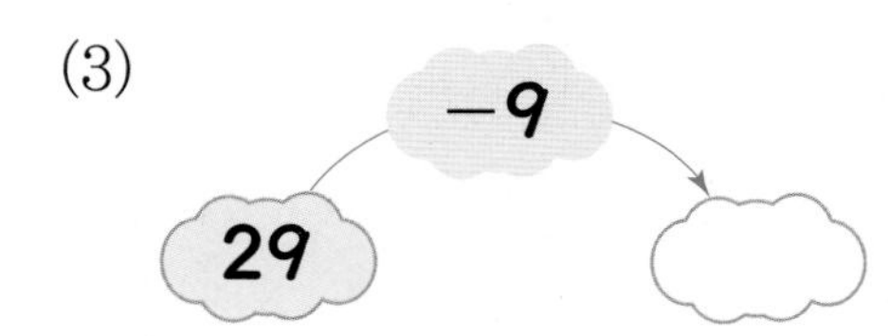

(4)

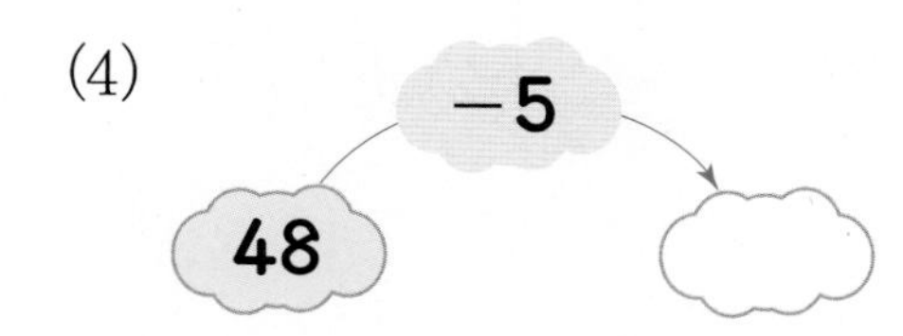

4 미선이는 크레파스 **36**개를 가지고 있습니다. 그중에서 **5**개를 친구에게 빌려 주었습니다. 남아 있는 크레파스는 몇 개인가요?

( )개

1. 빼고 남은 십 모형과 낱개 모형의 개수를 각각 세어 봅니다.

원리 척척

빨셈을 하세요. [1 ~ 15]

1 $\begin{array}{r} 27 \\ -\ \ 3 \\ \hline \square \end{array}$

2 $\begin{array}{r} 59 \\ -\ \ 8 \\ \hline \square \end{array}$

3 $\begin{array}{r} 84 \\ -\ \ 2 \\ \hline \square \end{array}$

4 $\begin{array}{r} 57 \\ -\ \ 5 \\ \hline \square \end{array}$

5 $\begin{array}{r} 64 \\ -\ \ 4 \\ \hline \square \end{array}$

6 $\begin{array}{r} 66 \\ -\ \ 2 \\ \hline \square \end{array}$

7 $\begin{array}{r} 75 \\ -\ \ 3 \\ \hline \square \end{array}$

8 $\begin{array}{r} 96 \\ -\ \ 5 \\ \hline \square \end{array}$

9 $\begin{array}{r} 45 \\ -\ \ 1 \\ \hline \square \end{array}$

10 $\begin{array}{r} 39 \\ -\ \ 7 \\ \hline \square \end{array}$

11 $\begin{array}{r} 48 \\ -\ \ 4 \\ \hline \square \end{array}$

12 $\begin{array}{r} 68 \\ -\ \ 7 \\ \hline \square \end{array}$

13 $\begin{array}{r} 46 \\ -\ \ 3 \\ \hline \square \end{array}$

14 $\begin{array}{r} 76 \\ -\ \ 6 \\ \hline \square \end{array}$

15 $\begin{array}{r} 87 \\ -\ \ 4 \\ \hline \square \end{array}$

빼셈을 하세요. [16~29]

16 $18-2=\square$

17 $46-1=\square$

18 $64-3=\square$

19 $58-6=\square$

20 $75-5=\square$

21 $89-6=\square$

22 $26-2=\square$

23 $97-6=\square$

24 $68-3=\square$

25 $49-7=\square$

26 $56-4=\square$

27 $85-3=\square$

28 $86-5=\square$

29 $79-5=\square$

원리 꼼꼼

4. (몇십)−(몇십), (몇십몇)−(몇십몇) 알아보기

59−24의 계산

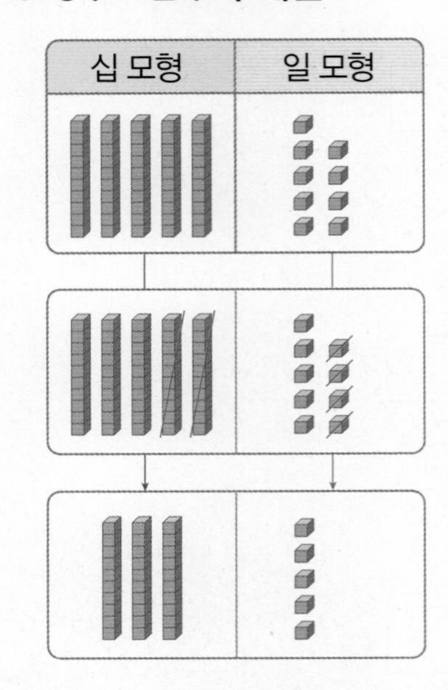


```
  5 9
− 2 4
─────
```

➡

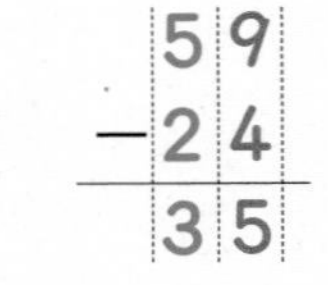

	5	9
−	2	4
	3	5

십 모형의 수끼리, 일 모형의 수끼리 줄을 맞춰 씁니다.

일 모형의 수끼리 뺀 수, 십 모형의 수끼리 뺀 수를 내려씁니다.

참고 (몇십)−(몇십), (몇십몇)−(몇십)의 계산 방법은 (몇십몇)−(몇십몇)의 계산 방법과 같은 방법으로 계산합니다.

원리 확인  수 모형을 보고 $38-12$를 어떻게 계산하는지 알아보세요.

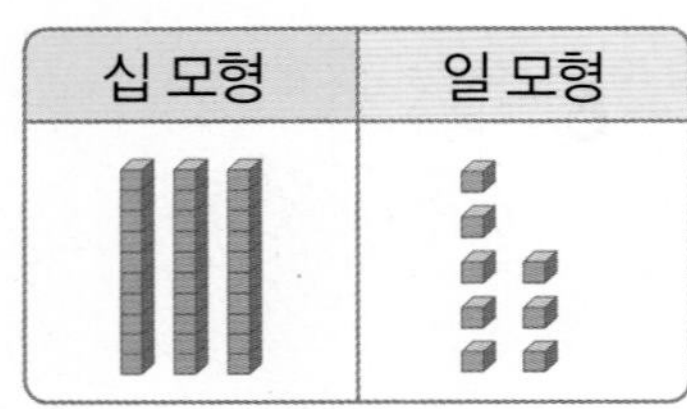

➡

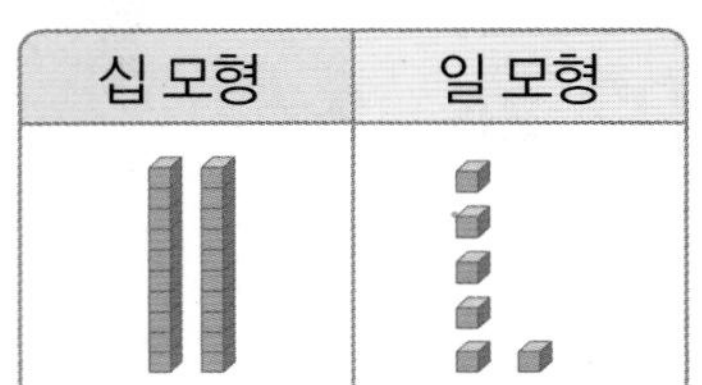

	3	8
−	1	2
		□

➡

	3	8
−	1	2
	□	□

원리 확인  뺄셈을 해 보세요.

(1)

	8	0
−	5	0
	□	□

(2)

	6	7
−	4	5
	□	□

기본 문제를 통해 개념과 원리를 다져요.

1 그림을 보고 □ 안에 알맞은 수를 써넣으세요.

(1) 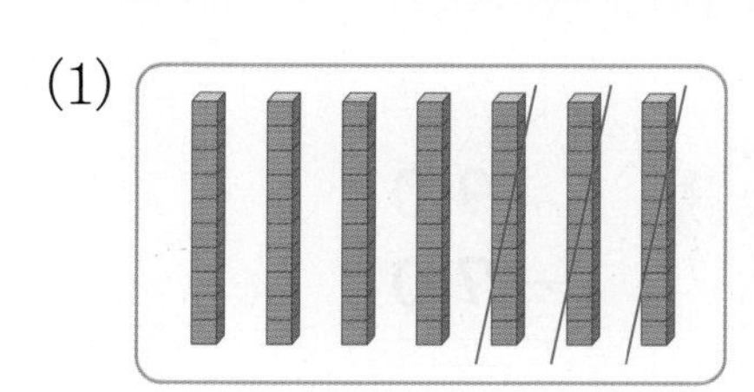

$70-30=$ □

(2) 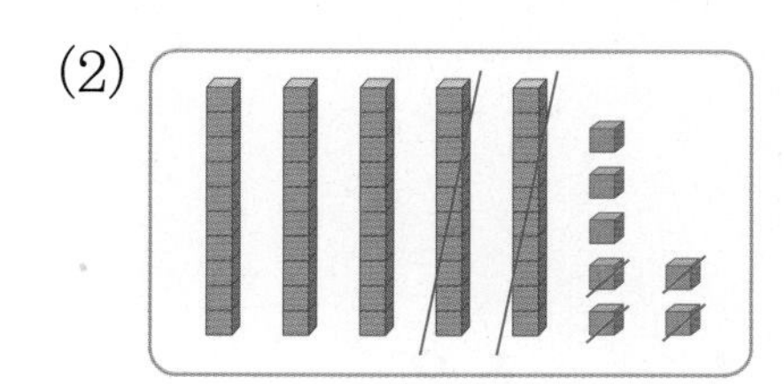

$57-24=$ □

2 빼셈을 하세요.

(1)
```
  6 0
- 2 0
-----
  □
```

(2)
```
  6 3
- 2 2
-----
  □
```

(3) $90-40=$ □　(4) $82-50=$ □

(5) $96-44=$ □　(6) $48-15=$ □

3 빈칸에 알맞은 수를 써넣으세요.

−	30	22	56	65
87	57			22
79			23	

4 사탕이 **56**개, 초콜릿이 **34**개 있습니다. 사탕은 초콜릿보다 몇 개 더 많은지 구해 보세요.

( )개

1. 지우고 남은 십 모형과 낱개 모형을 각각 세어 봅니다.

2. 뺄셈을 세로셈으로 계산하면 편리합니다.

원리 척척

 뺄셈을 하세요. [1 ~ 15]

1 $\begin{array}{r} 60 \\ -20 \\ \hline \square \end{array}$

2 $\begin{array}{r} 80 \\ -30 \\ \hline \square \end{array}$

3 $\begin{array}{r} 90 \\ -70 \\ \hline \square \end{array}$

4 $\begin{array}{r} 37 \\ -20 \\ \hline \square \end{array}$

5 $\begin{array}{r} 58 \\ -30 \\ \hline \square \end{array}$

6 $\begin{array}{r} 69 \\ -40 \\ \hline \square \end{array}$

7 $\begin{array}{r} 84 \\ -53 \\ \hline \square \end{array}$

8 $\begin{array}{r} 45 \\ -15 \\ \hline \square \end{array}$

9 $\begin{array}{r} 94 \\ -42 \\ \hline \square \end{array}$

10 $\begin{array}{r} 97 \\ -65 \\ \hline \square \end{array}$

11 $\begin{array}{r} 79 \\ -53 \\ \hline \square \end{array}$

12 $\begin{array}{r} 88 \\ -47 \\ \hline \square \end{array}$

13 $\begin{array}{r} 89 \\ -36 \\ \hline \square \end{array}$

14 $\begin{array}{r} 96 \\ -25 \\ \hline \square \end{array}$

15 $\begin{array}{r} 78 \\ -25 \\ \hline \square \end{array}$

빨셈을 하세요. [16~29]

16 $60-30=\square$

17 $90-40=\square$

18 $48-20=\square$

19 $76-30=\square$

20 $59-24=\square$

21 $63-21=\square$

22 $89-55=\square$

23 $49-16=\square$

24 $97-45=\square$

25 $86-32=\square$

26 $78-23=\square$

27 $95-51=\square$

28 $98-35=\square$

29 $87-53=\square$

step 1 원리 꼼꼼

덧셈과 뺄셈하기

상황에 맞게 덧셈식과 뺄셈식을 만들어 문제를 해결할 수 있습니다.

- 덧셈식을 만들어 문제 해결하기

> 농장에 돼지가 **33**마리, 소가 **12**마리 있습니다. 농장에 있는 동물은 모두 몇 마리인지 알아 세요.

농장에 있는 동물은 모두 몇 마리인지 덧셈식을 만들어 계산해 보면 **33+12=45**입니다.
따라서 농장에 있는 동물은 모두 **45**마리입니다.

- 뺄셈식을 만들어 문제 해결하기

> 예슬이는 스티커를 **29**장 가지고 있습니다. 그중에서 **14**장을 동생에게 준다면 남은 스티커는 몇 장이 되는지 알아보세요.

남은 스티커는 몇 장이 되는지 뺄셈식을 만들어 계산해 보면 **29−14=15**입니다.
따라서 남은 스티커는 모두 **15**장이 됩니다.

그림을 보고 덧셈식과 뺄셈식으로 나타내 보세요. [1~2]

원리 확인 **1** 축구공과 야구공은 모두 몇 개인지 덧셈식으로 나타내 보세요.

$\square + \square = \square$ ➡ $\begin{array}{r} \square\square \\ +\ \square\square \\ \hline \square\square \end{array}$

원리 확인 **2** 야구공은 축구공보다 몇 개 더 많은지 뺄셈식으로 나타내 보세요.

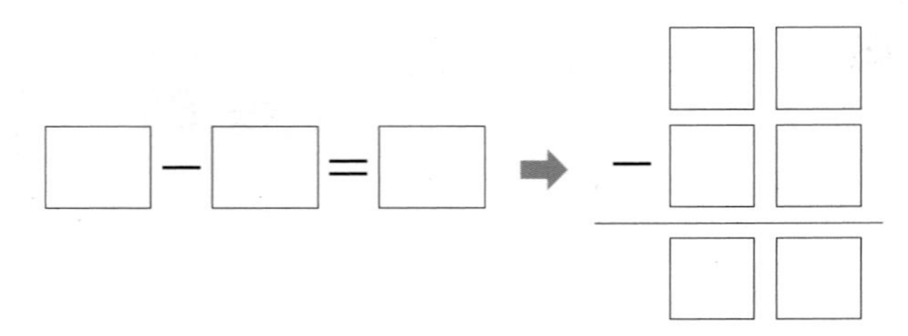

1 32 와 47 을 사용하여 보기와 같이 덧셈식과 뺄셈식을 만들어 보세요.

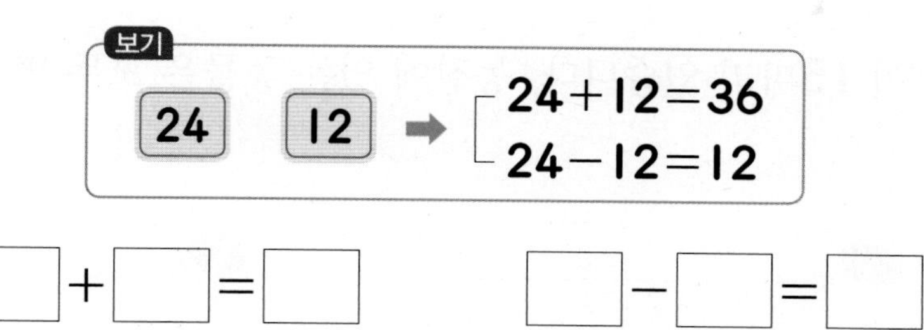

□+□=□　　□−□=□

과일 가게에 사과가 35개, 배가 21개 있습니다. 물음에 답해 보세요. [2~3]

2 과일 가게에 있는 사과와 배는 모두 몇 개인지 식을 세워 구해 보세요.

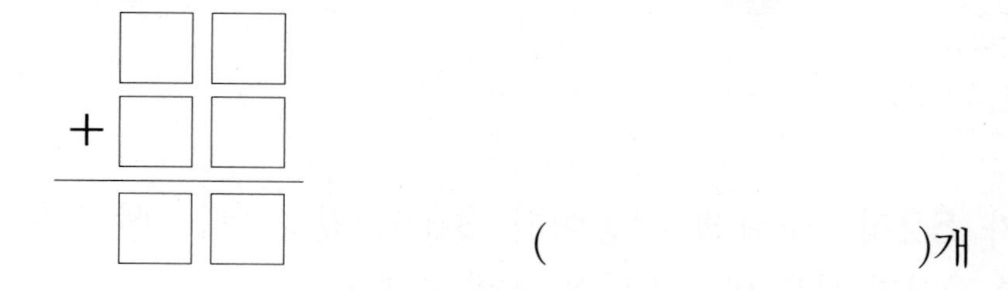

(　　　　　)개

3 사과는 배보다 몇 개 더 많은지 식을 세워 구해 보세요.

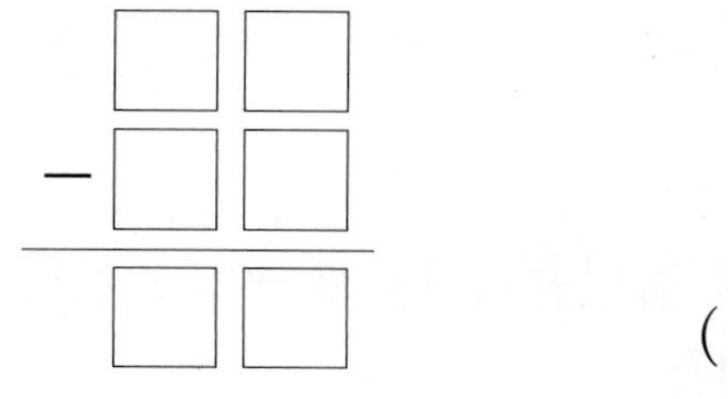

(　　　　　)개

4 빨간색 구슬은 파란색 구슬보다 몇 개 더 많은지 식을 세워 구해 보세요.

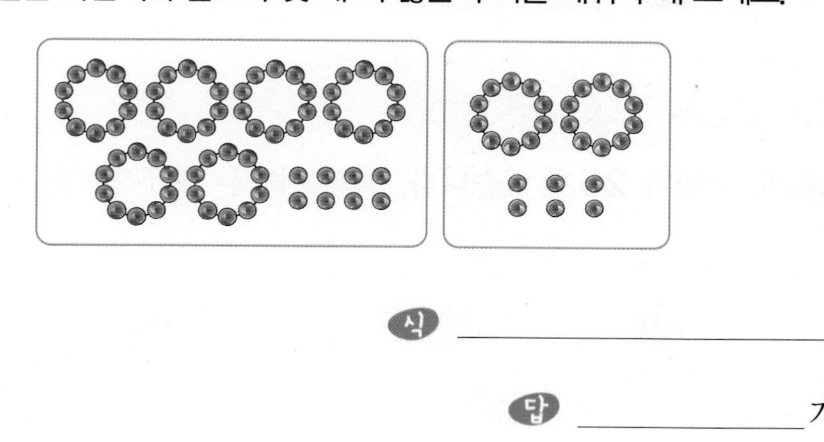

식 ____________

답 ____________개

6 단원

덧셈식을 세워 답을 구해 보세요. [1~5]

1 농장에 젖소가 **24**마리, 양이 **15**마리 있습니다. 농장에 있는 동물은 모두 몇 마리인지 식을 세우고 답을 구해 보세요.

식 ____________ 답 ____________마리

2 놀이터에 남자 어린이가 **23**명, 여자 어린이가 **14**명 있습니다. 놀이터에는 어린이가 모두 몇 명 있는지 식을 세우고 답을 구해 보세요.

식 ____________ 답 ____________명

3 빨간색 색종이가 **52**장, 노란색 색종이가 **36**장 있습니다. 빨간색 색종이와 노란색 색종이는 모두 몇 장인지 식을 세우고 답을 구해 보세요.

식 ____________ 답 ____________장

4 종이학을 예슬이는 **41**개, 가영이는 **34**개 접었습니다. 예슬이와 가영이가 접은 종이학은 모두 몇 개인지 식을 세우고 답을 구해 보세요.

식 ____________ 답 ____________개

5 과일 가게에 귤이 **64**개, 사과가 **25**개 있습니다. 귤과 사과는 모두 몇 개인지 식을 세우고 답을 구해 보세요.

식 ____________ 답 ____________개

뺄셈식을 세워 답을 구해 보세요. [6~10]

6 귤이 18개 있었는데 그중 5개를 먹었습니다. 남은 귤은 몇 개인지 식을 세우고 답을 구해 보세요.

식 ______________ 답 ______________개

7 사탕이 35개 있었는데 그중 13개를 먹었습니다. 남은 사탕은 몇 개인지 식을 세우고 답을 구해 보세요.

식 ______________ 답 ______________개

8 공원에 비둘기가 46마리, 참새가 12마리 있습니다. 비둘기는 참새보다 몇 마리 더 많은지 식을 세우고 답을 구해 보세요.

식 ______________ 답 ______________마리

9 동화책을 한초는 59권, 규형이는 36권 가지고 있습니다. 동화책을 한초는 규형이보다 몇 권 더 많이 가지고 있는지 식을 세우고 답을 구해 보세요.

식 ______________ 답 ______________권

10 웅이는 88쪽짜리 수학 문제집을 가지고 있습니다. 52쪽까지 풀었다면 앞으로 몇 쪽을 더 풀어야 하는지 식을 세우고 답을 구해 보세요.

식 ______________ 답 ______________쪽

01 그림을 보고 덧셈을 하세요.

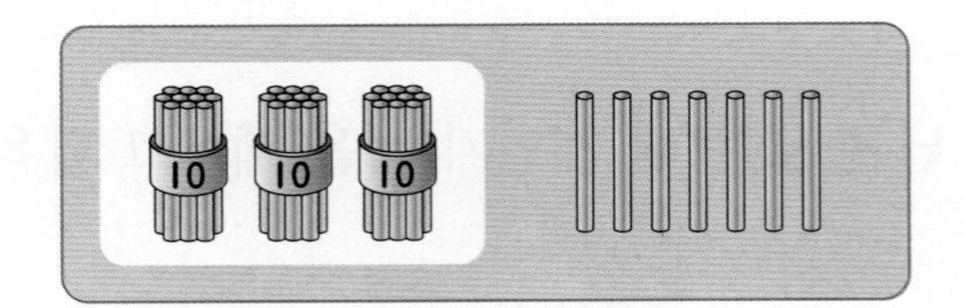

30+7=□

02 그림을 보고 □ 안에 알맞은 수를 써넣으세요.

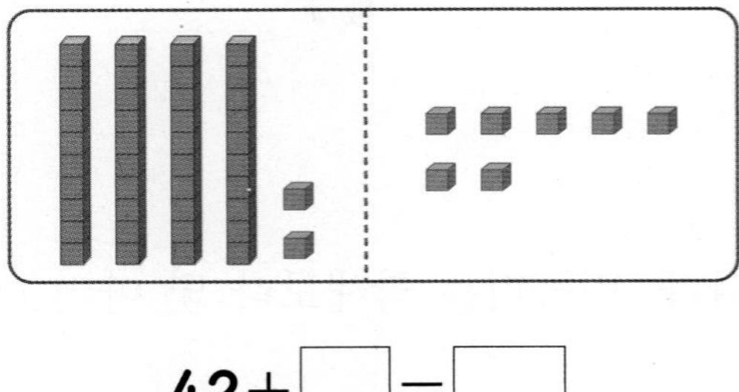

42+□=□

03 ○ 안에 >, <를 알맞게 써넣으세요.

50+30 ○ 23+62

04 정은이는 초록색 엽서 **25**장과 빨간색 엽서 **13**장을 가지고 있습니다. 정은이가 가지고 있는 엽서는 모두 몇 장인가요?

(　　　　)장

05 합이 같은 것끼리 선으로 이어 보세요.

32+15 ·	· 27+11
24+14 ·	· 23+24
22+27 ·	· 35+14

06 합이 가장 큰 것에 ○표, 가장 작은 것에 △표 하세요.

26+22	13+26	21+25
(　　)	(　　)	(　　)

07 과일 가게에 사과가 **34**개, 배가 **23**개 있습니다. 과일 가게에 있는 사과와 배는 모두 몇 개인지 덧셈식을 완성하고 여러 가지 방법으로 구해 보세요.

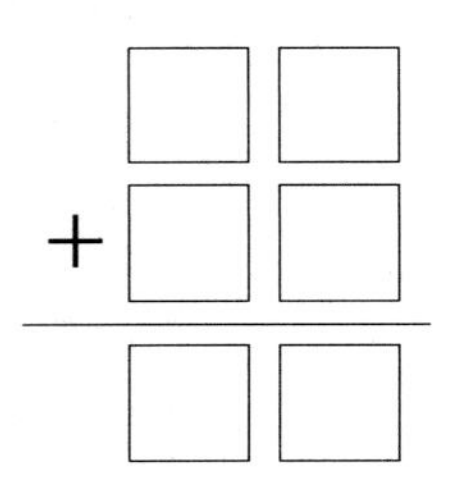

방법1 **30**과 □을 먼저 더하고 **4**와 **3**을 더했어.

방법2 **34**와 **20**을 먼저 더하고 □을 더했어.

08 그림을 보고 뺄셈을 하세요.

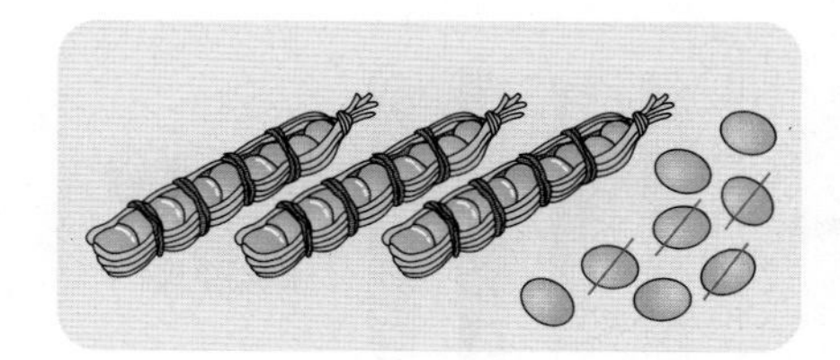

38－4＝□

09 그림을 보고 □ 안에 알맞은 수를 써넣으세요.

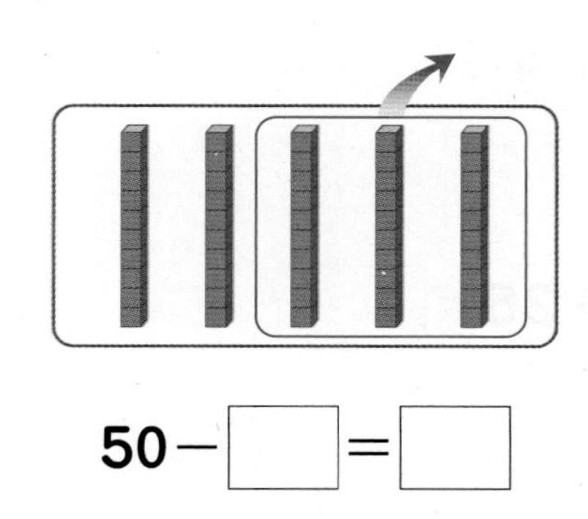

50－□＝□

10 다음 중 계산 결과가 가장 작은 것은 어느 것인가요? (　　　)

① 70－30　　② 64－4
③ 87－64　　④ 78－52
⑤ 90－60

11 교실에 학생이 37명 있습니다. 그중에서 15명이 운동장으로 나간다면 교실에 남아 있는 학생은 몇 명인가요?

(　　　　　　　)명

12 차가 가장 큰 것부터 차례대로 기호를 써 보세요.

㉠ 46－13	㉡ 39－10
㉢ 68－25	㉣ 84－52

(　　　　　　　)

13 여러 가지 방법으로 뺄셈을 하려고 합니다. □ 안에 알맞은 수를 써넣으세요.

69－25

(1) 69에서 20을 빼서 □를 구하고, 5를 빼면 □입니다.

(2) 69에서 5를 빼서 □를 구하고, 20을 빼면 □입니다.

14 다음 수 중에서 큰 수와 작은 수를 이용하여 뺄셈식을 만들어 보세요.

78, 32, 46

(1) □－□＝□

(2) □－□＝□

6 단원

점수

01 그림을 보고 □ 안에 알맞은 수를 써넣으세요.

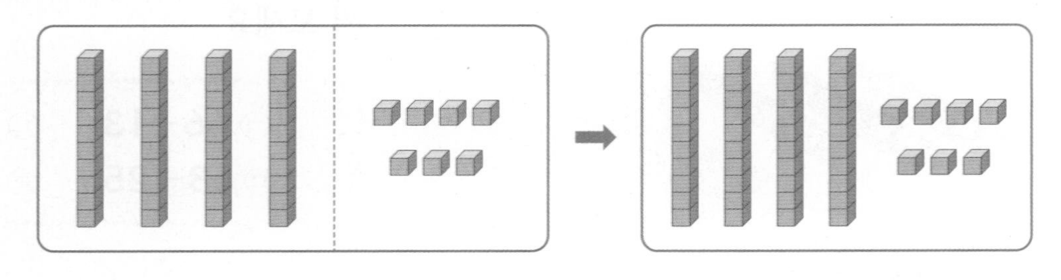

$40+7=\square$

02 덧셈을 하세요.

(1)
$$\begin{array}{r} 30 \\ +\ \ 9 \\ \hline \square \end{array}$$

(2)
$$\begin{array}{r} 4 \\ +41 \\ \hline \square \end{array}$$

(3) $70+3=\square$

(4) $3+35=\square$

03 덧셈을 하세요.

(1)
$$\begin{array}{r} 20 \\ +50 \\ \hline \square \end{array}$$

(2)
$$\begin{array}{r} 45 \\ +42 \\ \hline \square \end{array}$$

(3) $60+20=\square$

(4) $82+16=\square$

04 그림을 보고 □ 안에 알맞은 수를 써넣으세요.

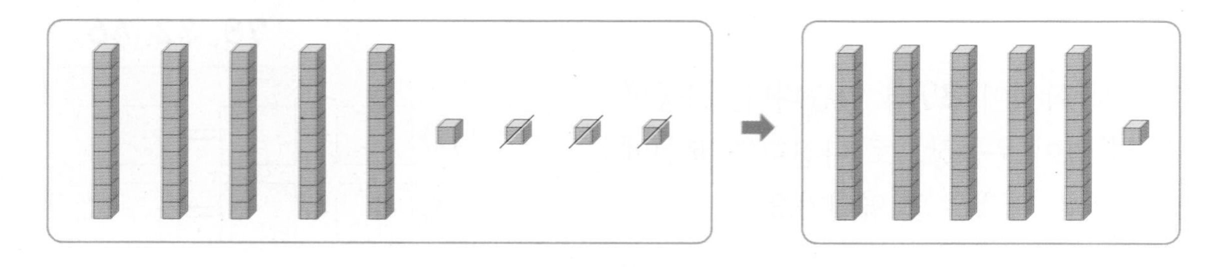

$54-3=\square$

05 빼셈을 하세요.

(1)
$$\begin{array}{r} 50 \\ -\ 40 \\ \hline \square \end{array}$$

(2)
$$\begin{array}{r} 49 \\ -\ \ 5 \\ \hline \square \end{array}$$

(3) $90-50=\square$

(4) $75-2=\square$

06 빼셈을 하세요.

(1)
$$\begin{array}{r} 68 \\ -\ 32 \\ \hline \square \end{array}$$

(2)
$$\begin{array}{r} 84 \\ -\ 32 \\ \hline \square \end{array}$$

(3) $78-74=\square$

(4) $55-12=\square$

6 단원

07 보기와 같은 방법으로 덧셈을 하세요.

보기
$15+33=10+30+5+3=40+8=48$

$23+45$

08 보기와 같은 방법으로 뺄셈을 하세요.

보기
$77-52=(70-50)+(7-2)=20+5=25$

$65-44$

09 □ 안에 알맞은 수를 써넣으세요.

(1) **33+44=33+□+4=□+4=□**

(2) **25+73=20+□+5+□=90+□=□**

(3) **65−23=(60−□)+(5−□)=□+□=□**

(4) **58−36=58−□−6=□−6=□**

10 구슬을 석기는 **27**개, 예슬이는 **31**개 가지고 있습니다. 석기와 예슬이가 가지고 있는 구슬은 모두 몇 개인지 식을 세우고 답을 구해 보세요.

11 흰 바둑돌이 **63**개, 검은 바둑돌이 **34**개 있습니다. 바둑돌은 모두 몇 개 있는지 식을 세우고 답을 구해 보세요.

식 ____________ 답 ____________개

12 공원에 어른이 **34**명, 어린이가 **79**명 있습니다. 어린이는 어른보다 몇 명 더 많은지 식을 세우고 답을 구해 보세요.

식 ____________ 답 ____________명

왕수학

왕수학

정답과 풀이

1-2

(주)에듀왕

왕수학

정답과
풀이

1-2

1. 100까지의 수

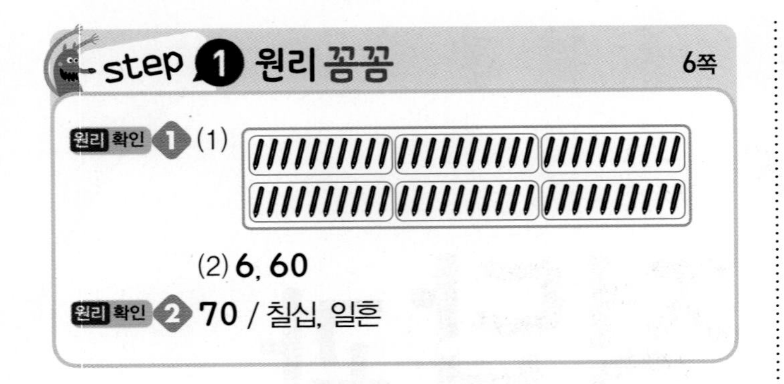

step 1 원리 꼼꼼 6쪽

원리 확인 1 (1)

(2) 6, 60

원리 확인 2 70 / 칠십, 일흔

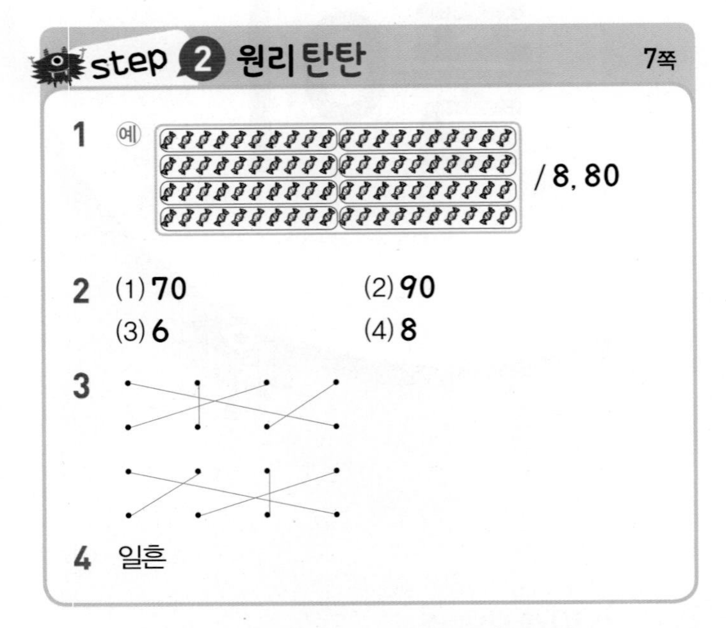

step 2 원리 탄탄 7쪽

1 예 / 8, 80

2 (1) 70 (2) 90
(3) 6 (4) 8

3

4 일흔

4 10개씩 묶음 9개, 구십, 아흔은 90이고 일흔은 70입니다.
따라서 나머지와 다른 하나는 일흔입니다.

step 3 원리 척척 8~9쪽

1 60, 육십, 예순 2 70, 칠십, 일흔
3 80, 팔십, 여든 4 90, 구십, 아흔
5 6, 60, 예순 / 60 / 육십, 예순
6 7, 70, 칠십 / 70 / 칠십, 일흔
7 8, 80, 팔십, 여든 / 80 / 팔십, 여든
8 9, 90, 구십, 아흔 / 90 / 구십, 아흔

step 1 원리 꼼꼼 10쪽

원리 확인 1 56

원리 확인 2 8, 7 / 87

1 10개씩 8묶음과 낱개 7개이므로 사탕은 모두 87개입니다.

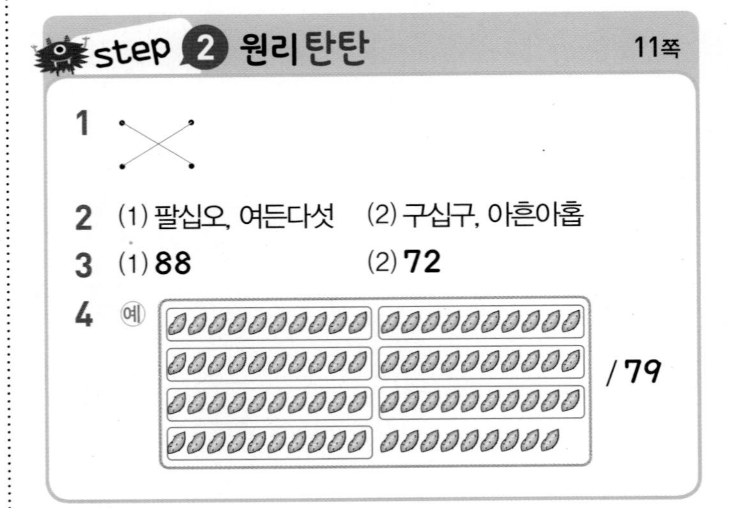

step 2 원리 탄탄 11쪽

1

2 (1) 팔십오, 여든다섯 (2) 구십구, 아흔아홉

3 (1) 88 (2) 72

4 예 / 79

1 10개씩 묶음 6개와 낱개 2개는 62입니다. 10개씩 묶음 9개와 낱개 4개는 94입니다.

2 10개씩 묶음의 수를 먼저 읽고 낱개의 수를 읽습니다.

(1) 85 ➡

80	5
팔십	오
여든	다섯

→ 팔십오
→ 여든다섯

(2) 99 ➡

90	9
구십	구
아흔	아홉

→ 구십구
→ 아흔아홉

3 (1) 여든여덟 ➡ 88 (여든: 80, 여덟: 8) (2) 일흔둘 ➡ 72 (일흔: 70, 둘: 2)

4 10개씩 묶음 7개와 낱개 9개이므로 고구마는 모두 79개입니다.

step 3 원리척척 12~13쪽

1 5, 2 / 52 / 5, 2, 52
2 6, 4 / 64
3 7, 6 / 76
4 8, 8 / 88
5 9, 3 / 93
6 63, 육십삼, 예순셋
7 56, 오십육, 쉰여섯
8 62, 육십이, 예순둘
9 74, 칠십사, 일흔넷
10 89, 팔십구, 여든아홉
11 97, 구십칠, 아흔일곱
12 99, 구십구, 아흔아홉

step 1 원리꼼꼼 14쪽

원리 확인 1 칠십
원리 확인 2 예순다섯, 팔십이

1 버스 번호는 칠십 번, 칠십일 번, 칠십이 번과 같이 수를 읽습니다.

step 2 원리탄탄 15쪽

1 (선 잇기)
2 육십삼
3 (   )
(○)
4 일흔한 살

1 54 — 오십사 — 쉰넷, 86 — 팔십육 — 여든여섯

2 건물의 층수는 일 층, 이 층, ……처럼 일, 이, 삼 ……을 이용합니다.

3 연우 : 오십일 ➡ 쉰한 개

4 팔십일 번 — 81번, 일흔한 살 — 71살

step 3 원리척척 16~17쪽

1 육십육
2 구십
3 일흔다섯
4 일흔
5 구십오, 마흔일곱
6 십구, 예순여덟
7 오십삼, 쉰세
8 칠십사, 일흔네

1 등 번호는 육십일, 육십이, ……와 같이 수를 읽습니다.

2 횟수를 나타낼 때는 구십 회, 구십일 회, 구십이 회와 같이 수를 읽습니다.

3 책의 권수를 나타낼 때는 일흔하나, 일흔둘과 같이 수를 셉니다.

step 1 원리꼼꼼 18쪽

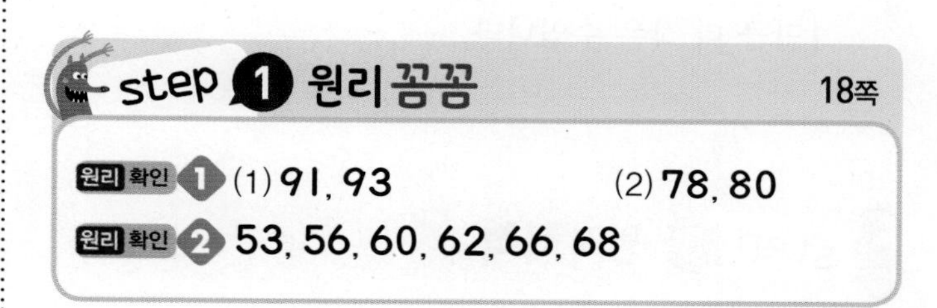

원리 확인 1 (1) 91, 93　(2) 78, 80
원리 확인 2 53, 56, 60, 62, 66, 68

1 (1) 92보다 1만큼 더 작은 수는 바로 앞의 수인 91이고, 1만큼 더 큰 수는 바로 뒤의 수인 93입니다.
(2) 79보다 1만큼 더 작은 수는 바로 앞의 수인 78이고, 1만큼 더 큰 수는 바로 뒤의 수인 80입니다.

2 왼쪽에서 오른쪽으로 한 칸 갈 때마다 차례로 1씩 커집니다.

step 2 원리탄탄 19쪽

1 (1) 79　(2) 91
(3) 85
2 (1) 84　(2) 77
3 85보다 1만큼 더 작은 수
4 100, 백

1 (1) **78**보다 **1**만큼 더 큰 수는 바로 뒤의 수인 **79**입니다.
(2) **90**과 **92** 사이에 있는 수는 **90**보다 **1**만큼 더 크고 **92**보다 **1**만큼 더 작은 수인 **91**입니다.
(3) **86**보다 **1**만큼 더 작은 수는 바로 앞의 수인 **85**입니다.

2 (1) **85**보다 **1**만큼 더 작은 수는 바로 앞의 수인 **84**입니다.
(2) **76**과 **78** 사이에 있는 수는 **76**보다 **1**만큼 더 크고 **78**보다 **1**만큼 더 작은 수인 **77**입니다.

3 • **82**보다 **1**만큼 더 큰 수는 바로 뒤의 수인 **83**입니다.
• **85**보다 **1**만큼 더 작은 수는 바로 앞의 수인 **84**입니다.
따라서 나머지 둘과 다른 하나는 **84**, 즉 **85**보다 **1**만큼 더 작은 수입니다.

step 3 원리척척 20~21쪽

1	53, 55	2	75, 77
3	60, 62	4	79, 81
5	98, 100	6	88, 90
7	64	8	77
9	60	10	83
11	99	12	68
13	1, 1, 100, 백	14	52, 54, 56
15	89, 90, 94	16	94, 97, 98, 100
17	67, 65, 63	18	81, 80, 77

step 1 원리꼼꼼 22쪽

원리 확인 1 (1) 6, 5 (2) 62 (3) 62

원리 확인 2 작습니다.

1 (3) 십 모형의 수가 더 많은 **62**가 더 큰 수입니다.

2 **10**개씩 묶음의 수가 **72**는 **7**, **82**는 **8**이므로 **72**는 **82**보다 작습니다.

step 2 원리탄탄 23쪽

1 <
2 (1) > (2) <
3 (1) 69>57 (2) 77<90
4 90
5 72(○), 59(△)

1 **10**개씩 묶음의 수가 **58**은 **5**, **73**은 **7**이므로 **58**은 **73**보다 작습니다.

2 (1) 76 > 59 (7>5) (2) 61 < 81 (6<8)

4 **10**개씩 묶음의 수가 **84**는 **8**, **58**은 **5**, **90**은 **9**입니다. 따라서 **10**개씩 묶음의 수가 **8**보다 큰 **90**이 **84**보다 큰 수입니다.

5 **10**개씩 묶음의 수를 비교하면 **7**이 가장 크고 **5**가 가장 작습니다.

step 3 원리척척 24~25쪽

1 48<55
2 88>64
3 70<80
4 36은 42보다 작습니다.
5 77은 65보다 큽니다.
6 80은 90보다 작습니다.
7 <
8 >

9 <　　10 >
11 >　　12 <
13 <　　14 >
15 △18 ○30　　16 ○47 △41
17 △32 ○51　　18 △63 ○90
19 ○43 △29　　20 ○57 △54
21 ○66 △59　　22 △46 ○50
23 8, 9　　24 0, 1
25 1, 2, 3, 4, 5　　26 8, 9

step 1 원리꼼꼼　26쪽

원리 확인 1 2, 짝수 / 7, 홀수 / 3, 홀수 / 8, 짝수

원리 확인 2 예) / 짝수

원리 확인 3

△1	○2	△3	○4	△5
○6	△7	○8	△9	○10
△11	○12	△13	○14	△15
○16	△17	○18	△19	○20

step 2 원리탄탄　27쪽

1 24, 짝수　　2 33, 홀수
3 사과, 수박
4

13	△14	15	16	17	18
19	20	21	22	23	24
25	26	27	28	○29	30

5 11, 13, 15, 17, 19

5 11부터 19까지의 수 중에서 낱개의 수가 1, 3, 5, 7, 9인 수이므로 11, 13, 15, 17, 19입니다.

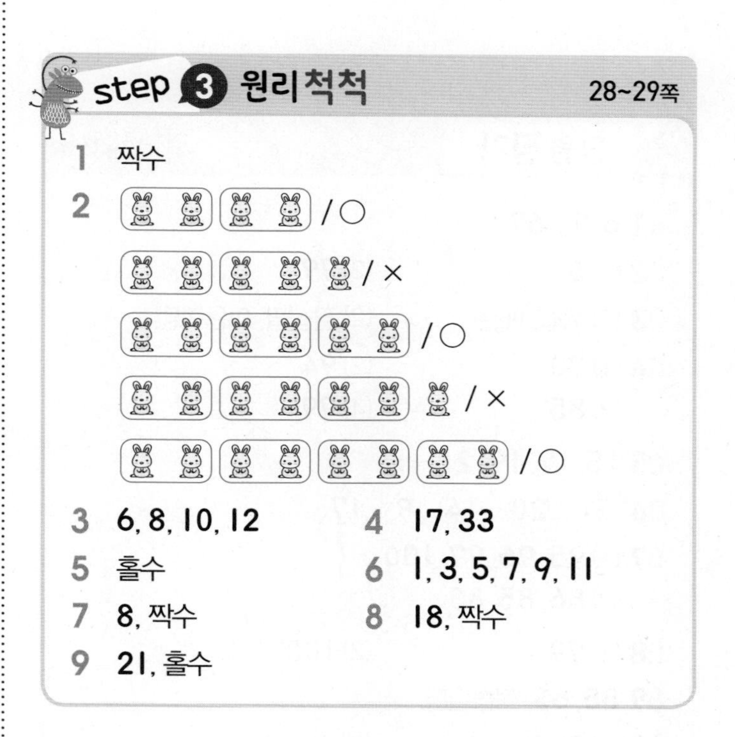

step 3 원리척척　28~29쪽

1 짝수
2 / ○
/ ×
/ ○
/ ×
/ ○
3 6, 8, 10, 12　　4 17, 33
5 홀수　　6 1, 3, 5, 7, 9, 11
7 8, 짝수　　8 18, 짝수
9 21, 홀수

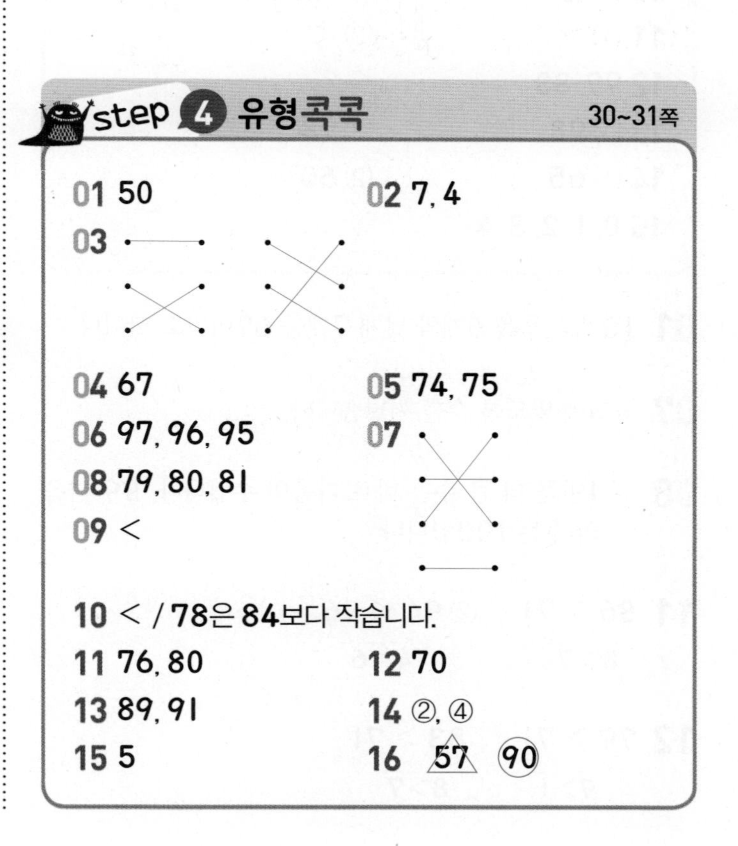

step 4 유형콕콕　30~31쪽

01 50　　02 7, 4
03
04 67　　05 74, 75
06 97, 96, 95　　07
08 79, 80, 81
09 <
10 < / 78은 84보다 작습니다.
11 76, 80　　12 70
13 89, 91　　14 ②, ④
15 5　　16 △57 ○90

15 21, 23, 25, 27, 29로 모두 5개입니다.

단원 평가 32~34쪽

01 6, 7 / 67
02 (1) 6 (2) 79
03 (1) 육십, 예순 (2) 팔십팔, 여든여덟
04 (1) 70 (2) 94 (3) 85 (4) 99
05 15, 17, 19, 21
06 31(△) 20(○) 14(○) 9(△) 17(△)
07 (1) 95, 96, 99, 100 (2) 86, 85, 83
08 (1) 79 (2) 100
09 55, 63, 적습니다.
10 (1) 큽니다. (2) 작습니다.
11 (1) > (2) <
12 79, 83
13 (1) 98 (2) 78
14 (1) 65 (2) 60
15 0, 1, 2, 3, 4

01 10개씩 묶음 6개와 낱개 7개를 67이라고 합니다.

07 규칙에 맞도록 수를 써넣습니다.

08 (2) 1만큼 더 큰 수는 바로 다음의 수입니다. 99 다음의 수는 100입니다.

11 $86 > 71$ (8 > 7) (2) $94 < 96$ (4 < 6)

12 $79 > 71$ (9 > 1) $83 > 71$ (8 > 7)

15 □ 안에는 5보다 작은 숫자인 0, 1, 2, 3, 4가 들어갈 수 있습니다.

2. 덧셈과 뺄셈(1)

step 1 원리 꼼꼼 36쪽

원리 확인 1 (1) ○○○/○○○○/○○

(2) 9 / 7, 9 / 7 / 7, 9

(3) 9

step 2 원리 탄탄 37쪽

1 8

2 (1) 8 / 6, 8　　(2) 9 / 6, 9

3 8

4

5 2+4+3=9, 9

step 3 원리 척척 38~39쪽

1 9 / 5, 9　　2 7 / 5, 7

3 8 / 6, 8　　4 8 / 7, 8

5 9　　6 7

7 8　　8 6

9 9　　10 5

11 9　　12 8

13 7 / 5 / 5, 7　　14 9 / 6 / 6, 9

15 8 / 6 / 6, 8　　16 8 / 5 / 5, 8

17 8 / 6 / 6, 8　　18 9 / 7 / 7, 9

19 9 / 5 / 5, 9　　20 9 / 7 / 7, 9

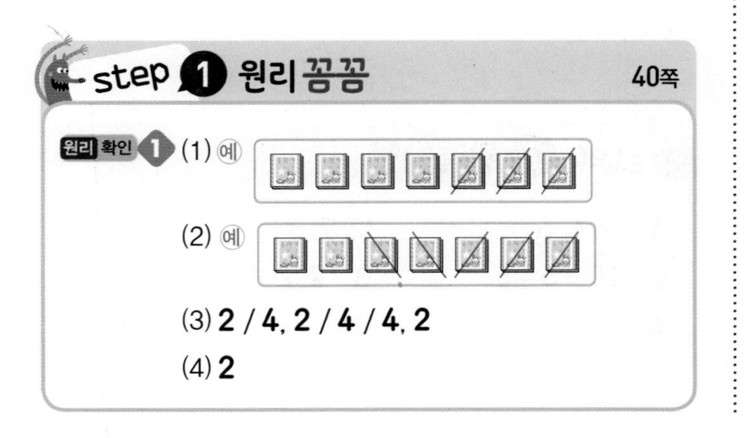

step 1 원리 꼼꼼 40쪽

원리 확인 1 (1) 예

(2) 예

(3) 2 / 4, 2 / 4 / 4, 2

(4) 2

step 2 원리 탄탄 41쪽

1 1

2 (1) 5 / 6, 5　　(2) 4 / 6, 4

3 3

4

5 7−3−2=2, 2

step 3 원리 척척 42~43쪽

1 1 / 3 / 3, 1　　2 2 / 4 / 4, 2

3 1 / 5 / 5, 1　　4 3 / 7 / 7, 3

5 4　　6 2

7 2　　8 4

9 1　　10 2

11 2　　12 3

13 3　　14 2, 2

15 2　　16 2

17 2　　18 0

19 1　　20 4

21 2　　22 0

23 1　　24 2

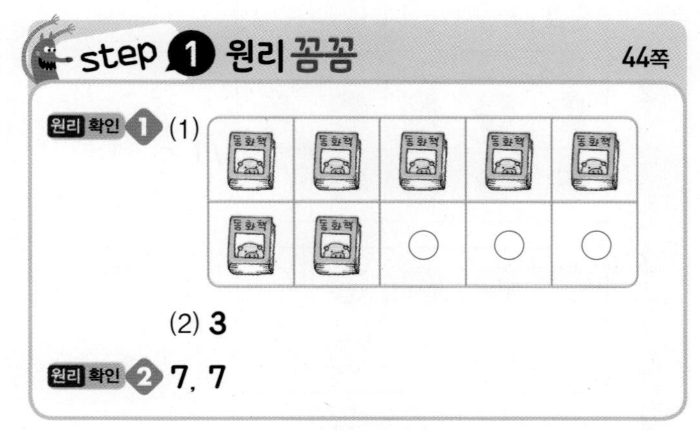

step 1 원리 꼼꼼 44쪽

원리 확인 1 (1)

(2) 3

원리 확인 2 7, 7

1 (1) 10권이 되려면 3권이 더 있어야 합니다.

(2) 7권에 3권을 더 꽂아야 10권이 됩니다.

➡ 7+3=10

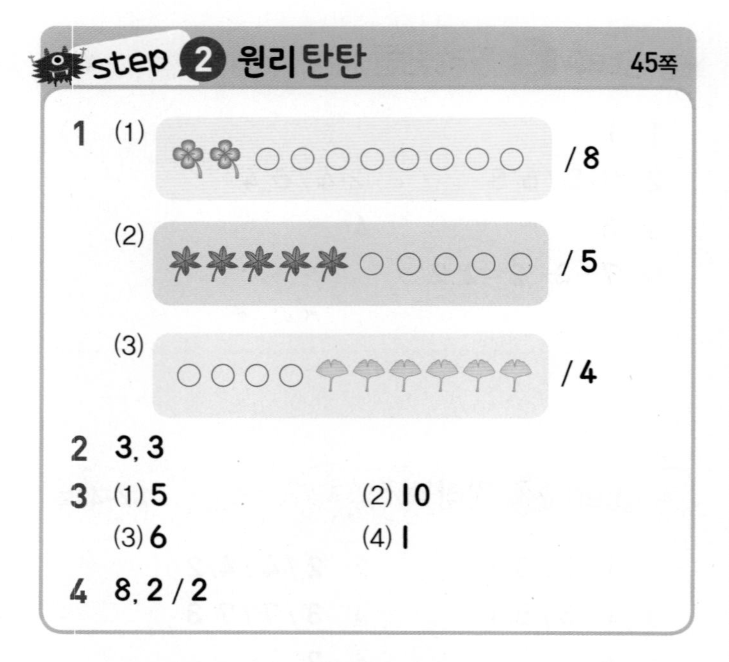

step 2 원리탄탄 45쪽

1 (1) / 8
(2) / 5
(3) / 4

2 3, 3

3 (1) 5　(2) 10
(3) 6　(4) 1

4 8, 2 / 2

2 처음에 오른쪽으로 **7**칸을 가고, **3**칸을 더 가서 모두 **10**칸을 갔습니다.
➡ 7+ 3 =10

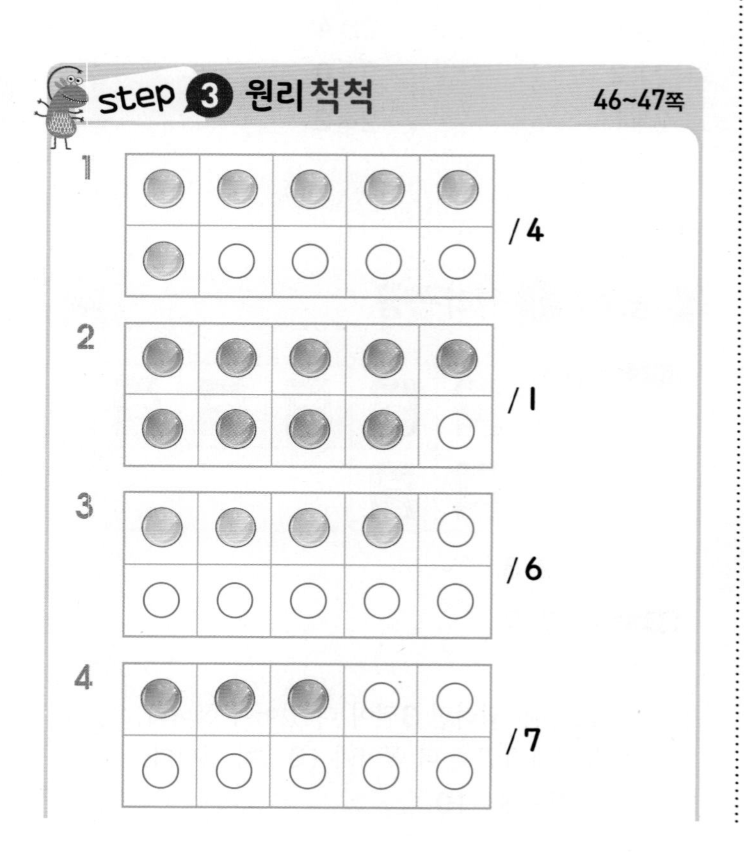

step 3 원리척척 46~47쪽

1 / 4

2 / 1

3 / 6

4 / 7

5 2, 2　6 5, 5
7 9, 9　8 7
9 5　10 3
11 4　12 2
13 10　14 8
15 6　16 9
17 7　18 4
19 1　20 0
21 8

step 1 원리꼼꼼 48쪽

원리 확인 1 (1) 예

(2) 4

원리 확인 2 9

1 (2) 전체 피자 조각의 수에서 먹은 조각의 수를 빼면 남은 조각의 수가 됩니다.
➡ 10−4=6

2 종이 비행기 **10**개에서 **1**개를 덜어내면 종이 비행기 **9**개가 남습니다.

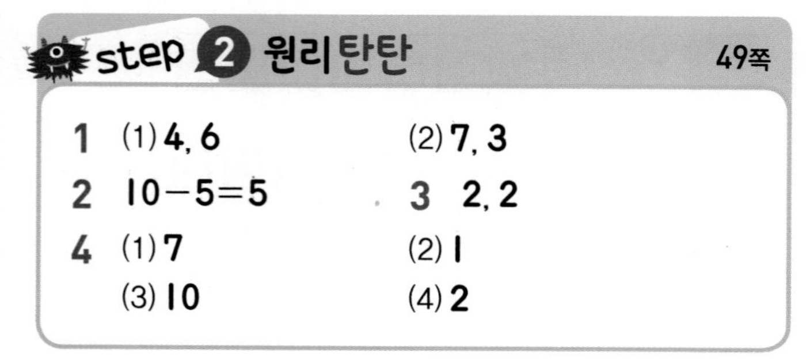

step 2 원리탄탄 49쪽

1 (1) 4, 6　(2) 7, 3
2 10−5=5　3 2, 2
4 (1) 7　(2) 1
(3) 10　(4) 2

1 (1) 쿠키 10개에서 4개를 먹으면 쿠키 6개가 남습니다.
(2) 가지 10개에서 7개를 먹으면 가지 3개가 남습니다.

2 (전체 바나나의 수)−(먹은 바나나의 수)
=(남아 있는 바나나의 수)
➡ $10-5=5$

4 (1) ○○○○○○○○∅∅∅ $10-3=$ 7
(2) ○∅∅∅∅∅∅∅∅∅ $10-9=$ 1
(3) ○○○○○○○○○○ $10-0=$ 10
(4) ○○∅∅∅∅∅∅∅∅ $10-8=$ 2

step 3 원리 척척 50~51쪽

1 5
2 7
3 1
4 6
5 3
6 4
7 8

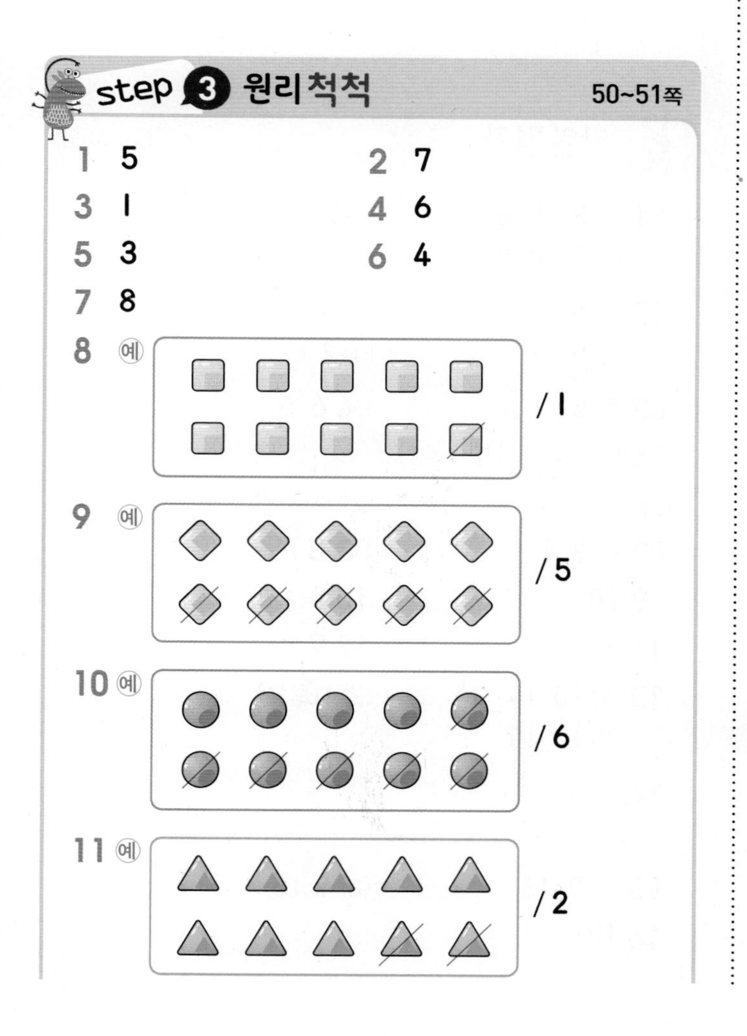

8 예 / 1
9 예 / 5
10 예 / 6
11 예 / 2

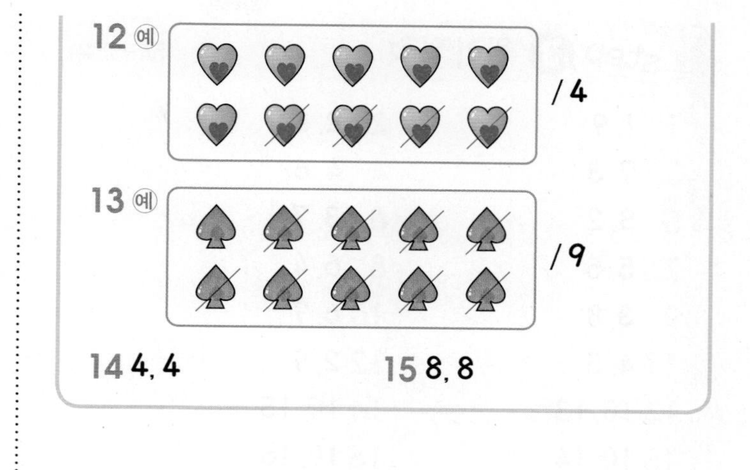

12 예 / 4
13 예 / 9

14 4, 4
15 8, 8

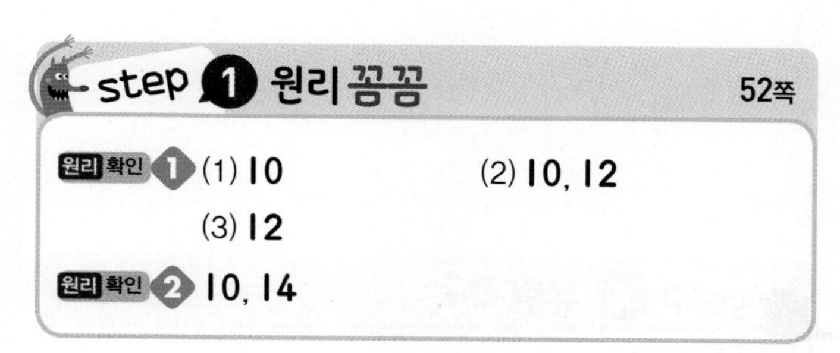

step 1 원리 꼼꼼 52쪽

원리 확인 1 (1) 10 (2) 10, 12 (3) 12

원리 확인 2 10, 14

1 (1) $3+7=10$
(2) $3+7+2=10+2=12$

2 해 8개와 달 2개를 먼저 더하면 10개이고, 별 4개를 이어서 더하면 모두 14개입니다.

step 2 원리 탄탄 53쪽

1 (1) 10, 13 (2) 10, 15
2 (1) 10, 12 (2) 10, 17
3 (1) $9+1$ / 12 (2) $2+8$ / 13
(3) $6+4$ / 17 (4) $3+7$ / 16

step 3 원리척척 54~55쪽

1	1, 9	2	2, 8
3	7, 3	4	4, 6
5	8, 2	6	3, 7
7	5, 5	8	6, 4
9	3, 8	10	6, 7
11	4, 5	12	2, 9
13	10, 13	14	10, 15
15	10, 14	16	10, 16
17	10, 12	18	10, 17
19	9+1, 12	20	3+7, 14
21	5+5, 16	22	4+6, 11
23	2+8, 15	24	6+4, 13

step 4 유형콕콕 56~57쪽

01 (선 잇기)

02 ( )(○)

03 (1) 2 (2) 3

04 예 3, 4

05 (1) 1 / 4, 1 (2) 2 / 6 / 6, 2

06 ( )(○)

07 >

08 1

09 10

10 8+2, 3+7

11

●	●	●	●	●
●	●	○	○	○

/ 3

12 (선 잇기)

13 7, 7

14 4, 6, ㉡

15 10, 14

16 10, 13

03 (1) $3+2+\square=7$, $5+\square=7$, $\square=2$
(2) $5+\square+1=9$, $6+\square=9$, $\square=3$

04 합이 9가 되는 세 수에서 하나의 수가 2이므로 나머지 두 수의 합은 7이어야 합니다.
$2+3+4=9$, $2+4+3=9$

06 세 수의 뺄셈은 반드시 앞에서부터 차례대로 계산해야 합니다.

07 $8-2-3=3$, $9-4-3=2$
➡ $3>2$

08 $7-4-2=1$(개)

단원평가 58~60쪽

01 (1) 8 / 5, 8 (2) 2 / 7, 2
(3) 9 / 6, 9 (4) 1 / 5, 1

02 (1) 8 (2) 3
(3) 9 (4) 2

03 5, 5

04 6, 6

05 ( )(○)

06 (1) > (2) >

07 예 2, 4

08 3

09 10

10 8

11 9

12 7

13 (1) 10, 14 (2) 10, 13
(3) 10, 17

14 (선 잇기)

15 (1) 7, 13 (2) 4, 15

16 17

03 5에서 10까지 가려면 5칸을 더 가야 합니다.

04 10에서 6칸을 되돌아오면 4가 됩니다.

06 (1) $2+3+4=9$, $3+2+3=8$
➡ $9>8$
(2) $8-5-1=2$, $9-5-3=1$
➡ $2>1$

07 9에서 어떤 두 수를 뺄 때 3이 나오는 두 카드의 수의 합은 6입니다. 따라서 합이 6이 되는 두 수는 2와 4 또는 4와 2입니다.

08 $2+8=▲$, $▲=10$, $10-7=■$, $■=3$

16 $4+7+6=4+6+7=10+7=17$(개)

3. 모양과 시각

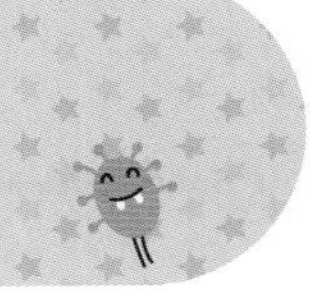

step 1 원리 꼼꼼 62쪽

원리 확인 1 (1) 필통, 지우개, 액자
(2) 삼각자, 샌드위치, 교통 표지판
(3) 동전, 시계, 탬버린

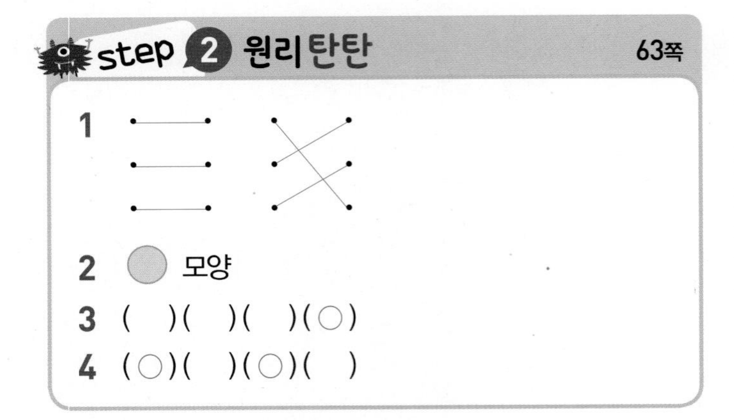

3 • 주사위, 수첩, 자 ➡ ■ 모양
• 샌드위치 ➡ ▲ 모양

4 • 프라이팬 ➡ ● 모양
• 삼각자, 삼각김밥 ➡ ▲ 모양
• 연 ➡ ■ 모양

1 탬버린, 동전 ➡ ● 모양

2 동화책, 엽서 ➡ ■ 모양

3 삼각자, 삼각김밥 ➡ ▲ 모양

4 ■ 모양이 들어 있는 물건은 칠판, 액자이고 ▲ 모양이 들어 있는 물건은 교통 표지판, 샌드위치입니다. 또, ● 모양이 들어 있는 물건은 바퀴, 동전입니다.

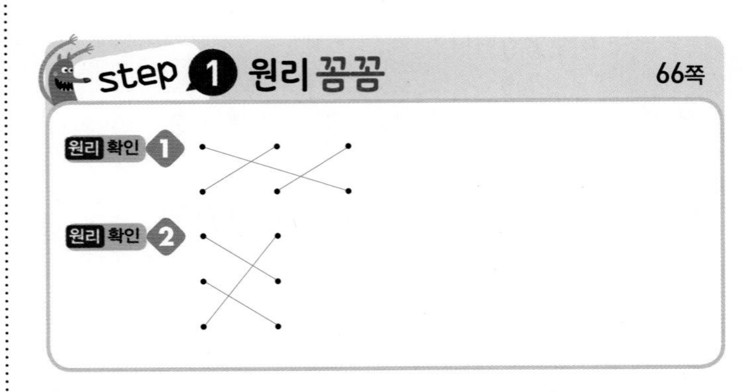

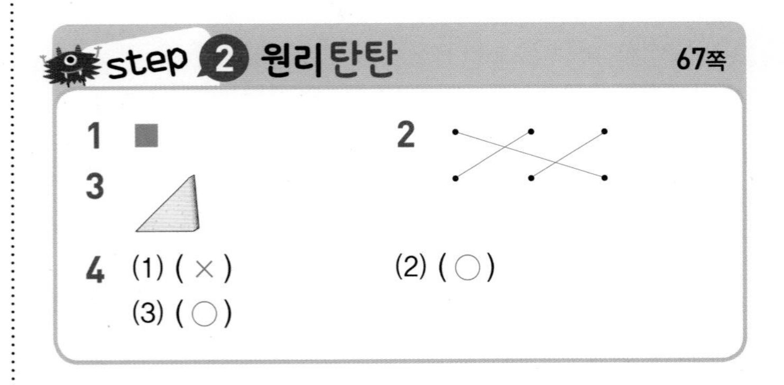

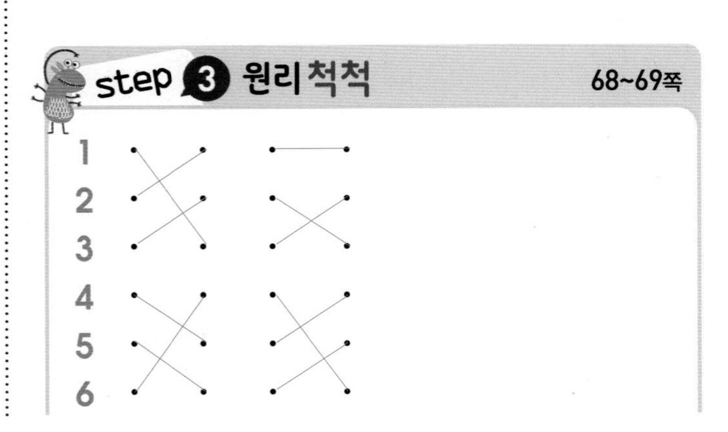

7 △ 8 ○
9 □ 10 □
11 △ 12 ○
13 □ 14 ○
15 □ 16 ○
17 □ 18 △
19 □ 20 △
21 ○

step 1 원리꼼꼼 70쪽

원리 확인 1 ■

원리 확인 2 5, 2, 2

step 2 원리탄탄 71쪽

1 ■ 모양, ▲ 모양
2 2, 3, 5 3 2
4 12

2 ■ 모양을 /로 표시하면서 세어 보면 모두 2개, ▲ 모양을 ∨로 표시하면서 세어 보면 모두 3개, ● 모양을 ×로 표시하면서 세어 보면 모두 5개입니다.

3 ■ 모양을 /로 표시하면서 세어 보면 모두 2개, ▲ 모양을 ∨로 표시하면서 세어 보면 모두 3개입니다.

step 3 원리척척 72~73쪽

1 (○)( ) 2 ( )(○)
3 (○)( ) 4 2, 3, 3
5 1, 7, 4 6 2, 3, 3

1 주어진 모양을 모두 사용하여 만들 수 있는 모양을 찾습니다.

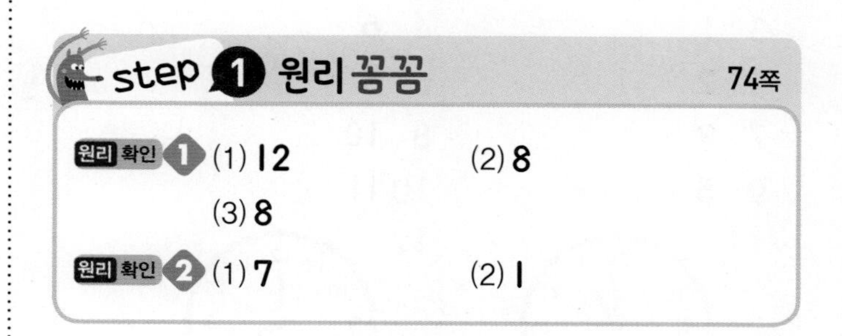

step 1 원리꼼꼼 74쪽

원리 확인 1 (1) 12 (2) 8
(3) 8

원리 확인 2 (1) 7 (2) 1

1 긴바늘이 숫자 12를 가리키고, 짧은바늘이 숫자 8을 가리키므로 8시입니다.

2 (1) 긴바늘이 숫자 12를 가리키고 짧은바늘은 숫자 7을 가리키므로 7시입니다.
(2) 긴바늘이 숫자 12를 가리키고 짧은바늘은 숫자 1을 가리키므로 1시입니다.

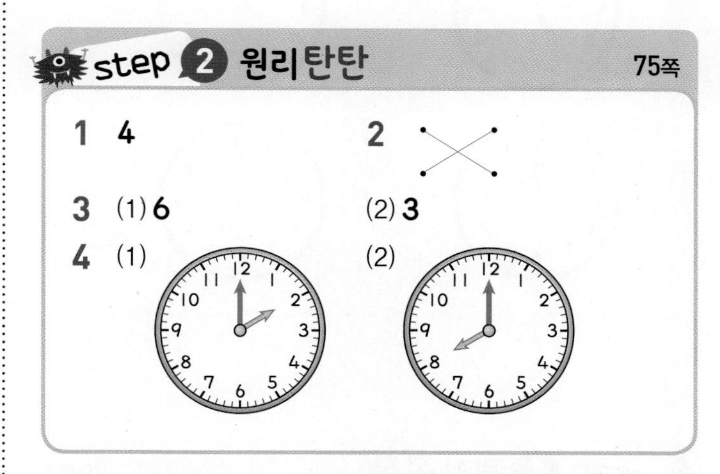

step 2 원리탄탄 75쪽

1 4 2 (선 잇기)
3 (1) 6 (2) 3
4 (1) (2)

1 긴바늘이 숫자 12를 가리키고 짧은바늘은 숫자 4를 가리키므로 4시입니다.

3 (1) 긴바늘 : 12, 짧은바늘 : 6 ➡ 6시
(2) 긴바늘 : 12, 짧은바늘 : 3 ➡ 3시

4 (1) 긴바늘이 숫자 12를 가리키고, 짧은바늘이 숫자 2를 가리키도록 그립니다.
(2) 긴바늘이 숫자 12를 가리키고, 짧은바늘이 숫자 8을 가리키도록 그립니다.

step 3 원리척척 76~77쪽

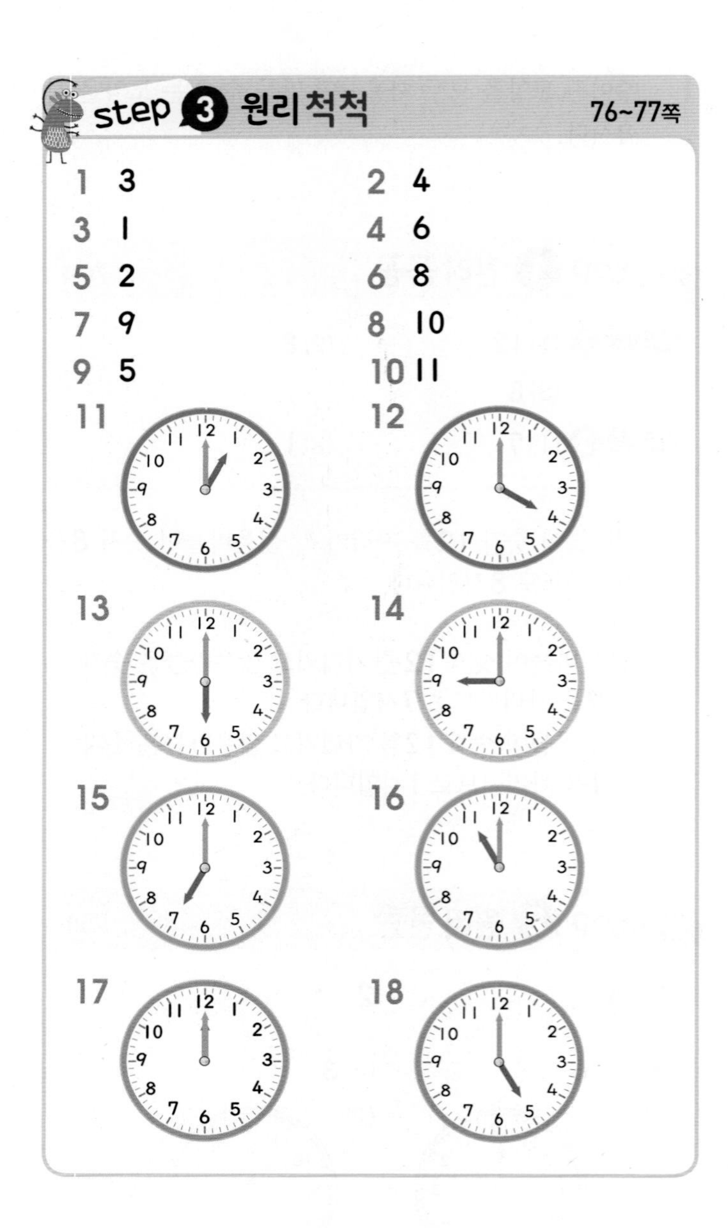

1 3　　2 4
3 1　　4 6
5 2　　6 8
7 9　　8 10
9 5　　10 11
11　12
13　14
15　16
17　18

step 1 원리꼼꼼 78쪽

원리 확인 1 (1) 6　(2) 3, 4　(3) 3

원리 확인 2 (1) 10, 30　(2) 7, 30

1 긴바늘이 숫자 **6**을 가리키고, 짧은바늘이 숫자 **3**과 **4** 사이를 가리키므로 **3**시 **30**분입니다.

2 (1) 긴바늘이 숫자 **6**을 가리키고 짧은바늘은 숫자 **10**과 **11** 사이를 가리키므로 **10**시 **30**분을 나타냅니다.

(2) 긴바늘이 숫자 **6**을 가리키고 짧은바늘은 숫자 **7**과 **8** 사이를 가리키므로 **7**시 **30**분을 나타냅니다.

step 2 원리탄탄 79쪽

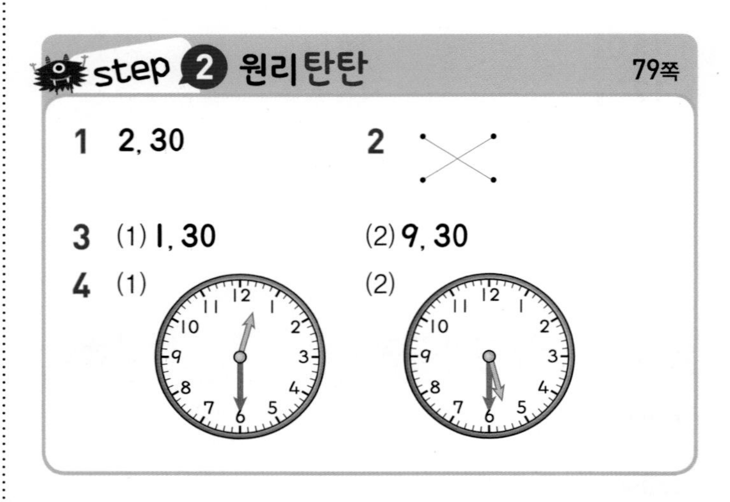

1 2, 30　　2
3 (1) 1, 30　(2) 9, 30
4 (1)　(2)

1 긴바늘이 숫자 **6**을 가리키고 짧은바늘은 숫자 **2**와 **3** 사이를 가리키므로 **2**시 **30**분을 나타냅니다.

4 (1) 긴바늘이 숫자 **6**을 가리키고, 짧은바늘이 숫자 **12**와 **1** 사이를 가리키도록 그립니다.

(2) 긴바늘이 숫자 **6**을 가리키고, 짧은바늘이 숫자 **5**와 **6** 사이를 가리키도록 그립니다.

step 3 원리척척 80~81쪽

1 2, 30　　2 1, 30
3 4, 30　　4 7, 30
5 12, 30　　6 9, 30
7 5, 30　　8 3, 30
9 6, 30　　10 11, 30
11　12
13　14

step 4 유형콕콕 82~83쪽

01 (○)(○)( )( )
02 ( )(○)( )(○)
03 ( )( )(○)(○)
04 ( )( )(○)( )
05 5
06 ●
07 ●, 2
08 4
09 (선 잇기)
10 ⑤
11 12
12 (선 잇기)
13 (×)(○)

05

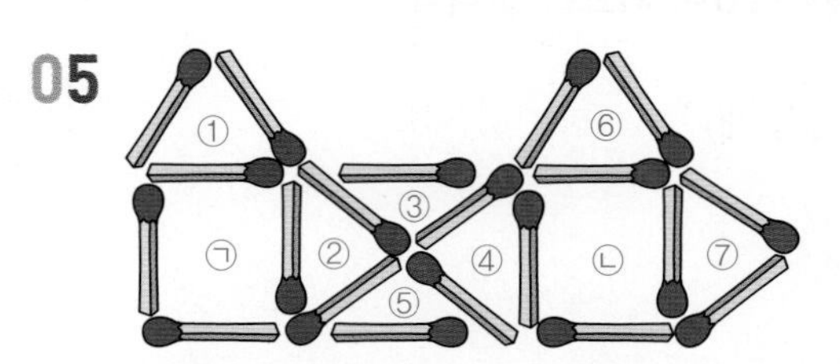

• ▲ 모양 : ①, ②, ③, ④, ⑤, ⑥, ⑦ ➡ **7**개
• ■ 모양 : ㉠, ㉡ ➡ **2**개
▲ 모양은 **7**개, ■ 모양은 **2**개이므로 ▲ 모양은 ■ 모양보다 **5**개 더 많습니다.

06 ■ 모양은 **2**개, ▲ 모양은 **4**개, ● 모양은 **5**개 사용하여 만들었습니다.
따라서 가장 많이 사용한 모양은 ● 모양입니다.

07 ■ 모양을 /로 표시하면서 세어 보면 모두 **4**개, ▲ 모양을 ∨로 표시하면서 세어 보면 모두 **3**개, ● 모양을 ×로 표시하면서 세어 보면 모두 **2**개입니다. 따라서 가장 적게 사용한 모양은 ● 모양으로 **2**개입니다.

08 긴바늘이 숫자 **12**, 짧은바늘이 숫자 **4**를 가리키고 있으므로 **4**시입니다.

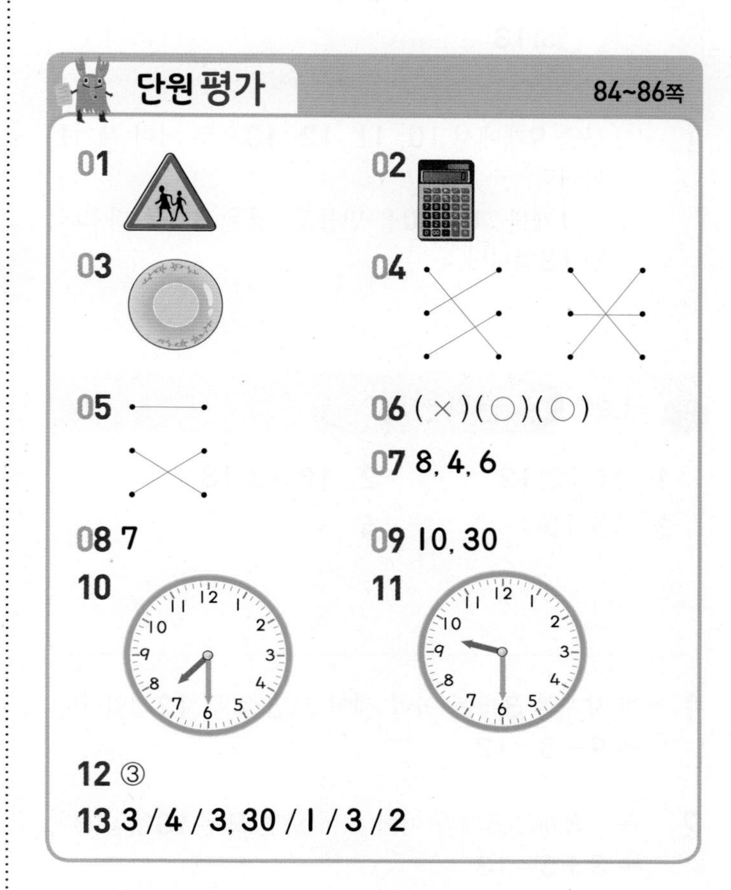

단원 평가 84~86쪽

01
02
03
04
05
06 (×)(○)(○)
07 8, 4, 6
08 7
09 10, 30
10
11
12 ③
13 3 / 4 / 3, 30 / 1 / 3 / 2

01 • 동화책, 봉투 ➡ ■ 모양
• 동전, 시계 ➡ ● 모양
• 교통안전 표지판 ➡ ▲ 모양

02 • 바퀴, 단추 ➡ ● 모양
• 삼각자, 샌드위치 ➡ ▲ 모양
• 전자계산기 ➡ ■ 모양

03 • 교통 표지판, 삼각김밥 ➡ ▲ 모양
• 지우개, 엽서 ➡ ■ 모양
• 접시 ➡ ● 모양

12 ① **2**시 **30**분 ② **5**시 **30**분
③ **4**시 **30**분 ④ **3**시 **30**분

13 시각이 빠를수록 먼저 만난 친구입니다.

4. 덧셈과 뺄셈(2)

step 1 원리꼼꼼 88쪽

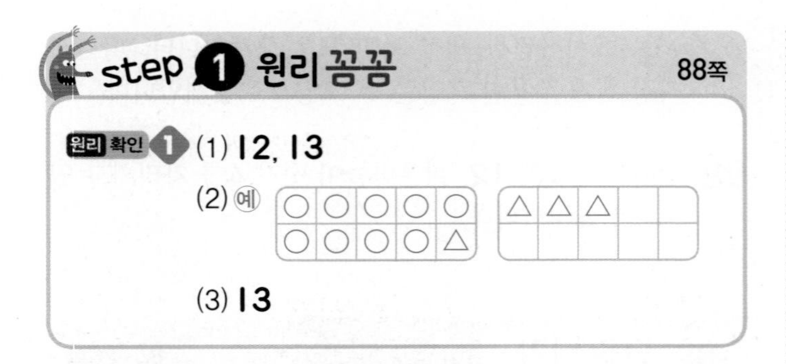

원리 확인 1 (1) 12, 13

(2) 예

(3) 13

1 (1) 구슬 9개에서 10, 11, 12, 13으로 이어 세기를 합니다.
(2) △ 1개를 그려 10을 만들고, 남은 3개를 더 그리면 13입니다.

step 2 원리탄탄 89쪽

1 11, 12, 12　　2 12, 13, 13
3 15, 15　　4

1 밤 9개와 3개를 이어 세어 보면 모두 12개입니다.
➡ $9+3=12$

2 구슬 8개와 5개를 이어 세어 보면 모두 13개입니다.
➡ $8+5=13$

3 두 수를 바꾸어 더해도 결과는 같습니다.

4 두 수를 바꾸어 더해도 결과는 같습니다.

step 3 원리척척 90~91쪽

1 12, 12　　2 12, 12
3 10, 11, 12, 12　　4 14
5 12　　6 13
7 13　　8 13
9 , 15

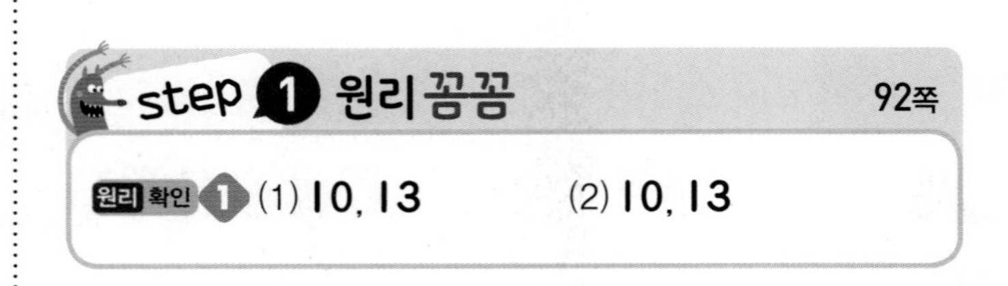

10 , 13
11 13, 13　　12 14, 14
13 11, 11　　14 14, 14
15 15, 15

step 1 원리꼼꼼 92쪽

원리 확인 1 (1) 10, 13　　(2) 10, 13

step 2 원리탄탄 93쪽

1 14
2 (1) 1 / 10, 12　　(2) 2 / 10, 14
(3) 2, 12　　(4) 1, 15
3 (1) 15　　(2) 11
4 13

1 더하는 수 6을 2와 4로 가르기 하여 더해지는 수 8과의 합이 10이 되도록 합니다.

4 $4+9=13$(개)

step 3 원리척척 94~95쪽

1 13, 2, 2, 3　　2 10, 15
3 10, 13　　4 4 / 10, 12
5 1 / 10, 14　　6 2, 4 / 10, 14
7 1, 6 / 10, 16　　8 12 / 1, 2, 1
9 10, 14　　10 10, 14
11 1 / 10, 16　　12 3 / 10, 12
13 1, 3 / 10, 11　　14 7, 1 / 10, 17

step 1 원리꼼꼼 96쪽

원리 확인 1 11, 12, 13 / 1, 1

원리 확인 2 14, 15, 16 / 1, 1

step 2 원리탄탄 97쪽

1 13, 15, 17 / 1, 2

2 16, 16, 16 / 1, 1

3 (선 잇기)

4 10, 11, 12, 13, 14

3 두 수를 서로 바꾸어 더해도 합은 같습니다.

step 3 원리척척 98~99쪽

1 12, 13, 14, 15 / 1

2 11, 13, 15, 17 / 2

3 12, 13, 14, 14 / 1, 1

4 11, 13, 15, 17 / 2, 2

5 11, 13, 15, 17 / 1, 2

6 14, 14, 14, 14 / 1, 1

7 12, 13, 14, 15

8 13, 14, 15, 16

9 14, 15, 16, 17

10 15, 16, 17, 18

11

+	4	5	6	7
9	13	14	15	16
8	12	13	14	15
7	11	12	13	14
6	10	11	12	13

12

+	5	6	7	8
6	11	12	13	14
7	12	13	14	15
8	13	14	15	16
9	14	15	16	17

step 1 원리꼼꼼 100쪽

원리 확인 1 (1) 6 (2) 6 (3) 6

step 2 원리탄탄 101쪽

1 7, 7

2 8, 8

3 7, 7

4 4, 4

step 3 원리척척 102~103쪽

1 6

2 7

3 7

4 8

5 8

6 6

7 8

8 7

9 8

10 9

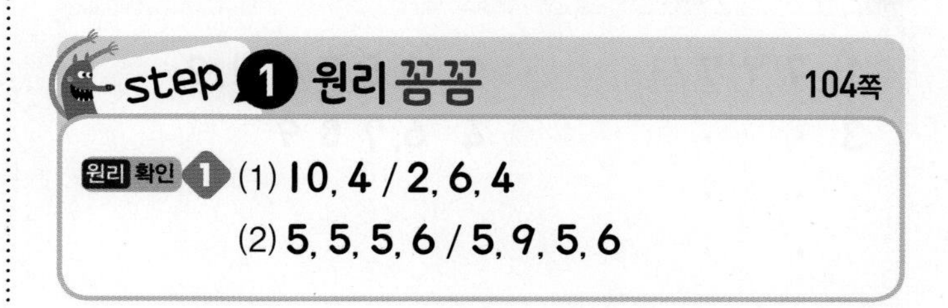

step 1 원리꼼꼼 104쪽

원리 확인 1 (1) 10, 4 / 2, 6, 4

(2) 5, 5, 5, 6 / 5, 9, 5, 6

step 2 원리탄탄 105쪽

1 (1) 6 / 3, 4, 6 (2) 4 / 1, 10, 7, 1, 4
2 (1) 3, 10, 8 (2) 6, 6, 1, 6, 7
3 (1) 5 (2) 6
4 9

2 5를 3과 2로 가르기한 후, 13에서 차례로 3과 2를 뺍니다.

4 13−4=9(개)

step 3 원리척척 106~107쪽

1 8 2 10, 7
3 10, 9 4 3 / 10, 8
5 2 / 10, 4 6 7, 1 / 10, 9
7 6, 3 / 10, 7 8 5
9 6, 8 10 5, 9
11 3 / 3, 6 12 5 / 5, 6
13 8, 7 / 2, 9 14 9, 8 / 1, 9

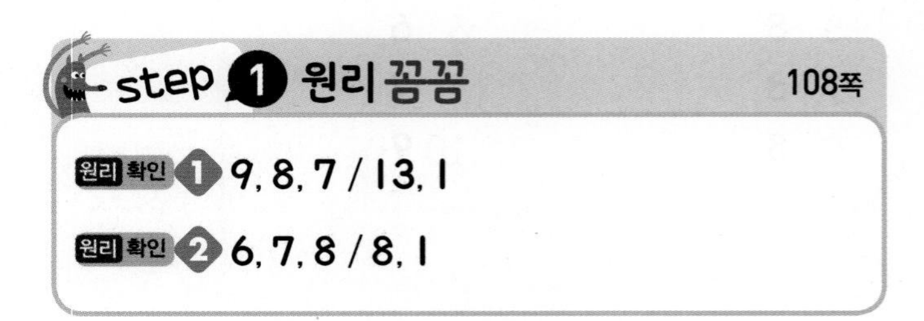

step 1 원리꼼꼼 108쪽

원리 확인 1 9, 8, 7 / 13, 1
원리 확인 2 6, 7, 8 / 8, 1

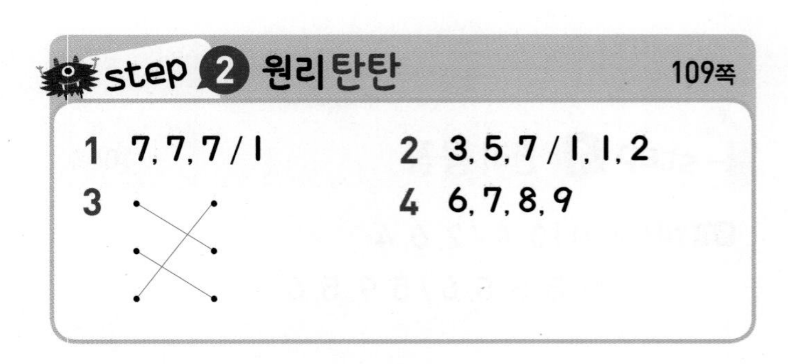

step 2 원리탄탄 109쪽

1 7, 7, 7 / 1 2 3, 5, 7 / 1, 1, 2
3 4 6, 7, 8, 9

3 • 13−5=8 • 16−9=7
• 18−9=9 • 12−4=8
• 15−8=7 • 17−8=9

step 3 원리척척 110~111쪽

1 9, 8, 7, 6 / 1, 1 2 6, 7, 8, 9 / 6, 1
3 6, 6, 6, 6 / 1, 1 4 3, 5, 7, 9 / 1, 1, 2
5 8, 8, 8, 8 / 1, 1 6 3, 4, 5, 6 / 12, 1, 1
7 4, 5, 6, 7 8 6, 7, 8, 9
9 9, 8, 7, 6 10 6, 7, 8, 9
11 7, 8 / 5, 6, 7, 8 / 1, 1
12 8, 7 / 9, 8 / 9 / 1, 2

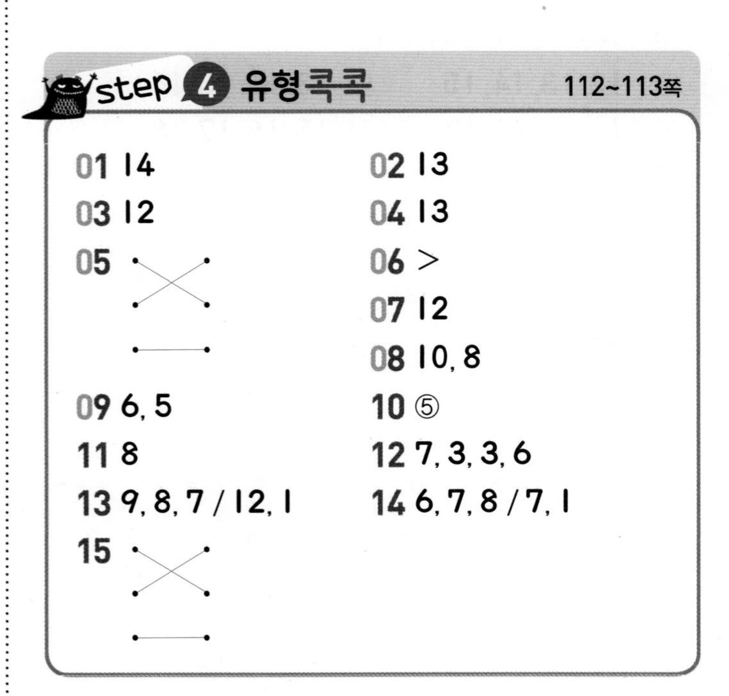

step 4 유형콕콕 112~113쪽

01 14 02 13
03 12 04 13
05 06 >
07 12
08 10, 8
09 6, 5 10 ⑤
11 8 12 7, 3, 3, 6
13 9, 8, 7 / 12, 1 14 6, 7, 8 / 7, 1
15

10 ① 8 ② 7 ③ 5 ④ 9 ⑤ 4

단원 평가 114~115쪽

01 13	02 11
03 (1) 1 / 10, 13	(2) 2 / 10, 15
04 (1) 15	(2) 13
(3) 11	(4) 18
05 ㉡, ㉢	
06 (1) <	(2) >
07 ( ) ( ) (○)	
08 12	09 5
10 (1) 4 / 4, 7	(2) 4 / 10, 9
11 5, 7, 9 / 1, 1, 2	
12 ㉠, ㉣	
13 (1) =	(2) >
(3) >	
14 8, 15	15 7

08 9+3=12(개)

09 8을 3과 5로 가르기 하여 계산합니다.

14 12−4=8, 8+7=15

15 15−8=7(개)

5. 규칙 찾기

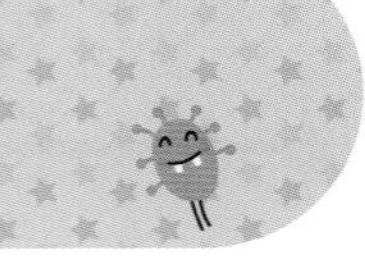

step 1 원리 꼼꼼 118쪽

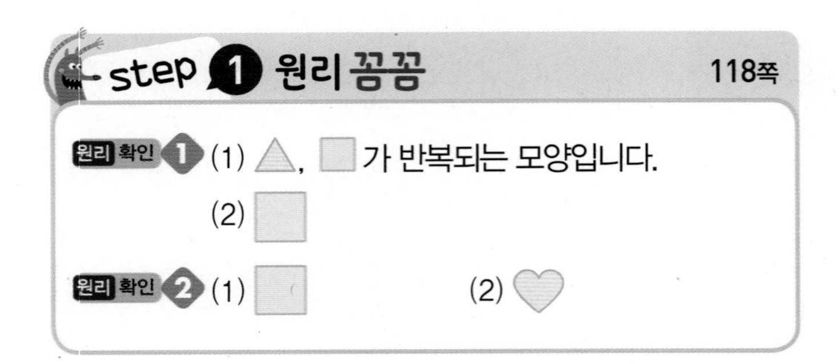

원리 확인 1 (1) △, □ 가 반복되는 모양입니다.
(2) □

원리 확인 2 (1) □ (2) ♡

2 (1) △, ♡, □가 반복되는 규칙이므로 ♡ 다음에는 □를 그립니다.
(2) ☆, ☾, ♡, ♡가 반복되는 규칙입니다.

step 2 원리 탄탄 119쪽

1 (1) 예 컵, 접시가 반복되는 규칙입니다.
(2) 컵

2 ○　　**3** 사과

4 (1) □　(2) ☆

2 ▯, ▯, ○가 반복되는 규칙입니다.

3 참외, 포도, 포도, 사과가 반복되는 규칙이므로 □ 안에는 사과를 놓아야 합니다.

4 (1) ○, □가 반복되는 규칙이므로 ○ 다음에는 □를 그립니다.
(2) ☆, ☆, △가 반복되는 규칙이므로 첫째 ☆ 다음에는 ☆을 다시 그립니다.

step 3 원리 척척 120~121쪽

1　　**2**

3　　**4**

5　　**6**

7 / 트라이앵글, 캐스터네츠, 탬버린이 반복되는 규칙입니다.

8 / 지우개, 연필, 연필이 반복되는 규칙입니다.

9 / 포도, 복숭아, 배가 반복되는 규칙입니다.

10 / 해, 달, 구름, 구름이 반복되는 규칙입니다.

11 / 바위, 바위, 가위, 보가 반복되는 규칙입니다.

1 모양이 반복되는 규칙입니다.

2 모양이 반복되는 규칙입니다.

3 모양이 반복되는 규칙입니다.

4 모양이 반복되는 규칙입니다.

5 모양이 반복되는 규칙입니다.

6 모양이 반복되는 규칙입니다.

step 1 원리 꼼꼼 122쪽

원리 확인 1 (　)
(○)

원리 확인 2 (　)
(○)

step 2 원리 탄탄 123쪽

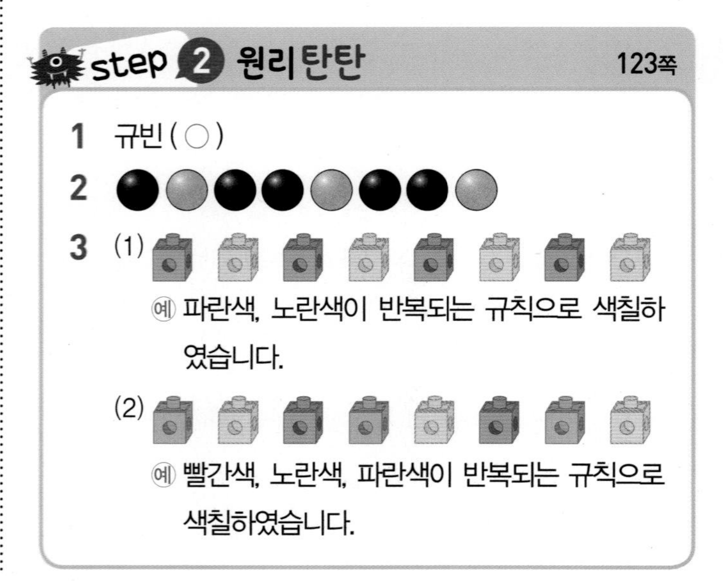

1 규빈 (○)

2

3 (1)
예 파란색, 노란색이 반복되는 규칙으로 색칠하였습니다.

(2)
예 빨간색, 노란색, 파란색이 반복되는 규칙으로 색칠하였습니다.

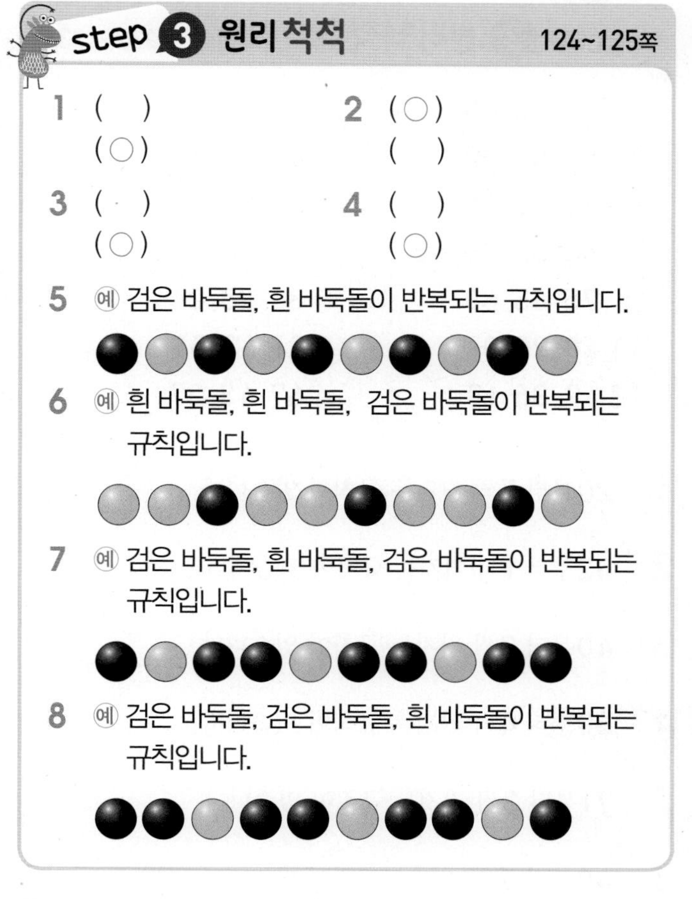

1 위쪽은 빨간색, 파란색, 파란색이 반복되는 규칙입니다.

2 아래쪽은 노란색, 빨간색, 노란색이 반복되는 규칙입니다.

3 위쪽은 농구공, 축구공이 반복되는 규칙입니다.

4 위쪽은 ☆, ☾, ☾이 반복되는 규칙입니다.

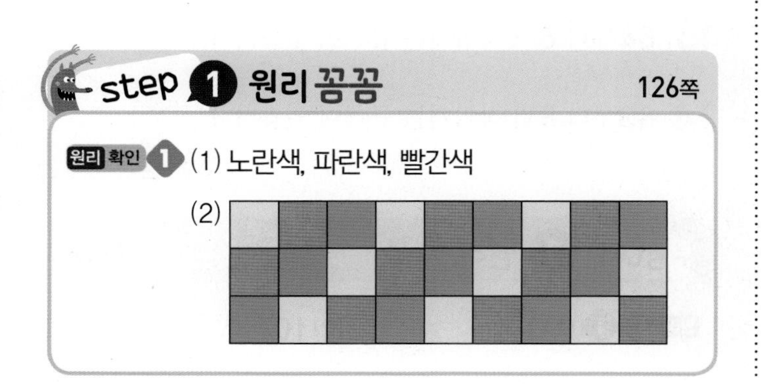

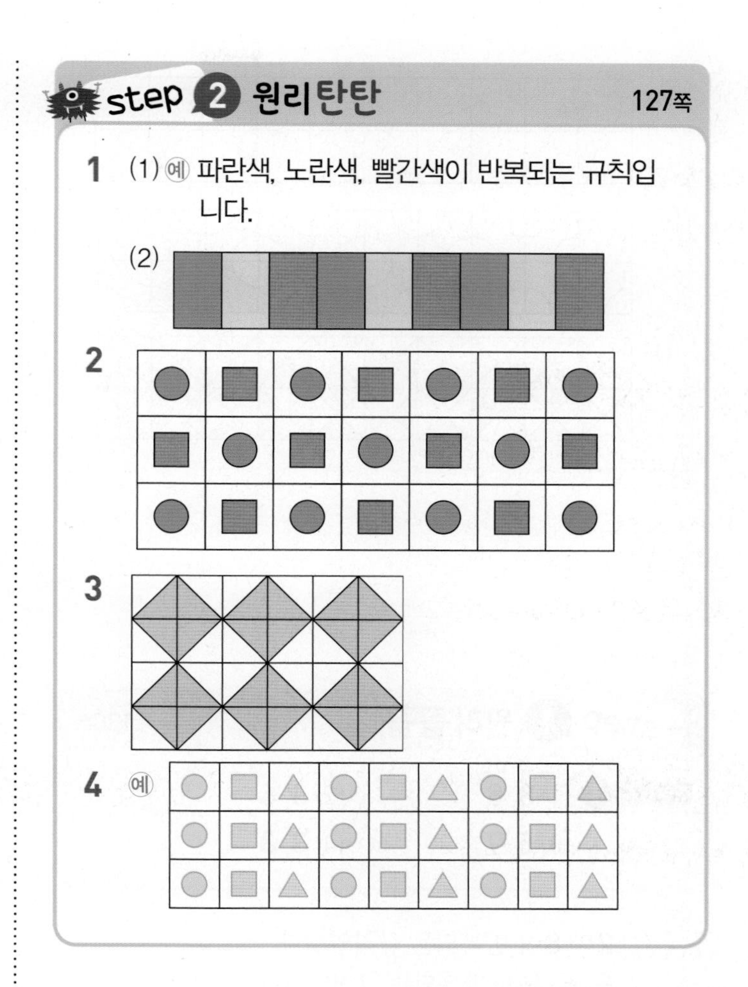

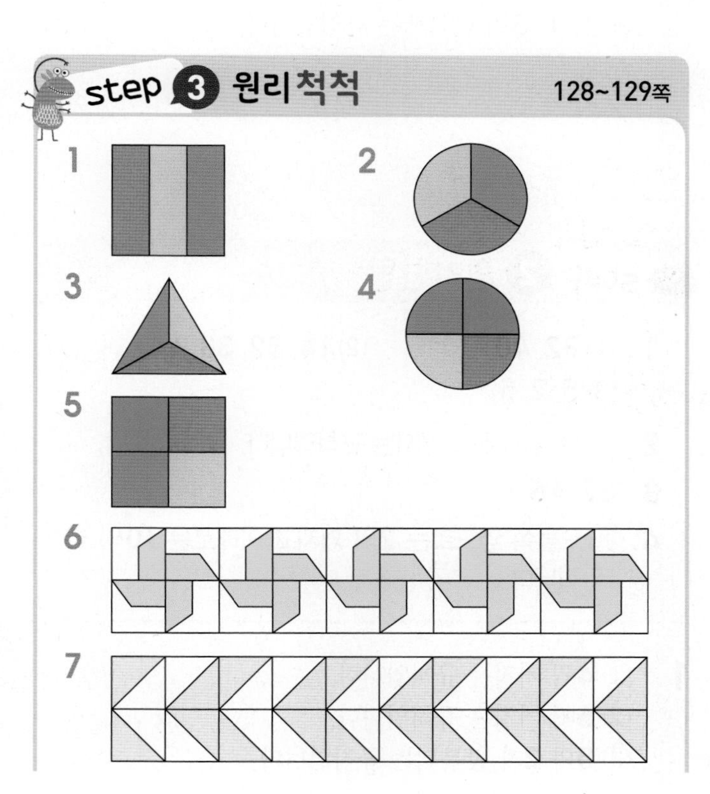

8
9
10

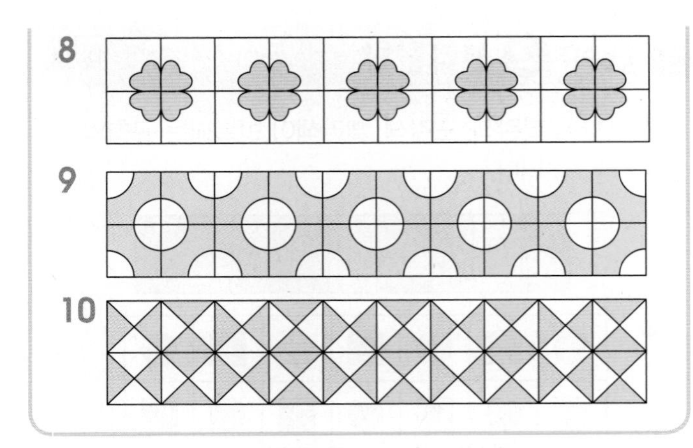

step 1 원리꼼꼼 130쪽

원리 확인 1 (1) 8, 8 (2) 3, 6
(3) 5, 7 (4) 3, 3

1 (1) 2와 8이 반복되는 규칙입니다.
(2) 3, 6, 9가 반복되는 규칙입니다.
(3) 5, 7, 7이 반복되는 규칙입니다.
(4) 1, 1, 3이 반복되는 규칙입니다.

step 2 원리탄탄 131쪽

1 (1) 32, 40 (2) 14, 32, 38, 44
(3) 5, 2, 5
2 예 10부터 8씩 커지는 규칙입니다.
3 32, 46
4 예 오른쪽 옆으로는 2씩 커지고 아래로는 10씩 커집니다.

1 (1) 4씩 커지는 규칙입니다.
(2) 6씩 커지는 규칙입니다.
(3) 5와 2가 반복되는 규칙입니다.

step 3 원리척척 132~133쪽

1 40, 45, 55 2 35, 37, 38
3 44, 50, 52 4 68, 72, 84
5 77, 83, 86 6 63, 84, 98
7 45, 55, 75, 85 8 51, 45, 42
9 75, 65, 60 10 30, 28, 24
11 40, 20, 0 12 81, 63, 54
13 42, 36, 18 14 67, 43, 27

1 20부터 5씩 커지는 규칙이 있습니다.
2 32부터 1씩 커지는 규칙이 있습니다.
3 40부터 2씩 커지는 규칙이 있습니다.
4 60부터 4씩 커지는 규칙이 있습니다.
5 71부터 3씩 커지는 규칙이 있습니다.
6 49부터 7씩 커지는 규칙이 있습니다.
7 25부터 10씩 커지는 규칙이 있습니다.
8 60부터 3씩 작아지는 규칙이 있습니다.
9 95부터 5씩 작아지는 규칙이 있습니다.
10 38부터 2씩 작아지는 규칙이 있습니다.
11 70부터 10씩 작아지는 규칙이 있습니다.
12 99부터 9씩 작아지는 규칙이 있습니다.
13 54부터 6씩 작아지는 규칙이 있습니다.
14 83부터 8씩 작아지는 규칙이 있습니다.

step 1 원리꼼꼼 134쪽

원리 확인 1 (1) 1 (2) 10

step 2 원리탄탄 135쪽

1

51	**52**	53	54	**55**	56	57	**58**	59	60
61	62	63	**64**	**65**	66	67	68	69	**70**
71	72	73	74	**75**	**76**	77	78	79	80
81	**82**	83	84	**85**	86	87	**88**	89	90

예 6씩 커지는 규칙이 있습니다.

2 예 10씩 커지는 규칙이 있습니다.

3 19, 20, 21, 22　　4 69, 76, 83, 90

1 노란색으로 색칠한 수 5개는 52부터 6씩 커지는 규칙이 있습니다.
따라서 76보다 6 큰 수인 82, 82보다 6 큰 수인 88에 색칠합니다.

2 55−65−75−85에서 10개씩 묶음의 수가 1씩 커지므로 10씩 커지는 규칙이 있습니다.

3 1씩 커지는 규칙입니다.

4 7씩 커지는 규칙입니다.

step 3 원리척척 136~137쪽

1 1　　2 10

3 1　　4 10

5 11

6

31	32	33	**34**	35	36	**37**	38	39	**40**
41	42	**43**	44	45	**46**	47	48	**49**	50
51	**52**	53	54	**55**	56	57	**58**	59	60

7

1	2	3	4	5	**6**	7	8	9	10
11	12	13	14	15	**16**	17	18	19	20
21	22	23	24	25	**26**	27	28	29	30
31	32	33	34	35	**36**	37	38	39	40

8

61	62	63	**64**	65	66	67	68	69	**70**
71	72	73	74	75	**76**	77	78	79	80
81	**82**	83	84	85	86	87	**88**	89	90
91	92	93	**94**	95	96	97	98	99	**100**

9

30	31	32	**33**	34	35	36	37	38	39
40	41	**42**	43	44	45	46	47	48	49
50	**51**	52	53	54	55	56	57	58	59
60	61	62	63	64	65	66	67	68	**69**

10

10	11	12	**13**	14	15	16	17	18	19
20	21	22	23	24	25	26	**27**	28	29
30	31	32	33	**34**	35	36	37	38	39
40	**41**	42	43	44	45	46	47	**48**	49

6 31부터 3씩 커지는 규칙에 따라 색칠합니다.

7 1부터 5씩 커지는 규칙에 따라 색칠합니다.

8 64부터 6씩 커지는 규칙에 따라 색칠합니다.

9 33부터 9씩 커지는 규칙에 따라 색칠합니다.

10 13부터 7씩 커지는 규칙에 따라 색칠합니다.

step 1 원리꼼꼼 138쪽

원리 확인 1 ▲, ●, ●

원리 확인 2 0, 0, 1, 1

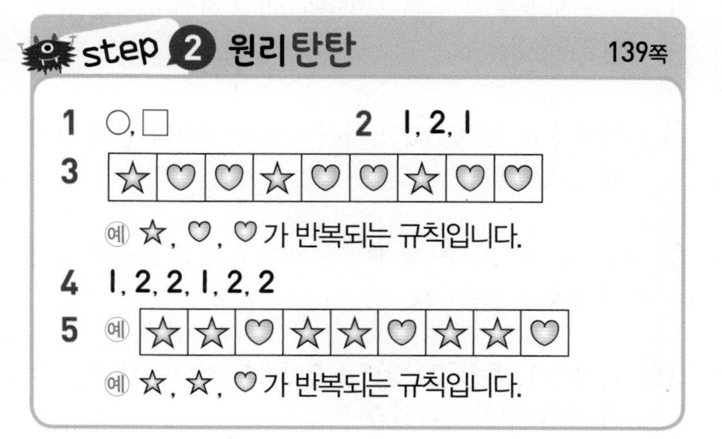

step 2 원리탄탄 139쪽

1 ○, □　　2 1, 2, 1

3

☆	♡	♡	☆	♡	♡	☆	♡	♡

예 ☆, ♡, ♡가 반복되는 규칙입니다.

4 1, 2, 2, 1, 2, 2

5 예

☆	☆	♡	☆	☆	♡	☆	☆	♡

예 ☆, ☆, ♡가 반복되는 규칙입니다.

1 장미는 ○, 해바라기는 □로 나타내었습니다.

2 복숭아는 1, 귤은 2로 나타내었습니다.

4 ☆은 1, ♡는 2로 나타냅니다.

step 3 원리척척 140~141쪽

1	4, 4, 3	2	0, 3, 4
3	1, 2, 2	4	2, 2, 1
5	3, 1, 2	6	◎, ●, ○
7	△, ○, △, ○, △, ○	8	A, A, B, A, A, B
9	♥, ♥, ☆, ☆, ♥, ♥	10	2, 3, 1, 1, 2, 3

1 □, □, △ 모양이 반복되는 규칙입니다.

2 ○, △, □ 모양이 반복되는 규칙입니다.

3 □, ○, ○ 모양이 반복되는 규칙입니다.

4 △, △, ○, ○ 모양이 반복되는 규칙입니다.

5 ○, ▭, ▭, ▽ 모양이 반복되는 규칙입니다.

7 ▢ 모양을 △, ● 모양을 ○라고 하여 주어진 규칙과 같이 나타낼 수 있습니다.

8 사과를 A, 감을 B라고 하여 주어진 규칙과 같이 나타낼 수 있습니다.

9 토끼를 ☆, 거북이를 ♥라고 하여 주어진 규칙과 같이 나타낼 수 있습니다.

10 가지를 1, 무를 2, 당근을 3이라고 하여 주어진 규칙과 같이 나타낼 수 있습니다.

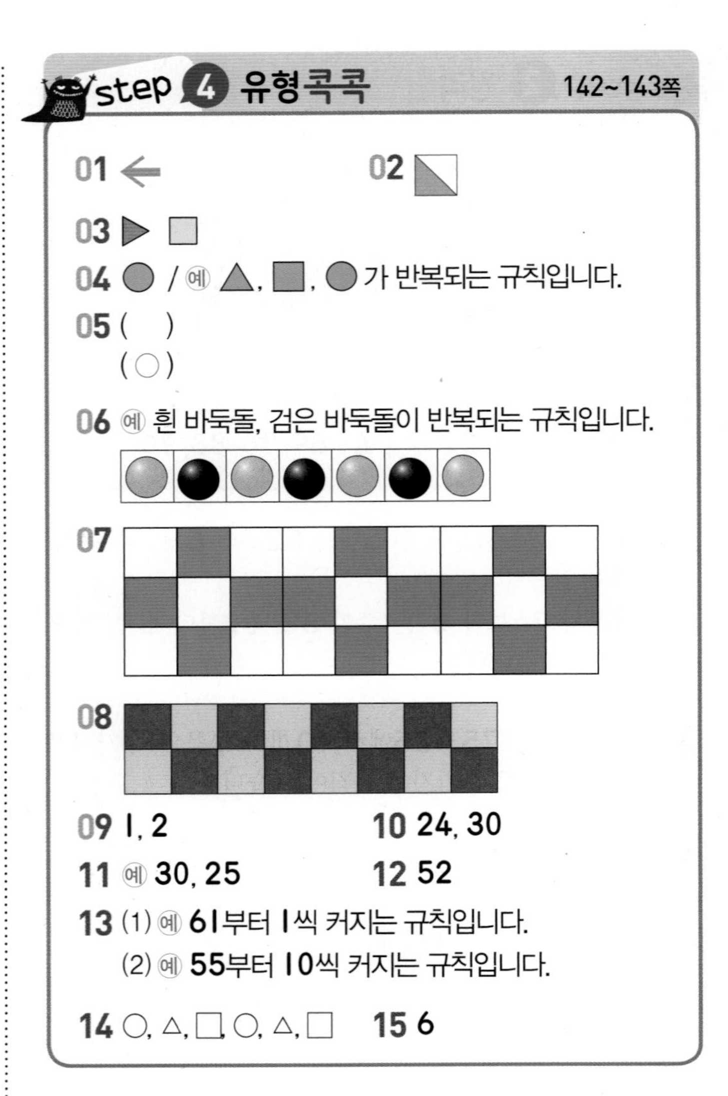

step 4 유형콕콕 142~143쪽

01 ← 02 ◩

03 ▶ □

04 ● / 예 ▲, ■, ● 가 반복되는 규칙입니다.

05 ( )
(○)

06 예 흰 바둑돌, 검은 바둑돌이 반복되는 규칙입니다.

07

08

09 1, 2 10 24, 30

11 예 30, 25 12 52

13 (1) 예 61부터 1씩 커지는 규칙입니다.
(2) 예 55부터 10씩 커지는 규칙입니다.

14 ○, △, □, ○, △, □ 15 6

03 ▶, □ 가 반복되는 규칙입니다.

10 3씩 커지는 규칙이므로 21 다음에는 24, 27 다음에는 30을 적습니다.

12 68−64−60−56−52

14 ☀는 ○, ☾은 △, ☁은 □로 나타내는 규칙입니다.

15 5, 11, 6이 반복되는 규칙입니다.

단원 평가 144~146쪽

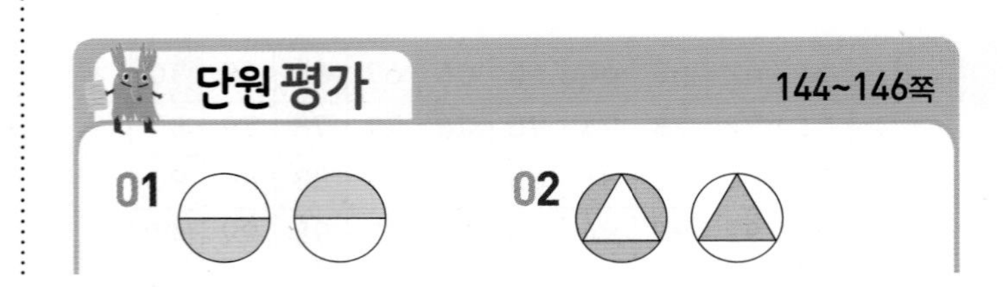

01 02

03 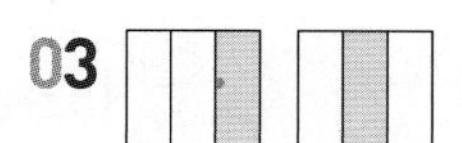

04

05

06

07

08 34, 44, 54

09 61, 57, 49

10

	12				16				20
			24				28		
	32				36				40
			44				48		

11

51	52	53	54	55	56	57	58	59	60
61	62	63	64	65	66	67	68	69	70
71	72	73	74	75	76	77	78	79	80
81	82	83	84	85	86	87	88	89	90

12 1, 10

13

50	51	52	53	54	55	56	57	58	59
60	61	62	63	64	65	66	67	68	69
70	71	72	73	74	75	76	77	78	79
80	81	82	83	84	85	86	87	88	89

14 ⚃, ⚁, ⚀, 4, 2, 1

15 ■, ■, ●

04 ●, ▲, ■ 모양의 단추가 반복되는 규칙입니다.

05 토끼, 거북이, 거북이가 반복되는 규칙입니다.

06 노란색, 초록색, 빨간색을 시계 방향으로 한 칸씩 움직이면서 색칠하는 규칙입니다.

07 시계 반대 방향으로 한 칸씩 움직이면서 색칠하는 규칙입니다.

08 19부터 5씩 커지는 규칙이 있습니다.

09 73부터 4씩 작아지는 규칙이 있습니다.

10 12부터 4씩 커지는 규칙이 있습니다.

12 수 배열표에서 가로 방향의 수들은 1씩, 세로 방향의 수들은 10씩 커지는 규칙이 있습니다.

13 색칠된 칸의 수들은 50부터 7씩 커지는 규칙이 있습니다.

14 ⚃, ⚁, ⚀이 반복되는 규칙입니다.

15 가위를 ▲, 보를 ■, 바위를 ●라고 하여 주어진 그림과 같은 규칙으로 나타냅니다.

6. 덧셈과 뺄셈(3)

step 1 원리 꼼꼼 148쪽

원리 확인 1 (1) 25, 26, 27

(2) ○○○○○/○○○○○ ○○○○○/○○○○○ ○△△△△/△△

(3) 27

1 (1) 21에서 22, 23, 24, 25, 26, 27까지 이어 세기를 합니다.

(2) 더하는 수 6만큼 △를 그려 보면 27이 됩니다.

step 2 원리 탄탄 149쪽

1 (1) 39 (2) 46

2 (1) 67 (2) 59
(3) 97 (4) 79
(5) 87 (6) 28

3 89, 87, 85 4 38

step 3 원리 척척 150~151쪽

1	26	2	77
3	58	4	65
5	47	6	36
7	48	8	88
9	19	10	99
11	39	12	95
13	59	14	59
15	38	16	37
17	66	18	48
19	56	20	57
21	19	22	68
23	85	24	29
25	38	26	78
27	97	28	39
29	29		

step 1 원리 꼼꼼 152쪽

원리 확인 1 7 / 5, 7

원리 확인 2 (1) 8, 0 (2) 7, 8

step 2 원리 탄탄 153쪽

1 (1) 70 (2) 76

2 (1) 60 (2) 68
(3) 90 (4) 70
(5) 95 (6) 87

3 52, 90, 74 / 34, 64, 48 / 55, 47, 85

4 58

4 10개씩 묶음 5개와 낱개 8개이므로 구슬은 모두 58개입니다.

step 3 원리 척척 154~155쪽

1	40	2	70
3	90	4	44
5	77	6	51
7	74	8	87
9	93	10	68
11	73	12	98
13	77	14	79
15	89	16	40
17	70	18	76
19	57	20	73
21	92	22	67
23	99	24	86
25	67	26	98
27	89	28	86
29	58		

step 1 원리꼼꼼 156쪽

원리 확인 1 (1)

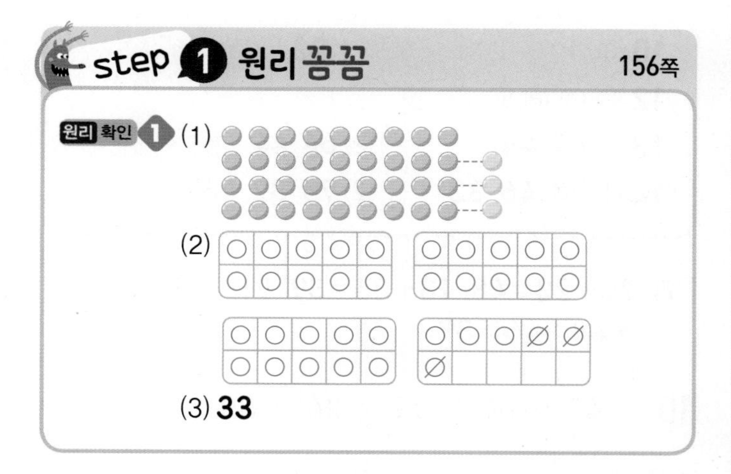

(3) 33

step 2 원리탄탄 157쪽

1 43
2 (1) 64 (2) 41
(3) 53 (4) 32
(5) 70 (6) 94
3 (1) 52 (2) 83
(3) 20 (4) 43
4 31

step 3 원리척척 158~159쪽

1	24	2	51
3	82	4	52
5	60	6	64
7	72	8	91
9	44	10	32
11	44	12	61
13	43	14	70
15	83	16	16
17	45	18	61
19	52	20	70
21	83	22	24
23	91	24	65
25	42	26	52
27	82	28	81
29	74		

step 1 원리꼼꼼 160쪽

원리 확인 1 6 / 2, 6
원리 확인 2 (1) 3, 0 (2) 2, 2

step 2 원리탄탄 161쪽

1 (1) 40 (2) 33
2 (1) 40 (2) 41
(3) 50 (4) 32
(5) 52 (6) 33
3 65, 31 / 49, 57, 14
4 22

step 3 원리척척 162~163쪽

1	40	2	50
3	20	4	17
5	28	6	29
7	31	8	30
9	52	10	32
11	26	12	41
13	53	14	71
15	53	16	30
17	50	18	28
19	46	20	35
21	42	22	34
23	33	24	52
25	54	26	55
27	44	28	63
29	34		

step 1 원리 꼼꼼 164쪽

원리 확인 1 12, 26, 38 / 1, 2 / 2, 6 / 3, 8

원리 확인 2 26, 12, 14 / 2, 6 / 1, 2 / 1, 4

step 2 원리 탄탄 165쪽

1 예 47, 32, 79 / 예 47, 32, 15
2 3, 5 / 2, 1 / 5, 6 / 56
3 3, 5 / 2, 1 / 1, 4 / 14
4 68−26=42 / 42

step 3 원리 척척 166~167쪽

1 24+15=39, 39
2 23+14=37, 37
3 52+36=88, 88
4 41+34=75, 75
5 64+25=89, 89
6 18−5=13, 13
7 35−13=22, 22
8 46−12=34, 34
9 59−36=23, 23
10 88−52=36, 36

step 4 유형 콕콕 168~169쪽

01 37
02 7, 49
03 <
04 38
05 (선 잇기)
06 (○)(△)( )
07 3, 4 / 2, 3 / 5, 7 / 20, 3
08 34
09 30, 20
10 ③
11 22
12 ㉢, ㉠, ㉣, ㉡
13 (1) 49, 44 (2) 64, 44
14 (1) 78, 46, 32 (2) 78, 32, 46

06 26+22=48, 13+26=39, 21+25=46
➡ 48>46>39

10 ① 40 ② 60 ③ 23 ④ 26 ⑤ 30

12 ㉠ 46−13=33 ㉡ 39−10=29
㉢ 68−25=43 ㉣ 84−52=32
➡ 43>33>32>29

단원 평가 170~172쪽

01 47
02 (1) 39 (2) 45 (3) 73 (4) 38
03 (1) 70 (2) 87 (3) 80 (4) 98
04 51
05 (1) 10 (2) 44 (3) 40 (4) 73
06 (1) 36 (2) 52 (3) 4 (4) 43
07 23+45=20+40+3+5=60+8=68
08 65−44=(60−40)+(5−4)
=20+1=21
09 (1) 40, 73, 77
(2) 70, 3, 8, 98
(3) 20, 3, 40, 2, 42
(4) 30, 28, 22
10 27+31=58, 58
11 63+34=97, 97
12 79−34=45, 45

왕수학

정답과 풀이

왕수학

왕수학